EXAMEN
PHYSICO-CHIMIQUE
DES PRINCIPES
DE L'AIR ET DU FEU;
OU
LETTRES
A Mme. la Mise. de P*. M**.
SUR LA CHALEUR DU GLOBE,

PAR M. LE SEMELIER.

PREMIERE PARTIE.

Mundum tradidit disputationibus eorum.

A AMSTERDAM;
Et se trouve
A PARIS,

Chez { P. F. DIDOT jeune, Imprimeur, quai des Augustins.
P. THÉOPHILE BARROIS jeune, Lib. rue du Hurepoix.
CROULLEBOIS, Libraire, rue des Mathurins.

M. DCC. LXXXVIII.

A MADAME

LA MARQUISE DE P* M**.

Vous ferez surprise, Madame, & peut-être un peu fâchée de voir que j'aie osé vous adresser cet ouvrage sans vous en avoir demandé la permission. Ma démarche, il faut l'avouer, n'est pas trop dans les règles; mais cette permission, vous pouviez me la refuser; & dans la crainte que j'en avois, j'ai mieux aimé commettre une faute légère, en manquant aux formes, que de m'exposer à en faire une beaucoup plus grave en vous désobéissant si ma demande eût été rejetée, ou à perdre la seule occasion que j'aurai peut-être de vous rendre un hommage déja trop différé. C'est une dette que j'ai, comme tout le monde, contractée envers vous du moment que je vous ai vue,

& je ſouffrois de ne l'avoir pas encore acquittée. Moins heureux que d'autres, je ne puis ici, par des vers faciles, ni à l'aide de mes pinceaux, repréſenter aux yeux de tous ces graces aimables & ces traits enchanteurs dont la nature vous a pourvue, que chacun de nous admire, & que vous ſeule paroiſſez n'avoir pas encore aperçus. Ce ne ſont pas de ces fugitives ingénieuſes & agréables, ce ne ſont pas des fleurs que je vous apporte : chacun ne peut donner que ce qu'il a, & vous voyez à quoi je ſuis réduit ; je n'ai à vous offrir que des fruits ſecs & un peu âpres que vous dédaignerez peut-être.... Mais non, vous ne rejetterez pas le denier de la veuve ; je me confie en cette bonté pleine d'aménité & d'indulgence qui ſe démontre dans toutes vos actions ; je me confie en cette force d'eſprit qui vous caractériſe, & vous porte à

préférer en tout l'utile à l'agréable, & l'instructif au frivole ; je me confie enfin en cet amour vif, & néanmoins sans prétention, que vous avez pour tout ce qui tient aux arts, à la littérature & aux sciences, & qui fait que vous n'êtes étrangère dans aucune partie. Une seule chose auroit dû m'arrêter, c'est la crainte de compromettre votre gloire & d'avilir votre nom, en vous dédiant un ouvrage qui peut n'avoir aucun succès ; mais j'y ai pourvu, & je crois vous avoir mise à couvert de tout, en ne vous désignant ici que par des lettres initiales, de sorte que votre nom, respectable à plus d'un égard, sera toujours, à moins qu'on ne le devine aux traits vrais que je viens de tracer, un secret pour le public au cas qu'il me refuse son suffrage ; mais s'il daignoit me l'accorder, je vous le déclare, je ne ménage plus rien, & je nomme ma Minerve en toutes lettres. Du reste, ne me sachez aucun gré de la pomme que je vous offre ; je n'ai trouvé personne qui la méritât mieux ; & quand j'aurois voulu la donner à la plus belle, c'est dans vos mains encore qu'il eût fallu la remettre.

J'ai l'honneur d'être avec un très-profond rspect,

MADAME,

Votre très-humble & très-obéissant serviteur,
LE SEMELIER.

DISCOURS PRÉLIMINAIRE.

JUSQU'AU moment où je publiai ma lettre ſur la chaleur du Globe, l'obſervation & la lecture avoient rempli tous mes loiſirs, & faiſoient ma ſeule occupation. Peu curieux de deſcendre dans l'arène, & trop foible pour y paroître avec quelque avantage, je n'imaginois guère que je duſſe jamais m'y préſenter. Je trouvois doux de pouvoir moiſſonner, ſans avoir rien ſemé, ou ſur le domaine de la nature, ou dans les champs cultivés de nos auteurs célèbres, & j'allois, ſans rien dépenſer, me nourriſſant du fruit de leurs travaux. Tantôt j'étudiois dans les ouvrages immortels de M. le Comte de Buffon l'hiſtoire ſecrette de la terre; ou, m'attachant à ceux de M. Bailly, je m'inſtruiſois avec lui des lieux d'où les ſciences nous ſont venues, & je le ſuivois dans ſes recherches, non moins enchanté de la profondeur de ſes idées que de la richeſſe de ſon ſtyle. Je jouiſſois en silence, & je me reposois dans l'admiration.

Un rien souvent détermine ce que nous devons être; un rien renverse nos projets, & change nos habitudes; un rien enfin m'a fait auteur sans que j'y eusse jamais songé, & malheureusement, sans que je m'y fusse préparé de plus loin. Le titre imposant d'une brochure publiée en 1780 attira mon attention : elle attaquoit directement MM. de Mairan, de Buffon & Bailly. C'est le sort des hommes qui, par leur génie, se sont élevés au dessus des autres : toujours ils sont suivis d'un essaim de zoïles, qui, ne pouvant les atteindre, ne cherchent qu'à les abaisser, & ne s'occupent, au lieu de profiter du jour qu'ils nous dispensent, qu'à trouver l'endroit par où ils puissent les piquer. Quoique l'effet de cette critique ne fût pas à craindre, j'eus la fantaisie d'y répondre. Une chose, entre autres, m'avoit frappé dans mes lectures, c'est l'accord qui règne entre les idées de M. Bailly sur l'origine des sciences, la chaleur centrale du globe découverte par M. de Mairan, & le refroidissement de ce même globe annoncé par M. de Buffon. Je regardois par conséquent & l'embrasement primitif de la terre, & l'existence d'une chaleur renfermée dans son sein, & l'extinction progressive de cette chaleur, comme des faits incontestables, comme des vérités démontrées, & j'en voyois la preuve dans l'accord même dont je parle. J'avois d'ailleurs, par une longue assiduité aux leçons de M. Sage, à qui la chimie doit une grande partie des progrès qu'elle a faits de nos jours, & dont je me ferai gloire à jamais d'être & l'élève & l'ami, j'avois, dis-je, acquis quelques connoissances dans cette partie, & je crus pouvoir m'aider dans les circonstances actuelles des moyens que cette science me présentoit. Je rassemblai mes idées, & je les couchai sur le papier : je n'avois alors aucune intention de les produire ; & si je l'ai fait, ce n'est qu'à la sollicitation de quelques amis, qui me firent entendre qu'en me montrant sans prétentions, je ne pouvois (loin de m'effrayer des suites) que me rendre recommandable par un écrit fait pour la défense des vérités qui se trouvoient attaquées dans la brochure dont il s'agit, & des académiciens illustres qui les avoient révélées. Je me rendis; & me mettant à la suite de ces braves chevaliers unis pour la conquête de la vérité, je me vis frappé des rayons de leur gloire, & je me crus (tant on aime à se faire illusion) hors de l'obscurité. Il ne falloit pas qu'une réponse, bornée peut-être au seul mérite de l'à-propos, se fît attendre; je me pressai de la publier. Je ne jugeai pas alors devoir donner beaucoup d'extension à un ouvrage qui n'avoit pour objet que de détruire quelques objections, & de proposer dans la dispute quelques moyens de conciliation. Mais j'ai reconnu depuis que les idées que j'ai proposées comme des probabilités, avoient besoin d'être mieux développées & plus appuyées. J'ai senti, par exemple, qu'à l'égard des évaporations de la terre, attribuées jusqu'ici à l'action du soleil, j'avois à combattre un préjugé universel, & qu'il falloit de nouveaux efforts pour le déraciner. Enfin comme mon systême est totalement fondé sur l'existence d'un acide, tant dans le feu que dans les rayons solaires;

comme cet acide ſert à expliquer la chaleur qui les accompagne, j'ai cru ne devoir rien négliger pour appuyer fortement cette opinion nouvelle, & porter, autant qu'il eſt poſſible en pareilles matières, les choſes juſqu'à la démonſtration.

Lorſque je compoſai cette brochure, je n'avois point lu les époques de la nature de M. de Buffon, & je m'abſtins de les lire, quoiqu'elles fuſſent en ma poſſeſſion. Je m'abſtins également de relire ſon introduction à l'hiſtoire des minéraux. Jaloux de développer mes idées particulières, je ne voulois rien emprunter d'ailleurs, non que j'euſſe la vanité de me croire aſſez fort pour marcher ſeul & ſans ſecours dans la carrière où je me préſentois; mais je penſe qu'un auteur qui met un livre au jour doit avoir quelque choſe à lui, & qu'il vaut mieux ne rien dire que de parler pour répéter comme un écho ce que les autres ont dit avant nous. Ma réponſe publiée, je me livrai pour lors à la lecture des ouvrages que je viens d'énoncer. Je les dévorai; & l'on verra dans celui-ci le parti que j'ai tiré des principes lumineux que

M. de Buffon a répandus dans l'un & dans l'autre, & ſur-tout dans les diſcours qui ſervent d'introduction à l'hiſtoire des minéraux. C'eſt dans ces vues générales que de la hauteur de ſon génie il embraſſe & pénètre la nature ; en liſant ces diſcours, on eſt entraîné par l'admiration ; mais pour les bien connoître il faut les méditer : alors chaque vue offre une infinité d'applications ; on trouve par-tout autant de fécondité que de profondeur. Les bons ouvrages ſont ceux qui font penſer. Le génie y a renfermé des germes que le temps doit faire éclore ; on ſait que les applications, les conſéquences d'un principe dépendent des idées de celui qui lit ; lorſque ſes idées s'étendent & s'agrandiſſent, les conſéquences ſe prolongens & ſe multiplient. C'eſt donc au temps, à l'âge qui nous mûrit, & même à certaines circonſtances qui font naître telle ou telle idée, que nous devons l'avantage de mieux juger un principe & d'entrer plus avant dans une théorie.

La première fois que je lus celle que ce grand homme nous a donnée ſur le feu, mes yeux n'étoient pas suffisamment ouverts, j'étois en état de la comprendre, mais non d'en profiter; je n'avois pour lors aucun objet, aucune idée; & le plaisir que me procura cette lecture fut le seul fruit que j'en retirai. Il n'en fut pas de même à la seconde lecture que je fis de cet ouvrage au moment que je viens de dire. J'étois alors autrement disposé; celui que je venois de publier, quelque foible qu'il fût, m'avoit, pour ainsi dire, donné la clef de cet ouvrage admirable, & j'y découvris des choses que je n'avois point aperçues, & que je ne pouvois apercevoir avant; je sentis toutes les conséquences que l'on pouvoit tirer des principes féconds qui s'y trouvent répandus, & je compris combien je pourrois m'aider de ces principes, non-seulement pour appuyer mon hypothèse, mais pour la conduire beaucoup plus loin; enfin, mes idées s'agrandirent, & je conçus le plan d'un ouvrage plus étendu & moins superficiel que le précédent. Je ne tardai pas à mettre la main à l'œuvre; & dès que je l'y eus mise, je crus devoir arrêter, par égard pour le public, le cours d'un livre, ou plutôt d'une ébauche que je projettois de réformer, & de remplacer inceſſamment par une autre production plus eſſentielle, plus travaillée, & autrement ordonnée. Fidèle en même temps à la méthode que j'avois adoptée, je m'interdis de nouveau toute lecture ultérieure : par elle ſans doute j'aurois pu augmenter mes moyens; mais je m'étois fait un but, & je voulois, ſans m'arrêter ça & là, aller droit à ce but. Je n'ignorois pas que pour m'y conduire, il me falloit un appui, & que mes idées avoient beſoin d'être protégées par une autorité puiſſante. Mais en ayant trouvé une, & la plus reſpectable de toutes, dans M. de Buffon, j'ai cru devoir m'en tenir à celle-là, & je me ſens fort, couvert d'une pareille égide. J'ai enfin rempli la tâche que je m'étois impoſée; & ce n'eſt pas ſans une ſorte de ſatisfaction que je me vois rendu, quoiqu'ayant pris une route différente, au même terme que l'homme illuſtre dont je parle; il ne m'eſt pas moins doux de penſer que l'hypothèſe que j'expoſe ici peut être regardée, à beaucoup d'égards, comme un développement, comme une confirmation de ſes principes; & s'il m'écrivit, lors de ma première brochure, que nul autre que moi n'avoit encore ſoupçonné qu'il y eût de l'acide dans les rayons ſolaires, je ſerai flatté de lui montrer aujourd'hui que cette grande vérité ſe trouve, non explicitement, mais implicitement renfermée dans ſes propres écrits. Je ferois peu d'honneur à mon maître, s'il ne voyoit en moi qu'un diſciple ſervilement attaché à ſa doctrine: je l'ai ſuivie, mais non en tout. Par fois je me ſuis écarté de la route qu'il a priſe; par fois auſſi je me ſuis permis de déduire de ſes principes d'autres conſéquences que celles qu'il en a tirées lui-même; & je ne penſe pas que ce grand Naturaliſte puiſſe m'en ſavoir mauvais gré. Dans le cas où je me ſerois égaré, la faute en eſt à moi ſeul; & ſi mes conſéquences ſont juſtes & vraies, l'honneur appartient aux principes, & la gloire en revient à leur auteur. C'eſt pour rapprocher ces principes de mes conſéquences, que j'ai cru devoir placer ici un extrait aſſez étendu de ſon diſcours ſur la nature du feu. Il étoit naturel que mon guide marchât devant moi, & que mes lecteurs entendissent d'abord le fondateur de cette nouvelle théorie.

Au seul nom de théorie & d'hypothèse, je crois voir la plupart de mes lecteurs prêts à rejeter cet ouvrage : ce sont des faits, diront-ils, ce sont des expériences qu'il nous faut, & non pas des systêmes. Oui, sans doute, il nous faut des expériences & des faits; mais pourquoi nous borner à cela? pourquoi s'effrayer à l'annonce d'un systême? & d'où vient cette espèce de répugnance que l'on témoigne aujourd'hui pour tout ce qui en a l'air? Cela ne doit, je pense, s'attribuer qu'à la paresse des lecteurs, qui, se refusant à toute application, craignent de s'engager avec un auteur à systême dans des études trop longues & trop pénibles. Il y a plus, me dira-t-on; si l'on s'est dégoûté des systêmes, c'est qu'il est peu d'auteurs en ce genre qui puissent nous attacher, & par la grandeur des plans, & par la profondeur des idées, & par la manière de les exprimer. C'est que, semblables à des châteaux de cartes

que

que le moindre ſouffle renverſe, les ſyſtêmes n'ont par eux-mêmes aucune solidité; c'eſt que ce ſont de vrais romans, & que perſonne n'aime, en fait de ſciences ſurtout, à remplir ſa tête d'une foule d'idées qu'il faut en bannir peu après. Un ſyſtême eſt un roman, je le veux; mais un roman nous amuſe, un roman nous attache, il ſert même à nous inſtruire, & ſouvent la vérité s'y cache ſous le voile du menſonge; la fiction n'eſt en elle-même qu'une eſpèce de canevas dont nous nous ſervons pour placer, pour attacher, pour lier nos penſées, & leur donner, par des applications ſuſceptibles d'être ſenties, une ſorte d'exiſtence, de mouvement & de vie. Ainſi que la fable à laquelle il s'aſſimile, le roman a ſon but; & s'il eſt bien fait, ce ne ſont point des êtres imaginaires, c'eſt vous, c'eſt moi, ou, pour mieux dire, c'eſt l'homme en général, & l'homme moral qu'il a pour objet: tel eſt l'être qu'il nous montre ſous tous les aſpects comme dans toutes les poſitions, & dont il nous donne l'hiſtoire vraie ſous des noms ſuppoſés. L'on peut à quelques égards en dire autant d'un ſyſtême;

c'eſt le nœud qui lie différens faits enſemble; &, fût-il borné dans ſon objet, toujours il nous donne, s'il n'embraſſe pas toute la nature, quelques fragmens de ſon hiſtoire. Et ces vaſtes conceptions, ces grandes théories qui ſont & feront long-temps notre admiration, les regarderons-nous ici comme des châteaux de cartes qu'un ſouffle peut renverſer? le veut-on? j'y ſouſcris encore, mais ſi je l'accorde, au moins doit-on voir qu'en s'écroulant, ces châteaux laiſſent ſur place d'excellens matériaux avec lesquels on peut à l'inſtant en élever d'autres, & même de plus ſolides, ſi l'ouvrage eſt conduit par une main plus habile. Je doute, au ſurplus, que l'on oſe aſſimiler à des édifices pareils, & les ſyſtêmes de Copernic & de Newton, & ceux du chevalier Linné & du comte de Buffon : eh! comment pourroit-on croire, quand on enviſage ces théories impoſantes, qu'il ne fallût, quant à ces maſſes, qu'un ſouffle pour les renverſer?

Cependant, ſi l'on penſe au point d'élévation où ſont parvenus les hommes illuſtres dont nous parlons, l'on ſentira peut-être qu'ils n'ont pu ſe porter là que par degrés, & qu'en s'aidant des ſyſtêmes qui régnoient avant eux, & qui, après leur avoir préparé les voies, leur ont enſuite ſervi de marche-pied pour s'élever plus haut : & en voyant le ſort de ces ſyſtêmes jadis en vogue, tel eſt, me dira-t-on, celui que peuvent avoir à leur tour ceux que vous admirez maintenant. Il s'en faut, je l'avoue, que nous ſoyons au terme de nos connoiſſances, & chaque jour elles peuvent s'étendre : il nous reſte tant de choſes à découvrir ! mais en attendant que nous ayons mieux, jouiſſons, ſans les déprécier, des biens que nous avons, & gardons-nous ſurtout de regarder comme inutiles des ſyſtêmes qui ont ſervi, s'ils ſont détruits, ou peuvent ſervir, s'ils doivent l'être un jour, à fonder des théories plus fécondes & plus lumineuſes ; ſongeons enfin que ſans les ſyſtêmes de Ptolomée & de Descartes, nous ſerions peut-être fort loin encore d'avoir ceux que nous ont donnés Copernic & Newton ; & s'il faut que ces derniers faſſent place à d'autres, combien n'auront-ils pas ſervi à l'homme qui pourra les établir ? Supposé, au surplus, que dans les systêmes qui ont cours aujourd'hui il se trouve quelques vides, s'ensuit-il de-là qu'il faille les rejeter ? non : tout ce que l'on peut en conclure c'est qu'ils n'ont pas encore toute la perfection dont ils sont susceptibles ; & l'on doit peu s'en étonner : qui peut dans ses embrassemens saisir toute la nature ? quel est l'homme capable de se porter tout d'un coup au point d'élévation d'où il puisse, dominant sur tout ce qui existe, envisager cet ensemble, & reconnoître toutes les parties qui le composent, ainsi que les rapports qu'elles peuvent avoir entre-elles ? Tout en cédant aux sollicitations du génie, la nature ne se dévoile qu'avec discrétion & réserve ; & nous pouvons juger par ce que nous voyons de découvert depuis qu'on l'observe, du temps qui doit s'écouler avant que l'homme l'ait dépouillée de tous les voiles qui la couvrent. Quoiqu'il n'ait autre chose en vue, ce n'est, vu la résistance qu'il éprouve, que par des efforts infinis & qu'à la longue qu'il peut en venir là. C'est une tâche que les générations se transmettent l'une à l'autre, & dont elles doivent s'occuper ſucceſſivement juſqu'à ce que l'ouvrage ſoit accompli. Heureuſe enfin celle de ces générations qui recueillera le fruit des travaux accumulés des autres, & pourra voir la nature dans tout ſon jour ; celle, toutefois, qui aura mis la dernière main à ſon dépouillement, ne ſera pas celle peut-être qui y aura le plus contribué. Pour rendre la nôtre à cet égard non moins recommandable que les autres, revenons, je le veux, aux obſervations, multiplions les expériences, & raſſemblons de nouveaux faits : tout cela eſt bon ; mais ce n'eſt pas tout d'augmenter ſes fonds, il faut les mettre en rapport : outre des faits, & plus que des faits, il nous faut le fil propre à les lier enſemble, il nous faut des ſyſtêmes : & loin de nous plaindre de ce qu'il s'en préſente, plaignons-nous au contraire de ce qu'il ne s'en préſente pas davantage, parce que c'eſt l'annonce & la preuve d'une grande pauvreté quand il y a faute d'ouvrages de cette eſpèce, parce que ce n'eſt que par des eſſais & des tentatives infiniment multipliés, que l'on peut toucher au but, que l'on peut arriver au système vrai de la nature ; & comme ceux que l'on nous donne, & que l'on continuera de nous donner, jusqu'à ce que ce grand système nous soit manifesté, ne sont que des acheminemens à celui-là, l'on ne doit pas s'attendre à trouver ces esquisses systématiques entièrement satisfaisantes & sans défauts. Il ne faut pas d'ailleurs, parce qu'elles sont imparfaites ou vicieuses, les regarder comme inutiles pour la science ; elle tire parti des erreurs même qui s'y trouvent : ainsi que des écueils indiqués sur nos cartes, ces erreurs, une fois reconnues, peuvent nous aider à nous rapprocher des bonnes voies, en nous montrant celles qu'il faut éviter. Il n'est personne qui, après avoir étudié à fond deux ou trois systêmes, ne soit alors, quelque défectueux que soient ces systêmes, beaucoup plus éclairé qu'il n'étoit, & plus en état de se porter en avant : l'on s'instruit à peu-près autant en remarquant ce qui n'est pas, qu'en observant ce qui peut être.

Il nous faut, je l'accorde, des expériences & des faits : ce sont, ainsi que la pierre & le bois dans une bâtisse, les matières premières d'une théorie ; c'est sur quoi elle se fonde, c'est ce qui lui sert de point d'appui ; mais, je le demande, quel mérite peuvent avoir ces matières, si elles ne sont pas employées, & à quelles fins les amassons-nous, si ce n'est pour en formes des systêmes? Sans cela, que nous serviroit d'avoir mille & mille faits renfermés dans des regiftres ? Semblables à des diamans qui, s'il n'étoit des ouvriers capables de les tailler, de les polir & de les monter pour en faire des parures, resteroient comme des effets de nulle valeur entre les mains du joaillier, ces faits pareillement ne seroient d'aucune utilité pour nous, s'ils ne pouvoient s'employer à ce que nous disons, s'il n'y avoit personne qui pût les mettre en œuvre, & nous montrer, en le faisant, ce qu'ils valent, à quoi ils tiennent & quels rapports ils peuvent avoir entre eux. Et comme ce n'est qu'à force de monter des diamans que l'on en vient à faire des compositions plus riches & des distributions plus heureuses, ce n'est de même qu'à force de faire des systêmes que nous pouvons, en variant nos plans, arranger les choſes dans l'ordre qu'il convient, & mettre les faits qui nous ſont donnés à la place qu'ils doivent avoir dans cette chaîne immenſe qui lie & embraſſe tout ce qui eſt. Mais, dira-t-on, n'eſt-ce pas aller trop vîte que de vouloir établir des ſyſtêmes avant que d'avoir toutes les données qu'il faut, & ne vaut-il pas mieux attendre pour cela que nous ſoyons plus en fonds? Non, plutôt que de les laiſſer oiſifs, employons toujours ceux que nous avons; il n'y a d'autre moyen de s'avançer. Un fait employé nous frappe toujours plus qu'un autre; on connoît mieux ce qu'il vaut, & l'on a moins de peine à le ſaiſir dans le cadre où on l'a mis, que dans des recueils académiques où il ſeroit comme perdu pour nous. Ce n'eſt d'ailleurs qu'en commençant par de moindres ouvrages, & qu'en travaillant avec peu de données, qu'on ſe diſpoſe à faire plus quand ces données nous viennent. Quel eſt l'architecte qui, avant que d'élever des temples ou des palais, n'a pas commencé par conſtruire beaucoup d'autres édifices de moindre importance? Quel eſt l'homme au ſurplus qui, ayant actuellement en main toutes les données, tous les faits relatifs au ſyſtême du monde, pourroit, à moins d'y être amené par des études antécédentes, débrouiller ce chaos, & mettre ces faits l'un après l'autre à la place juſte où ils doivent être? La choſe qui nous importe le plus, ce n'eſt pas tant d'augmenter le nombre des données que nous pouvons avoir, que de chercher à les approfondir, & à connoître ce qu'elles valent & ce qu'on en peut faire. Ce ne ſont pas les faits qui nous manquent, nos regiſtres en ſont pleins, & de toutes parts il s'en préſente; ce qui nous manque, c'eſt l'art d'en faire uſage, & de tirer d'eux tout ce qu'ils renferment; ce qui nous manque, c'eſt le génie, qui de ſa hauteur voit, meſure, pénètre & embraſſe tout; le génie qui, d'un coup-d'œil, ſaiſit l'enchaînement des choſes & leurs rapports; le génie, avec lequel on va à tout, n'eût-on que peu de moyens, & ſans lequel on ne fait rien, en eût-on beaucoup. Eh! que faut-il à l'homme guidé & pouſſé par lui? Une idée, un aperçu, un point donné, ſont ſouvent plus qu'il ne faut pour le mener aux plus grandes choſes; l'on voit, s'il trace un plan, tous les faits de la nature, qui, à l'inſtar des pierres qui ſervirent à conſtruire les murs de Thèbes, viennent ſe ranger d'eux-mêmes à la place qu'ils y doivent occuper. Quel beſoin donc avons-nous d'augmenter autant la ſomme de nos données & de nos faits, & quel fruit pouvons-nous retirer de là? Combien de ces faits recueillis par nous qui, faute d'être employés à meſure, ſeront oubliés & perdus! combien qui, faute d'avoir paſſé par le creuſet académique, demanderoient, avant qu'on s'en ſervît, d'être examinés de nouveau! combien enfin qui, par la tournure qui leur eſt donnée, ſemblent ſe reſſentir de la manière de voir & de faire de ceux qui les ont produits, & ſont comme entachés de leurs opinions particulières! C'eſt le vaſe qui a conſervé l'odeur du liquide qu'on y a mis. Faut-il vous rendre la choſe plus ſenſible encore? coupons le fil qui lie enſemble tous les faits d'une hiſtoire, & voyons, après les avoir bien mêlés, ce qui en réſultera. Il n'eſt perſonne qui ne conçoive le déſordre & la confuſion qui doivent ſe trouver dans ce mélange, & qui ne ſente, d'après cela, combien ſont inutiles & de peu de valeur des faits qui ne ſont pas employés, ce qu'ils gagnent à l'être, & par ſuite quel avantage il y a pour nous d'avoir des plans tracés, autrement des ſyſtêmes, dans leſquels puiſſent s'encadrer & les faits que nous avons, & ceux qui nous arrivent, ſauf à y faire, à meſure qu'il s'en préſente, les corrections que ceux-ci peuvent exiger; combien enfin ces ſyſtêmes ſont préférables à des amas de faits non liés, plus capables peut-être de nous embarraſſer un jour que de nous ſervir; il n'eſt perſonne encore qui, en voyant l'imbroille inextricable de ceux dont nous parlons, ne ſente tout ce qui eſt dû à l'hiſtorien qui a ſu les rapprocher & les mettre en ordre; &, par ſuite, ce que mérite le phyſicien qui s'occupe à débrouiller, choſe non moins difficile, les faits que la nature nous préſente, & ce que vaut dans tous les genres le travail de l'homme.

Mais, quoi qu'on doive aux hommes

qui nous ont éclairés, & quelque droit qu'ils ayent, par leurs bienfaits & leurs écrits, à notre reconnoiſſance & à notre admiration, gardons-nous de nous laiſſer ſubjuguer par leur autorité ; abaiſſons-nous devant nos maîtres, & rendons-leur ce qu'ils méritent. Mais loin de nous ce reſpect fanatique qui, nous fixant à leur ſuite, ne permet ni le doute ni l'examen, s'oppoſe à toutes tentatives ultérieures, & n'eſt propre, ainſi qu'on l'a vu bien des fois, qu'à rendre la ſcience trop long-temps ſtationnaire au même point.

La vraie & ſeule manière d'honorer ceux qui ſe ſont, avant nous, diſtingués dans les ſciences, ce n'eſt pas de s'arrêter où ils en ſont reſtés, mais d'aller au-delà s'il ſe peut, & de profiter pour cela des moyens qu'ils nous ont donnés ; c'eſt de les imiter dans les efforts qu'ils ont faits pour ſortir du cercle étroit dans lequel ils ſe trouvoient reſſerrés ; c'eſt de ſuivre & d'achever ce qu'ils ont commencé. A leur exemple donc, tournons, ſans nous laſſer, autour du cercle un peu moins circonſcrit dans lequel ils nous ont laiſſés, pour voir s'il n'y auroit pas quelque iſſue par où nous puiſſions nous en tirer; & plutôt que d'y reſter dans un repos ſtupide, rompons, s'il le faut, les barrières qui nous retiennent; ce n'eſt, je le répète, qu'en faiſant des incurſions de toutes parts que nous pouvons étendre le champ de nos connoiſſances. Entre mille tentatives qui ſeront infructueuſes, il en eſt une ou deux peut-être qui nous conduiront à des ſuccès. Au cas d'ailleurs que nous nous égarions, qu'en peut-il réſulter? la critique, qui veille & nous ſuit pas à pas, ſaura, dans l'occaſion, ou nous ramener à notre poſte, ou nous indiquer d'autres voies; & cette critique, (je la ſuppoſe honnête & modérée) peut-on la craindre quand on n'a dans ſes recherches que la vérité ſeule en vue? Je crois la voir applaudiſſant à nos efforts, alors même qu'elle nous avertit de nos écarts.

L'ouvrage que je publie peut être mis au rang de ces entrepriſes, de ces incurſions haſardées dont il vient d'être parlé; mais ne le regardât-on que comme une tentative de ma part, l'on ne ſauroit, vu le motif qui m'anime, me blâmer de l'avoir fait. Lorsqu'on se trouve arrêté dans les routes que l'on a prises, il faut bien, pour s'en tirer, recourir à d'autres voies. Quant au sort de cette production, j'ignore quel il doit être ; le public, au jugement duquel je la soumets, pourra seul me l'apprendre. Quoi qu'il arrive, je serai content, & je ne croirai pas avoir perdu mes peines, si, dans le cours de cet ouvrage j'ai pu annoncer une vérité, si j'ai pu seulement conduire mon lecteur à la porte d'une vérité. Attiré par une lueur lointaine, je me suis porté vers elle tant que j'ai pu aller ; & quoique j'aie fait pour m'en rapprocher, je suis encore sans pouvoir dire si cette lueur qui m'a frappé, est une lueur folle ou réelle. Mais comme je n'ai travaillé que pour la vérité, si je suis dans l'erreur, je ne demande qu'à en sortir : toutefois, si l'on doit m'apprendre que je me suis éloigné de l'objet que je cherche, je voudrois en même temps que l'on m'apprît où il peut être. Prêt enfin à paroître devant mon juge, il me faut ici requérir son indulgence ;

& je la réclame, tant pour les écarts que je me suis permis, que pour les nouveautés que j'ose lui présenter; je la réclame pour mes fautes d'inadvertance & d'omission; je la réclame pour les incorrections, la sécheresse & l'inélégance de mon style, &c. Hélas! je me plais à croire qu'il me feroit grace, s'il se doutoit des peines que je me suis données pour rendre ma diction plus claire, plus concise & moins embarrassée; & dans le fait c'est la rédaction des choses qui m'a le plus coûté: je vois ce qui me manque, j'ai senti ce qui seroit mieux, mais je n'ai pu me pousser jusques-là.

Ayant donné cet ouvrage à l'impression peu après avoir publié ma lettre sur la chaleur du globe, j'avois lieu de croire qu'il paroîtroit beaucoup plus tôt; mais à peine m'en est-il revenu quelques feuilles, que je me suis vu arrêté, quant aux suivantes, par les corrections & les additions que j'ai cru devoir faire alors dans ma copie; & ce second travail, que l'on peut regarder comme une refonte générale de cette copie, m'a infiniment plus coûté que le premier. En revenant ſur ce que j'avois fait, mes vues ſe ſont portées plus loin, & j'ai embraſſé plus d'objets dans mon plan. De nouvelles idées ſe ſont jointes aux anciennes; & de ces idées, je n'en ai rejeté aucune, pas même celles qui ne pouvoient m'être d'un grand appui; penſant, quant à celles-ci, que ſi elles n'étoient fructueuſes pour moi, elles pourroient l'être pour d'autres. Tout cela a beaucoup ralenti l'impreſſion de cet ouvrage, & retardé ſa publication: d'où l'on voit comment il s'y trouve des choſes que le lecteur, non prévenu de la lenteur de mon travail, pourroit regarder aujourd'hui comme peu exactes ou déplacées, & elles s'y trouvent, parce que faiſant imprimer à meſure ce que j'avois fait, je n'ai pu dans l'occaſion revenir ſur mes pas, pour changer ce que j'avois dit auparavant. Ainſi, après avoir annoncé ſur la foi du journal de Paris, le traitement de MM. *Dru* père & fils, comme un traitement électro-magnétique, je n'ai pu me réformer, lorſque les commiſſaires nommés pour en faire l'examen, m'ont appris

appris qu'il n'étoit qu'électrique ; je n'ai d'ailleurs rien à changer à ce que j'ai dit ſur le compte de ces MM. J'ai de même parlé deux fois de la manière de guérir de M. *Meſmer*, & chaque fois j'en ai parlé différemment, parce que dans l'intervalle les circonſtances avoient changé. La première fois que j'en ai parlé, c'étoit avant qu'il nous eût fait part de ſes procédés & de ſa doctrine ; & la ſeconde, c'eſt au moment que les Commiſſaires de l'Académie & de la Faculté nous ont donné leur rapport. J'ai dit enfin quelque part qu'il nous manquoit une table indicative de la peſanteur des ſubſtances, & l'on ſent que je n'ai pu le dire depuis que M. *Briſſon* nous a donné la ſienne.

Outre ces choſes qu'il étoit à propos de faire obſerver au lecteur, il eſt poſſible encore qu'après avoir parcouru cet ouvrage, il y découvre quelques diſcordances, ſur-tout entre ce qui ſe trouve à la fin, & ce qui eſt dit au commencement, & en cela il n'y auroit rien d'étonnant : il eſt cenſé qu'un ouvrage dont on s'est long-temps occupé, doit, comme le fruit qui mûrit, augmenter en qualité à mesure qu'il approche de sa fin. A force d'y travailler, la matière se débrouille & se nettoye, les jours augmentent, les ombres diminuent, & les idées s'épurent; de sorte qu'il doit y avoir quand on finit, ou beaucoup de choses à changer (si on le peut) dans celles que l'on a dites en commençant, ou beaucoup de choses qui ne sont plus en parfaite concordance avec celles-là; & au cas qu'il s'en trouve ici, je prie le lecteur de faire lui-même les corrections qui seroient à faire pour les mettre en rapport.

TABLE
DES MATIÈRES
CONTENUES
DANS CETTE PREMIÈRE PARTIE.

Discours Préliminaire.
Lettre première.

LETTRE SECONDE.

LETTRE TROISIÈME.

Fin de la Table des matières de la Iere. Partie.

ERRATA

DE LA PREMIÈRE PARTIE.

Nota. Ici ne sont point comprises, comme trop répétées, deux fautes que l'Auteur a faites presque jusqu'à la fin de son ouvrage, en se servant toujours du mot *avant* sans y joindre la particule *que*, comme cela doit être, quand il est suivi d'un verbe, ainsi que du terme *en raison*, au lieu du mot à *raison*, qui est plus en usage. Ces fautes sont assez indifférentes; mais il en est d'autres ici auxquelles le lecteur est prié de faire attention, à cause des contre-sens qu'elles pourroient présenter.

PAGE 3, ligne 15, puissent, *lisez*, pussent.

Pag. 6, lig. 21, le manouvrier, *lisez*, l'agent.

Pag. 8, lig. 15, éprouvé, *lisez*, prouvé.

Pag. 13, lig. 24, appris l'opération, boucha, *lisez*, après l'opération, bouché.

Pag. 15, lig. 9, que l'eau se forme, *lisez*, que l'air se forme.

Pag. 20, lig. 7, relative à la masse, *lisez*, relative non-seulement à la masse.

Pag. 20, lig. 11, de principes, *lisez*, des principes.

Pag. 23, lig. 11, les prouve, *lisez*, se prouve.

Pag. 24, lig. 8, soit, *lisez*, est.

Pag. 34, lig. 22, gagné de lui, *lisez*, gagné à lui.

Pag. 37, lig. 25, lorsqu'il s'évaporise, *lisez*, lorsqu'il se vaporise.

Pag. 40, lig. 19, que de la diminuer. Par la densité, *lisez*, que de la diminuer par la densité.

Pag. 42, lig. 17 à 18, ainsi que la terre, à laquelle elle est attachée, qu'un élément passif, *lisez*, ainsi que la terre, qu'un élément passif.

Pag. 43, lig. 2, à la nature ne font, *lisez*, à la nature de l'eau ne font.

Pag. 47, lig. 19, à l'état considéré, *lisez*, à l'état de l'air considéré.

Pag. 48, lig. 3, d'altérer sa nature, il brise même, *lisez*, d'altérer sa nature, non-seulement il détend & affoiblit son ressort, il le brise même.

Pag. 56, lig. 19, les temps & le concours des nuages, *lisez*, les temps, & le cours des nuages.

Pag. 58, lig. 27, qu'on l'élève, *lisez*, qu'on s'élève.

Pag. 62, lig. 14, leur ascension. *lisez*, leur ascension,

Pag. 62, lig. 17, franchir, *lisez*, franchir.

Pag. 71, lig. 3, & comparant, *lisez*, & en comparant.

Pag. 71, lig 31, périhélies, *lisez*, parhélies.

Pag. 72, lig. 11, périhélies, *lisez*, parhélies.

Pag. 80, lig. 26, conversion de liquide, *lisez*, conversion d'un liquide.

Pag. 88, lig. 1, parvenu d'y-réduire, *lisez*, parvenu à y réduire.

Pag. 89, lig. 2, du climat; & du moment, *lisez*, du climat & du moment.

Pag. 89, lig. 24, & en raison de leur quantité, *lisez*, & est à raison de leur quantité.

Pag. 95, lig. 5, la prépondérance de l'eau, *lisez*, la plus grande pesanteur.

Pag. 95, lig. 7, cette prépondérance, *lisez*, cette plus grande pesanteur.

Pag. 95 lig. 25, d'en reprendre. Lorsqu'elle, *lisez*, d'en reprendre, lorsqu'elle.

Pag. 108, lig. 14, ces substances, & que, *lisez*, ces substances se rencontrent, & que.

Pag. 109, lig. 23, d'expansion, égal, *lisez*, d'expansion égal.

Pag. 111, lig. 12, ces résidus de la chaleur, *lisez*, ces résidus de chaleur.

Pag. 119, lig. 3, alors, qu'une ſubſtance, *liſez*, alors qu'une ſubſtance.

Pag. 127, lig. 4, & la raiſon eſt toute, *liſez*, & la raiſon en eſt toute.

Pag. 157, lig. 23, plus que la cauſe, de la chaleur, *liſez*, plutôt que la cauſe de la chaleur.

Pag. 159, lig. 12, refroidiſſe, *liſez*, refroidit.

Pag. 160, lig. 16, & tantôt, *liſez* ; tantôt.

Pag. 171, lig. 15, ſoit la cauſe, *liſez*, eſt la cauſe.

Pag. 171, lig. 23, incommenſubles, *liſez*, incommenſurables.

Pag. 198, lig. 1, lui ſuppoſe, *liſez*, lui ſuppoſer.

Pag. 199, lig. 7, phlogiſtiſtique, *liſez*, phlogiſtique.

Pag. 201, lig. 6, aux acides, peine, *liſez*, aux acides, l'on aura, dis-je, peine.

Pag. 213, lig. 26, en lumière, *liſez*, en matière de lumière.

Pag. 214, lig. 25, produits, *liſez*, produite.

Pag. 218, lig. 12, toute, *liſez*, tout.

Pag. 230, lig. 19, en quoi ſeul il diffère, *liſez*, en quoi il diffère.

Pag. 235, lig. 27, ou de près exercer, *liſez*, ou de près, exercer.

Pag. 251, lig. 18, la frappe, *liſez*, le frappe.

Pag. 255, lig. 4, & faute de moyens, peut-être, *liſez* ; faute de moyens peut-être,

Pag. 255, lig. 11, qu'imparfait, la plupart, *liſez*, qu'imparfait la plupart.

Pag. 272, lig. 4, puiſée, *liſez*, puiſé.

Pag. 277, lig. 9, qu'il n'y ait, *liſez*, qu'il n'y a.

Pag. 288, lig. 14, qui ſe trouve outre meſure établie dans certaines ſubſtances, *liſez*, dont ſe trouvent douées certaines ſubſtances.

Pag. 293, lig. 24, & toute, *liſez*, & tous.

Pag. 310, lig. 9, concomitence, *liſez*, concomitance.

Pag. 325, lig. 21, à l'encontre du feu, *lisez*, à l'égard du feu.

Pag. 331, lig. 10, l'effort, *lisez*, l'essor.

Pag. 337, lig. 7, phosphore, *lisez*, pyrophore.

Pag. 356, lig. 20, que cela soit dû, *lisez*, que cela est dû.

Pag. 360, lig. 5, que le fossile, *lisez*, que ce fossile.

Pag. 363, lig. 16, & nous montrerons, *lisez*, & nous montrons.

Pag. 365, lig. 3, gissante, *lisez*, gisante.

Pag. 365, lig. 23, de le produire, *lisez*, de la produire.

Pag. 373, lig. 27, appartient, *lisez*, appartiennent.

Pag. 380, lig. 16, il y a de pays, *lisez*, il y a des pays.

Pag. 385, lig. 23, trois étuts, *lisez*, trois états.

Pag. 399, lig. 1, sur le vinaigre, & soit, *lisez*, sur le vinaigre; & soit.

Pag. 404, lig. 2, formtation *lisez*, formation.

Pag. 404, lig. 16, oignones, *lisez*, oignons.

Pag. 405, lig. 4, vivantes, *lisez*, vivaces.

Pag. 423, lig. 3, ne sembleroit-il pas, *lisez*, ne semble-t-il pas.

Pag. 424, lig. 21, leurs assemblage, *lisez*, leur assemblage.

Pag. 425, lig. 8, ces neutralisatiens, *lisez*, ces neutralisations.

Pag. 427, lig. 20, où ce principe, *lisez*, où le principe.

Pag. 429, lig. 11, quil seroit en nous, *lisez*, quel seroit en nous.

Pag. 431, lig. 9, ils set rouvent, *lisez*, ils se trouvent.

Pag. 431, lig. 10, d'un coup-doeil, *lisez*, d'un coup-d'œil.

Pag. 433, lig. 17, végétatives, *lisez*, végétative.

EXAMEN

EXAMEN PHYSICO-CHIMIQUE DES PRINCIPES DE L'AIR ET DU FEU.

LETTRE PREMIÈRE.

Des principes de l'Air.

LORSQUE je vous adressai, Madame, mes premières réflexions sur la chaleur du globe (1),

(1) Cette Lettre parut à l'occasion d'une brochure publiée quelque temps avant, ayant pour titre, *L'Action du Feu central*, bannie de la surface du globe, & le Soleil rétabli dans ses droits, contre les assertions de MM. de

vous paroissiez incertaine du parti que vous deviez prendre dans la querelle qui s'étoit élevée au sujet des droits respectifs du Soleil & de la Terre. Prévenue d'abord en faveur *du feu central* (1), vous vous sentiez alors fortement attirée du côté du Soleil; cependant tout annonçoit le regret que vous auriez d'abandonner un systême que M. le Comte de Buffon & M. Bailly ont su nous faire aimer par la force de leur logique & l'élégance de leur style. J'apperçus votre embarras, & j'accourus pour soutenir votre esprit chancelant. Je rappelai votre attention; je réclamai en faveur de ces Messieurs une préférence qui leur étoit due; &, m'efforçant de détruire l'impression qu'une brochure, nouvellement publiée contre eux, avoit pu faire sur vous, je parvins à vous persuader que cet ouvrage, malgré le titre pompeux dont il étoit revêtu, ne pouvoit aucunement porter atteinte à leur gloire & à la vérité de leurs opinions. Mais si ma première Lettre fut écrite à dessein de fixer vos incertitudes sur l'objet de la dispute, celles que je prends la liberté de vous

---

Mairan, le Comte de Buffon & Bailly; par M. D. R. D. L., de plusieurs Académies.

(1) Je préviens qu'ici, & par-tout où je pourrois faire usage de ce terme, je n'entends autre chose qu'une chaleur intérieure propre à la terre, & indépendante de celle du soleil.

adreſſer aujourd'hui ont pour but de diſſiper toutes les difficultés qui pourroient encore obſcurcir la queſtion, & laiſſer du doute dans votre eſprit. Pour mériter de plus en plus le ſuffrage dont vous avez paru m'honorer, j'ai de nouveau examiné cette matière; je l'ai étudiée; je l'ai approfondie: de nouvelles idées ſe ſont jointes aux anciennes, & je reviens à vous, muni de faits, d'obſervations & d'autorités, capables de confirmer ce que j'ai précédemment avancé ſur les cauſes de la chaleur: mais je ne puis vous faire part des acquiſitions que j'ai faites, ſans remettre en même temps ſous vos yeux la ſuite des idées qui m'en ont préparé la voie. J'ai dû réunir le tout pour en faire un enſemble, où toutes les parties puiſſent mutuellement ſe prêter de l'appui : j'eſpère que la nature & la nouveauté des objets dont je dois vous entretenir, le rendra plus curieux & plus intéreſſant.

Je n'ai, je le répète, en vous préſentant ces idées, ni les prétentions de la ſcience, ni l'amour d'un père pour ſes enfans; je vous les livre à diſcrétion pour être appréciées par vous, ou comme vérités, ou comme hypothèſes, ſuivant que la choſe vous paroîtra plus ou moins prouvée, plus ou moins ſenſible. Le tout, ſi vous voulez, ne ſera entre nous qu'un amuſement philoſophique. Chacun fait ſon roman; voici le mien. Je ſerai content s'il peut vous amuſer.

L'hiſtoire de la Nature, la Phyſique & l'Aſtronomie, ont, par des voies différentes, conduit ſucceſſivement MM. de Mairan, de Buffon & Bailly, à la découverte d'un feu intérieur, ou, pour parler plus exactement, d'une chaleur propre à la terre. Voyons ſi la Chimie, dont vous vous occupez avec plaiſir & avec ſuccès, ne pourroit pas, à ſon tour, nous prêter quelque lumière pour marcher, après ces illuſtres Académiciens, dans les routes cachées de la Nature, & arriver au même but. Le réſultat ſemblable que ces Meſſieurs ont obtenu de leurs travaux différens, a droit de nous étonner : pour moi, je le croirois ſeul capable de convertir en vérité démontrée cette hypothèſe ingénieuſe.

Cependant un Auteur diſtingué par ſes connoiſſances & ſes écrits (1) s'eſt élevé contre elle; &, nouveau chevalier du Soleil, il eſt venu livrer combat à ces trois athlètes enſemble, pour dépouiller la Terre des droits qu'ils lui avoient attribués, & les rendre à l'aſtre dont il ſe dit le défenſeur. Seul contre tous, la partie, ce me ſemble, n'eſt pas égale; ſi le courage s'annonce d'un côté, la force ſe trouve de l'autre. En attendant l'iſſue du combat, qui peut-être ſera long & opi-

---

(1) L'Auteur de *l'Action du Feu central bannie de la ſurface du globe*, &c. eſt le même qui a fait la Criſtallographie, ouvrage précieux pour ceux qui ſe livrent à l'étude de l'Hiſtoire Naturelle.

niâtre, comme il arrive entre les Savans, voyons s'il n'y auroit pas dans cette affaire quelque point de ralliement : j'entrevois déja que, pour juger avec connoissance de cause le procès qui s'élève entre les feux visibles du soleil & les feux obscurs de la terre, il ne sera pas inutile d'examiner & de connoître la nature du fluide à travers lequel passent les rayons du soleil : c'est peut-être à ce fluide qu'appartient, sinon comme principe, du moins comme intermède nécessaire, la chaleur qui nous semble directement envoyée par cet astre.

Vous pressentez, je le vois, que je vais me mettre entre les combattans, & prendre place dans l'atmosphère, pour mieux observer leurs efforts ou discuter leurs droits; vous tremblez de m'y voir de la sorte, exposé aux coups des deux partis : non, j'y porte avec moi un esprit conciliateur, & je ne m'établis là que pour tendre à l'un & à l'autre une main pacifique. En cherchant à rendre raison de la chaleur imprimée sur la surface du globe, l'un en a placé le principe dans l'action unique des rayons solaires; les autres ont cru le découvrir dans les entrailles échauffées de la terre (1); & moi, pour les mettre d'accord, je vais montrer qu'elle doit s'engendrer dans l'air,

(1) C'est-à-dire dans la chaleur intérieure du globe, réunie à celle du soleil même, *qu'ils n'ont pas bannie de la surface de la terre.*

par le concours de ces deux puiſſances. Ceci ſans doute vous paroîtra nouveau ; mais, pour réveiller le goût & l'attention de votre ſexe, ne faut-il pas en tout un peu de nouveauté ? Il n'y a pas de mal, je crois, de changer de ſyſtême à peu près comme on change de modes : ſi cette méthode peut, d'une part, ſervir à la beauté, elle ne peut, de l'autre, nuire à la vérité : c'eſt par le choc des opinions, comme par le frottement des cailloux, que ſort l'étincelle lumineuſe.

Revenons à l'air, à ce fluide élaſtique, qui conſtitue l'atmoſphère & embraſſe le globe. Il faut voir ſi, comme je l'ai ſoupçonné, nous ne trouverions pas dans l'examen de ſes principes, le fil capable de nous conduire à la vraie ſource de la chaleur ; s'il n'y auroit pas lieu d'admettre l'air lui-même, non comme l'auteur unique de cette chaleur, mais comme un aſſocié néceſſaire dans l'acte qui lui donne naiſſance, comme le porteur des matières propres à la former ; enfin comme le manouvrier que la Nature a choiſi pour les raſſembler ou les diſperſer à ſon gré.

De la nature de l'Air.

L'air que nous reſpirons, cet air eſſentiel à la vivification, à la végétation, à la conſervation des êtres, a été de tout temps regardé, par les Phyſiciens, comme une ſubſtance ſimple, un élément, un des premiers agens de la Nature : mais aujourd'hui de nouvelles expériences nous forcent de lui refuser ces qualités, & de le renvoyer dans la classe des substances composées ; il n'est même plus permis de douter qu'il ne soit un vrai mixte formé des autres élémens ; & ses principes reconnus sont l'eau, l'acide & le phlogistique.

Le vide que l'on forme à l'instant sous le récipient de la machine pneumatique, toutes les fois que l'on présente à l'air une substance capable de séparer de sa combinaison quelqu'une de ses parties constituantes, l'air qu'on y restitue lorsqu'on lui rend le principe dont on l'avoit dépouillé, l'air enfin que l'on forme toutes les fois que l'on combine ensemble de l'eau, de l'acide & du phlogistique, semblent en démontrer la vérité.

Je me contenterai de vous rappeler ici quelques-unes des expériences qui ont servi à constater la composition & la décomposition de l'air. Commençons par celles qui prouvent sa décomposition.

Une bougie allumée, placée sous le récipient de la machine pneumatique, forme le vide, & s'éteint.

Le phosphore, dont on excite la déflagration par une chaleur modérée, y produit le même effet.

L'acide nitreux, versé sur de la limaille d'acier,

préfente à l'inftant le même phénomène. L'on obferve d'ailleurs, à l'égard de cet acide, que les ballons deftinés à recevoir fes vapeurs lorfqu'on l'extrait du nitre, font fujets à fe rompre; & l'on ne peut douter que cette rupture ne foit caufée par le vide qui s'y forme, puifque les morceaux du récipient brifé, loin d'éclater au dehors, font, par la preffion de l'air extérieur, précipités fur eux-mêmes.

L'acide méphitique, dégagé des corps qui éprouvent la fermentation, a également la propriété de former le vide.

Enfin le charbon, allumé dans un lieu où il n'y a aucun courant d'air, n'a, pour le malheur de l'humanité, que trop fouvent éprouvé la décompofition de l'air (1).

Le vide fe forme ainfi, tantôt parce que l'acide, chaffé des fubftances qui le contiennent, s'empare du phlogiftique de l'air, tantôt parce que le phlogiftique, dégagé pareillement des corps, fe joint à fon acide; & l'eau, infuffifante alors pour former feule de l'air, refte délaiffée fur les parois du vafe. Outre cela, le vide fe forme encore, lorfque,

(1) L'impreffion que les animaux reçoivent, dans cette occafion, de la décompofition de l'air, peut fe rapporter à deux caufes différentes; ou à la rareté du fluide néceffaire à la refpiration, ou à la vapeur méphitique du charbon, qu'il eft en même temps très-dangereux de refpirer.

par le moyen de quelque acide concentré, toujours avide d'humidité, l'air ſe trouve dépouillé de ſon eau; & c'eſt par-là que la décompoſition de l'air arrive le plus ſouvent, ainſi que nous aurons lieu de nous en aſſurer par la ſuite : j'entrevois même que cette manière d'expliquer le vide, pourroit ſeule ſatisfaire à toutes les circonſtances du phénomène. L'on ne peut en effet regarder le vide que nous formons ſous le récipient de la machine pneumatique, comme un vide réel, comme un vide abſolu. Ce vide apparent n'eſt exactement produit que par la deſtruction, ou ſeulement par la ſéparation des parties les plus groſſières de l'air contenu dans le récipient; ce qui ſuffit pour rompre ſon équilibre avec l'air extérieur, & occaſionner la preſſion extraordinaire de celui-ci. Ainſi l'adhérence du récipient à la platine ne préſente qu'un vide relatif, & n'indique autre choſe qu'une moindre peſanteur dans les parties d'air qui s'y trouvent renfermées.

Mais, quoiqu'on ne puiſſe ici aſſurer la deſtruction totale de l'air, il n'y a, dans tous les cas que je viens de vous expoſer, aucun lieu de douter qu'il ne ſoit réellement décompoſé (1); car, ſi

---

(1) Ceci paroît en quelque ſorte contradictoire. En général, tout mixte paroît détruit lorſqu'il eſt décompoſé. L'idée de la deſtruction n'eſt cependant pas tout-à-fait identique avec celle de la décompoſition. Il faut, pour

l'on fait les expériences précédentes ſous un récipient placé dans une cuvette pleine d'eau, on voit l'eau monter dans le récipient auſſitôt que le vide eſt formé, & cette eau n'offre aucun indice de la fuite de l'air.

Je viens de vous dire commênt l'air ſe décompoſe ; voyons à préſent comment il ſe régénère.

L'air ſe produit dans une infinité d'occaſions ; mais c'eſt dans la fermentation qu'éprouvent les ſubſtances, c'eſt dans la diſtillation de quelques-unes d'elles, c'eſt dans le mélange des acides avec les alkalis pour la préparation des ſels, que cette formation s'annonce d'une manière plus ſenſible. En général, toutes les combinaiſons d'eau, d'acide & de phlogiſtique, qui ſont, comme je vous l'ai dit, les principes élémentaires de l'air, ſont propres à produire çet effet. Nous remarquerons à cet égard que l'acide nitreux, capable de former ſeul le vide dans les vaiſſeaux fermés, peut, lorſqu'il eſt uni à l'eſprit-de-vin, devenir l'occaſion très-prochaine d'une exploſion terrible, à cauſe de la grande quantité d'air qui ſe produit par le mélange de ces deux ſubſtances (1). Cette

---

en ſentir la différence, diſtinguer dans les corps les parties qui ſont eſſentielles à leur conſtitution, de celles qui ne leur ſont unies que par aſſociation. La ſuite nous donnera la ſolution de cette eſpèce de problême.

(1) Ce mélange de l'acide nitreux & de l'eſprit-de-vin ſe fait à deſſein d'en obtenir l'éther nitreux ; il devient

obſervation pourroit même nous donner les moyens d'expliquer les effets de la poudre fulminante & de la poudre à canon (1); elle ſemble nous en indiquer la cauſe dans la formation inſtantanée de l'air. Ce fluide en effet paroît ſeul pouvoir être le principe des exploſions qui en réſultent, & la matière propre à le produire ſe trouve dans la compoſition de cette poudre. L'acide & le phlogiſtique exiſtent dans le charbon & le ſoufre; & l'eau qui leur eſt néceſſaire pour former enſemble de l'air, leur eſt fournie par le ſalpêtre criſtalliſé (2).

Quelques Phyſiciens, le Docteur *Hales* entre autres, ne ſoupçonnant pas que l'air puiſſe être un compoſé, ont eſtimé que cet air, que nous ſuppoſons ici ſe former par la rencontre de l'eau,

---

très-dangereux, ſi l'on n'a pas la précaution de donner jour à l'air qui ſe dégage alors : la fracture des vaiſſeaux, qui accompagne l'exploſion, ſe fait d'une manière différente de celle qui arrive quelquefois dans la diſtillation de l'acide nitreux; elle s'annonce en éclats projetés au dehors de tous côtés.

(1) La poudre fulminante eſt un mélange de trois parties de nitre, de deux parties de tartre ſec, & d'une partie de ſoufre : quant à la poudre à canon, elle eſt, comme tout le monde ſait, compoſée de 75 parties de nitre, de 15 $\frac{1}{2}$ parties de charbon, & de 9 $\frac{1}{2}$ de ſoufre.

(2) Perſonne n'ignore avec quelle opiniâtreté le nitre retient l'eau de ſa criſtalliſation.

de l'acide & du phlogiſtique, n'eſt que le dégagement des parties aériennes fixées dans les ſubſtances, ou ſimplement interpoſées entre les molécules de ces ſubſtances. A cet égard j'admets volontiers que quelques parties, introduites dans les corps, s'en dégagent de la ſorte; mais, quel que ſoit mon reſpect pour le ſentiment de ces Phyſiciens, je ne puis leur en accorder davantage. Tout ſemble au contraire nous démontrer que la plus grande partie de cet air qui ſe développe ainſi, eſt vraiment un air factice & nouvellement formé; celui qui ſe produit en certaines occaſions, & ſur-tout dans la diſtillation des bois de chêne ou de gaïac, eſt quelquefois ſi abondant, qu'il excède, pour ainſi dire, en volume & en poids, celui des matières mêmes dont il s'échappe. M. *Hales* a calculé lui-même qu'un $\frac{1}{2}$ pouce cubique de poudre d'écailles d'huitre, pouvoit rendre 162 pouces cubiques d'air; qu'un $\frac{1}{2}$ pouce cubique de bois de chêne en rendoit 128 pouces cubiques (1). On a peine à concevoir qu'une ſi grande

(1) Je crois qu'ici M. *Hales* s'eſt trompé dans ſon eſtimation, en donnant tout cela pour de l'air; & la preuve s'en tire de ce qu'il dit lui-même, qu'ayant, onze jours après que cet air eût été produit, mis dedans un moineau en vie, il mourut : par conſéquent cet air prétendu ne peut être regardé que comme un acide méphitique, ou au moins comme un fluide chargé d'acide méphitique;

quantité d'air puiſſe contenir dans un ſi petit eſpace; mais l'on ne ſera pas étonné qu'il s'y produiſe auſſi abondamment, ſi l'on fait attention à la quantité d'eau, d'acide & de phlogiſtique que contiennent les matières végétales & animales, & qui ſont la matière même de l'air.

Pour s'aſſurer de la formation inſtantanée de l'air, M. *Ellert* imagina d'introduire ſous le récipient d'une machine pneumatique, une barre de fer rougie au feu, & un inſtrument propre à répandre ſur cette barre quelques gouttes d'eau: lorſqu'il eut pompé l'air du récipient, il fit tomber l'eau ſur la barre, & le vide ceſſa au moyen de l'air nouveau qui ſe produiſit dans ce moment.

Un fait aſſez curieux vient à l'appui de l'expérience d'*Ellert*. Les hommes qui ſoufflent le verre ne pourroient ſouvent, d'un ſeul effort de poitrine, donner aux gros ballons de chimie la capacité demandée. Pour y ſuppléer, ils mettent de l'eau dans leur bouche; & cette eau, pouſſée, par le moyen de la canne, dans la matière vitreuſe fondue, ſe convertit en air, lequel, par ſa force expanſive, donne au verre la dimenſion ſouhaitée. Un d'eux ayant appris l'opération, boucha l'ouverture par où l'eau avoit été introduite; & ayant enſuite caſſé le ballon, il n'y trouva aucun veſtige

& cet acide, tout fluide, tout inviſible qu'il eſt, n'eſt point de l'air.

d'eau. L'eau, dans ces deux occaſions, s'eſt donc transformée en air, ou, pour mieux dire, elle s'eſt unie à l'acide & au phlogiſtique du feu contenus dans le fer rouge & la matière vitreuſe fondue, pour produire de l'air.

Les effets de la pompe à feu s'accordent avec ceux que je viens de vous préſenter, & peuvent s'expliquer de même. L'on voit ici avec étonnement que l'eau, chaſſée par la vapeur de l'eau même, eſt capable de ſe porter à des hauteurs conſidérables, & peut, étant réduite en cet état de vapeurs, ſoulever des poids énormes; tandis qu'en toute autre circonſtance, l'eau, preſſée par tout le poids de l'atmoſphère, peut à peine s'élever à 33 ou 34 pieds. Il eſt difficile de concevoir comment ce liquide incompreſſible, & peu ou point élaſtique, peut acquérir, de la ſorte, la force & l'expanſibilité dont l'air ſeul eſt ſuſceptible, en vertu de la compreſſibilité de ſon reſſort: ce n'eſt donc que par la converſion de l'eau en vapeurs aériennes, ou plutôt par la formation ſubite de l'air, dont l'eau devient un des principes conſtituans, qu'on peut rendre raiſon du phénomène.

Enfin il y a tout lieu de croire que l'ébullition qui ſe forme dans les liquides, n'eſt autre choſe que de l'air qui ſe produit aux dépens de l'eau, à l'aide de l'acide & du phlogiſtique que le feu y introduit. Le bouillon qui s'établit à la ſurface du vaſe ne préſente qu'un amas de globules d'air, qui, après avoir traversé le liquide au fond duquel ils se sont formés, ne semblent arrêtés à cette surface que par l'eau qui les retient encore, & qui s'oppose à leur évaporation. Cet air, obligé de passer d'un fluide plus dense dans un fluide plus rare, se trouve contraint de se dépouiller, à cette barrière, de tout ce qui pourroit le rendre trop pesant & empêcher sa fuite. Une preuve d'ailleurs que l'eau se forme ainsi dans l'eau bouillante, c'est que cette eau est propre à restituer l'air dans les lieux qui en seroient privés à l'occasion du charbon allumé, ou, ce qui revient au même, elle empêche le vide de s'y former, parce que l'air qui s'en dégage remplace continuellement celui qui seroit absorbé par le feu. Il suffit, pour cela, d'entretenir sur ce feu de l'eau en ébullition; & par ce moyen l'on se met à l'abri de tout danger : c'est une précaution que l'on ne peut trop recommander à ceux qui sont obligés de se servir de braisières dans des lieux où il n'y a aucun courant d'air. Je ne m'étendrai pas davantage ici sur les effets de l'eau bouillante; je me propose d'examiner par la suite d'où lui vient, plus qu'à l'eau froide, la propriété de pénétrer & de diviser les corps.

L'air, susceptible d'être ainsi tour-à-tour composé & décomposé, ne peut donc plus être regardé comme un élément, mais comme un vrai mixte formé des autres élémens.

Rien jusques-là n'a paru nous arrêter; mais ici se présente un obstacle, un pas difficile à franchir. L'air, nous dit-on, est essentiel au feu qu'il entretient; il est le véhicule de la lumière; &, sans son secours, il n'y auroit pour nous ni feu, ni chaleur, ni lumière (1). Sans cet air, tout seroit

(1) On prétend que la terre, en perdant, par la cessation de l'air, le feu & la lumière que nous tirons des substances qu'elle produit, ne seroit pas privée pour cela de la lumière du soleil, qui, dit-on, a la propriété exclusive de percer dans le vide. Cela peut être; mais comme nous ne connoissons pas le vide absolu, on ne peut s'en assurer. Il y a plus, si le feu terrestre ne subsiste que par le moyen de l'air, nous pouvons, par analogie, présumer que le feu solaire a lui-même, pour exister, besoin de son secours; & si la lumière qui en émane ne parvient à nous qu'en se communiquant de proche en proche aux molécules fluides de l'air qu'elle pénètre & qu'elle éclaire, il y a lieu de penser qu'où l'air cesse, la lumière doit cesser par le défaut de communication.

L'attraction universelle, dit M. de Buffon, agit sur la lumière; il ne faut, pour s'en convaincre, qu'examiner les cas extrêmes de la réfraction. Lorsqu'un rayon de lumière passe à travers un cristal sous un certain angle d'obliquité, la direction change tout-à-coup; &, au lieu de continuer sa route, il rentre dans le cristal, & se réfléchit. Si la lumière passe du verre dans le vide, toute la force de cette puissance s'exerce, & le rayon est contraint de rentrer, & rentre dans le verre par un effet de son attraction, que rien ne balance. *Introduction à l'Histoire des Minéraux, Part. I, pag. 13.*

donc

donc éteint ſur la terre ; diſons plus, tout ſeroit mort ; car, ſans la chaleur, plus de mouvement, plus de vie : ce tableau vous effraie, & l'objection m'embarraſſe. Il eſt à craindre qu'elle ne nous oblige de reſtituer à l'air ſes droits élémentaires ; car s'il eſt eſſentiel à l'action du feu & à celle des autres élémens, il doit être éternel comme eux, pour concourir avec eux à la formation de toutes choſes.

Nous voilà donc forcés de rendre à l'air l'état dont nous l'avions privé, ou de lui refuſer avec perſévérance, & peut-être avec injuſtice, un titre qu'il ſemble ne pas mériter. Que faire dans cette alternative, & comment ſortir d'embarras ? Je n'y vois qu'un moyen, & ce moyen doit convenir à tout le monde ; c'eſt d'admettre un air principe, commun à toute la Nature, & un air composé, propre au globe que nous habitons.

Le premier, ſimple, ſubtil, infiniment rare, tel à peu près que celui qui eſt interpoſé entre le ſoleil & notre atmoſphère, ſera, ſi l'on veut, le *medium* dans lequel l'autre ſe forme. Inacceſſible à nos ſens, il conſerve ſeul le titre d'élément ; peut-être même ſerons-nous inceſſamment forcés de le dépouiller encore de ce titre précaire, & de le regarder lui-même comme une émanation de la matière lumineuſe du ſoleil : mais, pour ne point anticiper ſur ce que nous avons à dire, prêtons-nous un moment à cette ſuppoſition.

Quant à l'air atmoſphérique, cet air groſſier que

nous respirons, que nous avons soumis à nos expériences, & qui diffère de l'air principe à peu près comme le feu diffère du phlogistique, il ne sera désormais regardé que comme un mixte composé propre à la terre, comme une portion de son patrimoine, comme une enveloppe légère dont elle a revêtu sa surface, pour défendre de la chaleur ou du froid les êtres qu'elle y a placés ; enfin comme une substance sortie de son sein, & due au moins en partie à ses émanations.

Cette nouvelle théorie nous offre bien des avantages. Elle nous fournit le moyen d'expliquer plusieurs phénomènes, dont sans elle on auroit peine à rendre raison ; elle satisfait à toutes les difficultés ; elle répand enfin un jour infini sur la matière que nous discutons. Nous pouvons même déja conclure, à la faveur de cette distinction d'air principe & d'air atmosphérique, que la terre n'a pu admettre sur sa surface aucune substance végétale ou vivante, avant qu'elle fût pourvue de cette enveloppe qui lui est propre, avant d'avoir créé le fluide nécessaire au développement [illegible] l'accroissement & à la conservation de ces substances, ou du moins avant d'avoir fourni à l'air élémentaire les principes dont il a besoin lui-même pour produire ces effets (1).

---

(1) Je serois tenté de croire que l'on a donné trop d'extension à l'influence de l'air dans tous ces effets. Les

De l'origine & de la formation de l'Air atmoſphérique.

Tout favoriſe l'hypothèſe que je vous préſente. La diſtinction que nous venons d'établir entre l'air principe & l'air atmoſphérique, n'eſt pas, comme on pourroit l'imaginer, une ſuppoſition gratuite & idéale; elle eſt fondée en raiſons; elle eſt indiquée par la Nature même, & l'obſervation ſeule nous invite à l'admettre. Il ſuffit de jeter les yeux ſur ces eſpaces immenſes qui nous ſéparent de

---

plantes qui croiſſent au fond des mers, les poiſſons qui y vivent & meurent en quittant l'eau, les reptiles qui végètent dans le ſein de la terre, le crapaud qui peut ſubſiſter très long-temps ſans reſpirer ni prendre de nourriture, puiſqu'il s'en eſt trouvé un vivant à quatre pouces de profondeur dans un chêne, les animalcules produits par la poudre du blé ergoté, que l'on voit, à l'aide du microſcope, nager librement dans l'eau, & qui peuvent, lorſqu'on fait deſſécher cette poudre, reparoître & reſſuſciter mille fois ſous la même forme; tout cela me perſuade que le concours de l'air n'eſt pas, dans la végétation ni la vivification des êtres, d'une néceſſité abſolue, mais ſeulement d'une néceſſité relative à la conſtitution & à l'organiſation particulière des plantes & des animaux. Nous avons déja lieu de penſer que l'air, regardé comme le premier aliment du feu, n'eſt vraiment eſſentiel à ſon action, qu'à cauſe des parties d'eau qui s'y trouvent répandues : cette matière auroit, je crois, beſoin d'un nouvel examen.

l'aſtre de la lumière, pour ſentir que ces eſpaces ſont vraiment le lieu, le réceptacle néceſſaire des matières qui s'élèvent de la terre, ou s'élancent du ſoleil, & ſemblent ſeules avoir le droit de s'y répandre. L'on conçoit en même temps que la ſomme reſpective de ces émanations doit être relative à la maſſe des corps qui les produiſent, mais encore au degré de chaleur dont ils ſont pénétrés, même à la quantité de principes volatils qu'ils contiennent. Ainſi le globe brûlant du ſoleil doit, en raiſon de ſon volume & de l'activité de ſes principes, remplir l'eſpace de ſa matière projetée juſqu'aux confins du monde; mais cette matière, malgré la continuité de ſes émiſſions, ne peut, à cauſe de la ténuité de ſes parties & de l'immenſité du lieu qu'elle occupe, former dans le vide qu'un fluide infiniment rare, & trop ſubtil pour exciter la végétation & favoriſer la vivification des êtres. D'un autre côté, la terre, capable elle-même de chaſſer hors de ſon ſein les principes volatils qu'elle poſsède, ſemble diſputer au ſoleil une place dans l'eſpace, pour la remplir de ſes propres émanations, ou du moins pour y mêler ſes matières exhalées avec celles émanées de cet aſtre, & acquérir de la ſorte un eſpèce de propriété ſur le fluide qui l'environne. Mais comme la terre eſt beaucoup plus petite que le ſoleil, & que, quoique pourvue d'un degré de chaleur qui lui eſt propre, elle eſt infiniment moins pénétrée des principes actifs du feu, elle ne peut, avec des moyens si foibles, exercer son pouvoir que dans une étendue bornée, & à des distances peu considérables : d'ailleurs, si l'on en excepte les parties même de la matière lumineuse du soleil, capables de s'introduire dans les corps, les principes volatils qui appartiennent à la terre se réduisent pour ainsi dire à l'eau, laquelle peut en effet, lorsqu'elle est échauffée, acquérir quelque volatilité & se dissiper en vapeurs. Enfin, quelle que soit leur nature, ces principes, plus fixes, plus denses, moins expansibles, & poussés au dehors par une impulsion moins vive, ne peuvent s'élever beaucoup, & doivent, lorsqu'ils sont arrivés & réunis à une certaine hauteur, s'abaisser par leur poids même & retomber sur la terre.

L'on voit par-là que l'air rare & subtil qui se trouve répandu dans l'espace, & qui, malgré l'extrême ténuité de ses parties, est encore quelque chose; l'on voit, dis-je, que cet air, loin d'être un principe simple, indépendant, existant par lui-même, ne peut être regardé que comme un produit réel & nécessaire des émanations du soleil. Toutefois ce fluide ainsi formé représente exactement ce que nous avons désigné sous le nom d'air principe, & devient en même temps la base fondamentale de l'air que nous respirons, de l'air qui constitue notre atmosphère : cette qualité même peut, si l'on veut, & afin de se prêter aux idées reçues, lui mériter encore le titre d'élément, quoiqu'il ne soit réellement qu'un résultat & le produit d'une matière que nous pouvons assurer d'avance être elle-même composée d'acide & de phlogistique. Il s'ensuit donc que si le fluide éthéré, ou l'air supposé élémentaire, est originairement formé de la matière lumineuse du soleil, l'air atmosphérique sera, de son côté, nécessairement composé de la même matière, plus, des parties aqueuses que la terre lui aura fournies, pour constituer ce fluide plus dense & plus pesant qui lui sert d'enveloppe.

Des principes constitutifs de l'Air.

La théorie précédente, sur la formation de l'atmosphère terrestre, est si claire & si simple, elle s'accorde si parfaitement avec les faits qui constatent la composition & la décomposition de l'air, qu'il seroit, je crois, toute prévention à part, difficile de ne pas l'adopter. Elle a d'ailleurs un avantage ; c'est qu'en expliquant la formation de l'air, elle nous donne en même temps la connoissance de ses principes constitutifs ; elle nous montre, dans le soleil & sur la terre, les sources d'où ils découlent.

Ces principes reconnus sont, comme nous l'avons dit, l'eau, l'acide & le phlogistique ; & c'est ici le lieu de s'en assurer. Mais, comme nous aurons souvent occasion de revenir sur cet objet, en attendant les preuves ultérieures que nous pourrons donner par la ſuite, quelques faits ſuffiront pour conſtater l'exiſtence de ces principes dans l'air; & d'abord, pour ce qui regarde l'eau, ſa préſence dans ce fluide eſt ſi évidente & ſi ſenſible, qu'il paroît inutile d'en chercher d'autres preuves : quant à l'acide & au phlogiſtique qui y ſont, quoique d'une manière plus obſcure, également contenus, l'exiſtence de ce dernier principe eſt ſuffiſamment démontrée par l'inflammabilité de l'air; & celle de l'acide les prouve par ſon action ſur les corps expoſés à l'air, & particulièrement par les criſtaux de ſel neutre que cet acide forme avec l'alkali fixe qui lui eſt préſenté. Ainſi l'on ne peut douter de l'exiſtence de ces principes dans l'air; & l'on voit que ſi la terre eſt capable de fournir, pour ſa formation, la partie la moins volatile qui eſt l'eau, l'acide & le phlogiſtique qui conſtituent les deux autres, & que l'on ſait d'ailleurs exiſter pareillement dans le feu, comme parties intégrantes de cet élément, doivent eſſentiellement appartenir au ſoleil, & partir de cette ſource de feu. C'eſt même à cauſe de ces parties conſtitutives, que l'air, ſans lequel le feu ne peut ni ſubſiſter, ni ſe propager, eſt cenſé devoir être ſon premier aliment; c'eſt par elles qu'il s'aſſimile à lui & qu'il ſe rapproche de ſa nature; c'eſt par elles enfin que l'air peut, comme dit M. de Buffon, devenir lui-même une portion de cet élément, &

ſe confondre avec lui. En effet, ſi l'on ſépare de l'air la partie aqueuſe qui lui eſt aſſociée, quoique d'ailleurs elle ne ſoit pas, comme nous le verrons ci-après, indifférente à l'action du feu, l'air ne ſera plus alors que la matière même du feu, & il deviendra capable de s'enflammer à ſon approche.

L'on m'accordera peut-être que la lumière, émanée du ſoleil, ſoit, au moyen de ſes projections, capable de verſer dans l'eſpace, & juſques dans l'atmoſphère, cette matière inflammable qui y réſide, & dont en effet elle ſemble être le principe. Mais, dira-t-on, qui nous aſſure que l'acide répandu dans l'air provienne plutôt des émanations de cet aſtre que des exhalaiſons de la terre, d'où cet acide peut, de même que l'eau, ou conjointement avec elle, s'élever dans l'atmoſphère ? A cela je réponds d'abord, qu'il n'eſt pas étonnant que l'acide, toujours uni au phlogiſtique dans le feu, puiſſe, dans ſes élans rapides, accompagner la matière lumineuſe dont il eſt pour ainſi dire inſéparable, afin de ſe répandre avec elle dans l'eſpace ; & nous verrons, par la ſuite, qu'en effet les rayons ſolaires ſont eux-mêmes chargés de cet acide. Il ſuffit, en ſecond lieu, de faire attention à l'immenſité des lieux occupés par le fluide éthéré, pourvu pareillement de ſon acide, ou ſeulement à l'étendue conſidérable de notre atmoſphère, pour ſentir que tout l'acide, répandu ſur la ſurface du globe, ſeroit incapable de ſatisfaire au volume d'air qui l'environne. D'ailleurs la ténuité & l'expanſibilité des principes aériens, n'offre aucun rapport avec la fixité connue des acides, tant minéraux que végétaux; & l'état de condenſation où ceux-ci ſe trouvent ſur la terre, fait qu'ils ne peuvent aucunement s'aſſimiler à l'acide de l'air : ceux même de ces acides qui, comme l'acide nitreux ou marin, paroiſſent avoir quelque volatilité, ſont ordinairement engagés dans des baſes qui les retiennent & les fixent. Enfin la peſanteur de ces mêmes acides étant beaucoup plus conſidérable que celle de l'air, que celle même de l'eau eſtimée 850 fois plus peſante que l'air, elle forme, relativement à la légéreté de ce fluide, un obſtacle réel à ce qu'ils puiſſent librement & d'eux-mêmes s'élever & ſe ſoutenir dans l'atmoſphère; d'autant mieux que, pour concourir à la formation de l'air, il faudroit qu'ils s'y élevaſſent dans le vide, ſans appui & ſans ſoutien; ce qui ajoute à la difficulté. L'on ſait d'ailleurs que l'eau, quoique plus légère, ne peut elle-même y parvenir qu'à l'aide de la chaleur dont elle eſt pénétrée; & nous voyons tous les jours qu'elle ne peut s'y ſoutenir, lorſque l'air eſt trop raréfié : d'où il s'enſuit qu'elle ne pourroit s'y élever d'elle-même, ſi elle ne trouvoit dans l'air principe déja formé, & plus condenſé autour du globe qu'à des diſtances plus éloignées, une baſe ſuffiſante dont elle puiſſe s'aider. Cela étant, il paroît difficile de faire provenir l'acide de l'air des émanations terreſtres; mais en le faiſant deſcendre de la matière lumineuſe du ſoleil, toute difficulté ceſſe, tant à cauſe de la ténuité & de la quantité de cette matière, qu'à cauſe de la chaſſe extraordinaire qui lui eſt donnée.

Tout cela cependant n'empêche pas que quelque acide, ou quelques parties d'acide rendues plus volatiles, ne puiſſent ſe dégager dans l'atmoſphère, à l'aide de l'air qui leur ſert de véhicule; mais cet acide, quel qu'il ſoit, n'eſt point l'acide de l'air, l'acide qui le conſtitue; il n'y arrive, comme beaucoup d'autres matières hétérogènes, qu'en ſurabondance. Ceci même n'eſt pas contradictoire avec ce que nous avons dit plus haut, ſur la formation de l'air dans toutes les combinaiſons d'eau, d'acide & de phlogiſtique; car, quoiqu'il puiſſe s'en former de la ſorte aſſez abondamment ſur la terre, puiſque les matières néceſſaires s'y rencontrent, & quoiqu'alors l'acide terreſtre qui y eſt contenu puiſſe plus aiſément s'élever dans l'atmoſphère, cet air ainſi formé ne pourroit, malgré cela, ſuffire à la quantité connue du fluide atmoſphérique; il manqueroit peut-être encore des qualités propres à ce fluide. Il n'arrive donc dans ce réſervoir aérien, que comme une addition à l'air déja formé, capable d'augmenter ſon volume, ou de remplacer celui qui ſe trouveroit d'ailleurs abſorbé ou détruit. C'eſt ainſi que le feu de nos foyers peut ajouter quelque choſe à la ſomme de la chaleur répandue ſur la ſurface du globe, ou ſuppléer à celle qui nous manque.

Mais, dira-t-on, l'acide méphitique eſt beaucoup plus léger que l'eau ; il approche même de la légéreté de l'air : ne pourroit-il pas alors devenir lui-même un des principes conſtituans de ce fluide ? Non, quelque léger que ſoit cet acide, le plus volatil de tous, il eſt encore beaucoup plus peſant que l'air atmoſphérique ; ſon poids eſt à celui de l'air, comme 3 eſt à 2 : il ne peut ainſi correſpondre à ſa légéreté, & l'on ne peut le reconnoître pour l'un de ſes principes. Il ne reſte donc aucun doute que l'acide de l'air ne ſoit vraiment originaire du ſoleil ; & peut-être y découvrirons-nous encore la ſource des autres acides répandus ſur la terre.

L'expérience vient à l'appui de ce que nous venons de dire ; & s'il eſt vrai, comme on l'annonce par-tout, que les acides aient conſtamment la propriété de rougir là teinture bleue des végétaux, celle dont je vais vous entretenir achevera de nous convaincre.

Ayant rempli d'une teinture de tourneſol un ballon d'environ deux pintes, je le bouchai exactement & l'expoſai au ſoleil : inſenſiblement la couleur bleue ſe diſſipa, & la liqueur ſe colora en pourpre, en violet, en lilas. Ce changement & cette dégradation de couleurs ne pouvoient, vu les précautions que j'avois priſes, être attribués à d'autre cauſe qu'à l'impreſſion des rayons ſolaires, capables ſeuls de pénétrer le verre ; car, ſi l'air avoit cette propriété, le vide ne pourroit se former sous le récipient de la machine pneumatique. Je m'assurai donc ainsi de l'existence d'un acide dans les rayons solaires; mais ayant répété la même expérience dans des vaisseaux ouverts & exposés à l'air libre, soit au soleil, soit à l'abri du soleil, j'obtins exactement la même couleur & les mêmes nuances, à l'exception toutefois que le changement s'opéra plus vîte dans la teinture exposée en même temps au soleil & à l'air, que dans celle qui fut abandonnée à l'exposition du nord, plus vîte même que dans la teinture qui avoit été précédemment exposée au soleil dans un vase fermé; & cela devoit être ainsi, tant à cause de la quantité de teinture qui y étoit contenue, qu'à cause du verre qui, dans la première expérience, rendoit le passage des rayons plus difficile. Par cette seconde expérience, confirmative de la première, je fus pareillement convaincu, non-seulement de l'existence d'un acide dans l'air, mais encore de l'identité de cet acide avec celui des rayons solaires, à cause de la couleur violette ou lilas, obtenue également par l'un & l'autre acide; & cette couleur qui les rapproche, les différencie de tous les autres acides, tant minéraux que végétaux, qui tous, sans exception, ne produisent, dans la teinture bleue, qu'un rouge briqueté absolument différent de celui dont nous parlons. L'acide méphitique & l'acide de l'air qui s'échappe de nos poumons (1), ſont les ſeuls qui partagent, avec l'acide du ſoleil & de l'air, la propriété de rougir cette teinture en violet ou lilas, qui eſt une dégradation du violet ; & cette propriété commune doit les faire regarder eux-mêmes comme identiques aux autres, & provenans de la même ſource.

Ainſi le ſoleil, qui des émanations de ſa ſubſtance compoſa le fluide éthéré pour en former la baſe de l'air que nous reſpirons, ſemble avoir encore fourni la matière dont ſe forme cet acide ſubtil, qui ſe dégage durant la fermentation des ſubſtances. En effet, cet acide méphitique, le plus volatil des acides, ne paroît être autre choſe que l'acide même du ſoleil, puiſé dans ſes rayons, ou pompé dans le fluide de l'air, lequel, s'étant introduit dans les corps, s'y altère, & ſe trouve, au moment qu'il s'en échappe, déja pourvu d'un degré de peſanteur qu'il doit au rapprochement de ſes parties.

Ceci ſert à nous faire connoître quel peut être, lorſque le vide eſt formé ſous le récipient de la machine pneumatique, ce fluide qui y reſte, qui n'eſt point de l'air, & qui a la propriété de rougir en violet la teinture de tourneſol. L'on conçoit

(1) Il ſuffit de ſouffler avec un tube de verre dans une teinture de tourneſol, pour colorer en peu de temps cette liqueur en rouge violet.

ſans peine que ce fluide méphitique, qui ſe dégage alors des ſubſtances qui ſont renfermées dans le récipient, ne doit être, à cauſe de ſa ténuité & de ſa volatilité, qu'un acide émané du ſoleil ou de l'air; le plus ſouvent même il ne paroît être que l'acide rapproché de l'air qui y étoit contenu, le vide ne ſe formant alors que par la ſouſtraction ſeule des principes aqueux & inflammables de l'air; & l'on ne doit point s'étonner que, malgré cet acide réſidant dans le bocal, le vide puiſſe ainſi ſe former. L'on ſent que, quoique cet acide extrait de l'air ſoit, en volume égal, plus peſant que lui, il n'eſt cependant pas auſſi peſant que la totalité de l'air qui étoit contenu dans le récipient; ce qui ſuffit pour détruire ſon équilibre avec l'air extérieur qui preſſe ſur ce récipient. D'un autre côté, ſi nous cherchons pourquoi la chandelle s'y éteint, nous verrons que le feu, capable d'abſorber, dans un temps donné, une certaine quantité d'air, ceſſe de brûler lorſque cet air ſe trouve, par la conſommation qui s'en eſt faite, ou par tout autre moyen, dépouillé du principe qui lui ſervoit d'aliment: alors l'extinction de la lumière placée ſous le récipient de la machine pneumatique, & le vide qui ſemble s'y former en même temps, ſont bien la preuve qu'il n'y reſte plus d'air, ou du moins qu'il n'y reſte aucun principe capable d'alimenter la lumière. Mais le fluide méphitique, reſtant dans le bocal, doit nous prouver auſſi que, ſi l'acide eſt compris dans le nombre des principes de l'air, il n'eſt pas de ceux qui alimentent la lumière; & ce qui le prouve encore mieux, c'eſt que, ſi on plonge une bougie allumée dans un fluide méphitique, elle s'y éteint à l'inſtant, faute d'y trouver ſon aliment néceſſaire.

On peut ſe ſervir des mêmes raiſons pour expliquer le vide apparent qui ſe produit à l'air libre au deſſus des cuves en fermentation. Ce phénomène n'eſt pareillement occaſionné que par cet acide volatil & léger, qui ſe dégage abondamment des ſubſtances que l'on fait fermenter. Alors cet acide ſe dépouille, ſe rapproche; &, devenant ainſi plus peſant que l'air qui preſſe ſur les cuves, il le chaſſe, & s'établit à ſa place. Quant aux qualités meurtrières de cet acide, il ne faut point en chercher le principe ailleurs que dans ce rapprochement même, dans cette eſpèce de concentration qu'il acquiert, & qui ſuffit pour le rendre mal-faiſant & mortel aux animaux qui le reſpirent. Cet acide, au ſurplus, n'eſt pas le ſeul dont les vapeurs ſoient à craindre; il a cela de commun avec tous les acides qui, étant ſéparés de leur baſe & dépouillés de leur eau, peuvent ſe volatiliſer comme lui : leurs vapeurs même ſont, dans cet état d'expanſion, d'autant plus redoutables, que ces acides étoient plus concentrés. Ainſi les acides nitreux, marin & vitriolique, ſont, étant volatiliſés, encore plus que l'acide méphitique, capables de donner la mort aux animaux qui reſtent expoſés à leurs vapeurs meurtrières.

De l'Air fixe.

Il s'enſuit de tout ce que nous venons de dire, que tout acide méphitique, de quelque part qu'il ſe dégage, ne peut être regardé que comme un produit de l'acide du ſoleil ou de l'air, & n'eſt exactement que ce même acide, dépouillé, rapproché & extrait d'une grande quantité de matière lumineuſe ou aérienne ; ce qui lui donne, outre d'autres propriétés, une peſanteur plus conſidérable, en volume égal, que celle des matières dont il eſt extrait ; &, par la même raiſon, l'air inflammable qui ſe dégage pareillement des corps, ne peut être regardé que comme un produit différemment formé du phlogiſtique répandu dans les rayons ſolaires ou dans l'air. Cet air n'eſt en effet que le même phlogiſtique rapproché, dépouillé de parties étrangères, & extrait, comme ci-deſſus, d'une très-grande quantité d'air ou de matière lumineuſe, ce qui lui donne, à ſon tour, la propriété de s'enflammer ; & la ténuité de ſon principe le rend alors ſix fois plus léger que l'air atmoſphérique (1).

---

(1) Nous expliquerons ailleurs comment ces airs méphitique & inflammable peuvent ſe produire dans les mines, & donner lieu aux mouſettes différentes qui en réſultent.

Cela

Cela étant, il me paroît assez inutile d'emprunter d'autres dénominations, & de recourir à de nouveaux principes, pour expliquer des phénomènes dont on peut, à l'aide seul des principes ci-dessus énoncés, donner la solution. Il est d'autant plus aisé de satisfaire à tout avec ces deux principes extraits de la matière lumineuse, que l'on peut, d'un coup-d'œil & sans peine, distinguer auquel des deux doit se rapporter tel ou tel effet; avantage dont nous sommes privés quand, pour énoncer la cause de ces effets, nous nous servons du terme impropre d'*air fixe*, dont la signification trop vague, trop générale, peu déterminée, ne présente aucune idée précise, & se trouve rarement en rapport avec les effets que l'on attribue à ce principe factice. Il n'en faut pas davantage pour sentir la supériorité des moyens que nous lui avons substitué; cela suffiroit même pour dissiper l'obscurité qui reste répandue sur cette matière, & terminer la dispute qu'elle occasionne entre les Physiciens, s'ils daignoient mettre dans cette discussion plus d'attention ou de bonne foi. Quoi qu'il en soit, nous croirions rendre un grand service à la Science, si nous pouvions, par-là, la purger de ces distinctions inutiles & fastidieuses de *gas sylvestre*, de *gas méphitique*, de *gas inflammable*, de *gas nitreux*, de *gas alkali volatil*, & de mille autres gas qui, loin d'éclaircir la matière, ne ſervent qu'à l'embrouiller, & retardent néceſſairement le progrès de nos connoiſſances.

Je me trouve ici très-éloigné, du moins en apparence, du ſentiment de M. de Buffon; je dis en apparence, car, au fond, nous ne différons guère que dans la dénomination des choſes; &, pour nous mettre d'accord, il ſuffiroit peut-être de rendre à l'acide & au phlogiſtique les effets qu'il attribue excluſivement à l'air fixe, ou d'accorder, comme lui, à cet air fixe des propriétés que nous croyons ne pouvoir appartenir qu'à l'acide & au phlogiſtique. Mais, quelle que ſoit ma déférence pour ſes opinions, je ne puis à cet égard me ranger de ſon avis; je ne vois pas quel avantage il a retiré d'avoir proſcrit le phlogiſtique & banni ce principe adopté, qui, quoique peu connu, eſt parfaitement bien déſigné ſous le nom de matière inflammable, & auquel il ne manque que d'être bien entendu & mieux défini, comme nous eſſaierons de le faire par la ſuite, pour y reconnoître un des premiers principes de la Nature : je ne vois pas, dis-je, ce qu'il a gagné de lui ſubſtituer cet air fixe, *être de la méthode de quelques Phyſiciens modernes plutôt que de la Nature*, & de charger ce principe factice & ſubalterne d'un rôle qu'elle n'avoit décidément confié qu'à ceux que nous réclamons. En accordant, comme il a fait, à un ſeul principe ce qui paroît appartenir à pluſieurs, ce n'eſt pas, je crois, le moyen d'obtenir, ſur aucun point, une ſolution plus facile & plus prompte. Il me ſemble enfin que cet air fixe, ce principe nouveau, dont il fait la baſe de tout, dont il compoſe les ſels, les acides & le phlogiſtique lui-même, ne peut répondre aux effets différens qu'on lui attribue, à moins qu'on ne ſuppoſe cet air fixe d'une nature différente de celle de l'air conſidéré comme élément, ce qui ſe rapprocheroit déja de nos idées, puiſqu'il ceſſeroit alors d'être identique avec lui; ou bien, ſi ces deux airs ne ſont qu'un, il faut néceſſairement, afin de trouver du rapport entre le principe & les effets, regarder, comme nous avons fait, celui de ces airs dont l'autre eſt cenſé provenir, c'eſt-à-dire l'air atmoſphérique, comme un fluide compoſé, capable, par ſes principes divers, de donner naiſſance aux différens phénomènes qui s'enſuivent; & c'eſt vraiment le ſeul moyen de ſatisfaire à tout. Mais cette idée eſt trop nouvelle encore pour eſpérer qu'elle puiſſe aiſément ſurmonter le vieux préjugé qui nous fait regarder l'air comme un élément: cependant les expériences du Docteur *Hales*, ſur leſquelles M. de Buffon s'eſt fondé, ſemblent elles-mêmes lui prêter de l'appui; & il eſt à regretter que cet illuſtre Phyſicien ne l'ait pas apperçu. Les différens caractères que préſente l'air qui ſe dégage des ſubſtances végétales & animales, les différens phénomènes qui en réſultent, étoient plus que ſuffiſans pour lui faire ſoupçonner, ainſi qu'à M. *Hales*, quelque différence dans les principes qui le produisent.

D'ailleurs, s'il est prouvé que ces substances rendent beaucoup d'air, il est également constaté que les végétaux & les animaux en attirent & absorbent une très-grande quantité; & de-là provient, en grande partie, celui qu'on en retire par l'analyse. Mais cet air, ainsi absorbé & introduit dans les substances, n'y reste pas dans le même état; il s'y dénature promptement; il s'y décompose, ainsi qu'il est prouvé par la différence qui se trouve entre l'air que nous respirons & celui qui sort de nos poumons; ses principes se séparent & se distribuent de part & d'autre, pour satisfaire aux différens besoins du végétal ou de l'animal. Alors, si l'air qui s'en dégage par la suite est élastique (1), c'est-à-dire s'il est analogue à l'air ordinaire, à l'air atmosphérique, il n'est, dans ce cas, qu'une portion échappée de cet air disséminé dans les corps, lequel n'est point encore décomposé, ou, suivant

(1) Je me sers ici, par imitation seulement, d'un terme qui d'ailleurs me paroît fort impropre; il ne marque pas d'une manière assez précise la différence qu'il y a entre l'air ordinaire & les airs inflammable & méphitique : cette qualité élastique n'est aucunement distinctive, puisqu'elle convient à tous. Il y a plus; nous allons prouver incessamment que l'acide & le phlogistique qui constituent, l'un, l'air méphitique, & l'autre, l'air inflammable, sont en même temps les seuls principes de l'élasticité de l'air.

les circonſtances, ce ſera peut-être un air nouvellement formé de la manière que nous avons dit plus haut. Si, au contraire, l'air qui ſe dégage eſt méphitique, c'eſt vraiment un extrait acide de cet air décompoſé ; & lorſqu'il eſt inflammable, c'eſt un extrait de ſon phlogiſtique. Ainſi tout cela s'explique ſans peine, en ſuppoſant, comme nous avons fait, l'air compoſé d'eau, d'acide & de phlogiſtique (1).

---

(1) Je n'ai rien dit ici, ni de l'air phlogiſtiqué, ni de l'air déphlogiſtiqué, parce que ces deux airs doivent, ſelon moi, ſe confondre avec l'air inflammable, dont en effet ils ne diffèrent que par la quantité de phlogiſtique qui s'y trouve en moins.

L'air inflammable eſt celui qui a la propriété de s'enflammer promptement & avec exploſion, lorſqu'il eſt en contact avec un corps actuellement enflammé. Il ſe dégage des huiles eſſentielles échauffées, du charbon, des ſubſtances métalliques, & généralement de toutes les matières phoſphoriques, tant fluides que concrètes, dans leſquelles le phlogiſtique ſe trouve, non-ſeulement en grande quantité, mais encore dans un état de rapprochement & de condenſation, auquel, ſur-tout, il faut rapporter & ſon inflammation ſubite, & les exploſions qui s'enſuivent. Ce principe étant, lorſqu'il s'évaporiſe, c'eſt-à-dire lorſqu'il ſort de ſon état de condenſation, ſuſceptible d'occuper un eſpace environ deux cents cinquante mille fois plus conſidérable que celui qu'il occupoit, l'on doit concevoir par-là l'effet qu'il peut produire.

L'air phlogiſtiqué ne diffère, pour ainſi dire, de l'air précédent, qu'en ce que ſes vapeurs ſont moins inflam-

Des propriétés de l'Air.

Si la théorie nouvelle que je vous préſente, a pu nous donner quelque connoiſſance ſur la nature de l'air & celle de ſes principes conſtitutifs,

---

mables : cela vient, ſur-tout, de ce que celui-ci ne ſe dégage que des ſubſtances végétales & animales, ou d'autres matières dans leſquelles le phlogiſtique, quoique abondant, ſe trouve moins fixé, moins rapproché & plus mélangé avec d'autres principes ; ce qui, l'empêchant de s'enflammer auſſi promptement, lui permet d'ailleurs de brûler plus lentement & plus long-temps, le tout ſans exploſion & ſans bruit. Les vapeurs de l'air phlogiſtiqué peuvent, comme celles de l'air inflammable, s'enflammer lorſqu'elles ont le contact d'un corps actuellement enflammé, ou qu'elles ſont frappées par l'étincelle électrique ; ce qui rend l'approche d'une lumière dangereuſe dans les lieux où ces deux airs ſe produiſent en abondance.

Quant à l'air déphlogiſtiqué, cet air dont il faudroit, ſi l'on veut s'entendre, changer la dénomination impropre, il diffère, il eſt vrai, des deux autres, en ce qu'il n'a pas, comme eux, la propriété de s'enflammer ; & cela ſuppoſe, non que le phlogiſtique en eſt banni, mais qu'il s'y trouve en bien moindre quantité. Cela étant, ce fluide particulier me ſemble devoir être compoſé des deux principes primitifs de l'air, combinés enſemble, & réunis en quantité ſuffiſante pour rendre ce fluide, quoique dépouillé d'eau, non moins peſant que l'air atmoſphérique dont il ſe rapproche beaucoup : cependant, quoique ce fluide puiſſe être regardé comme le réſultat d'une combinaiſon formée entre

elle doit encore nous fournir les moyens d'expliquer ses propriétés & les phénomènes qui les accompagnent; & ce n'est pas en annonçant simplement, d'après des faits connus, que l'air est fluide, pesant, compressible, élastique, susceptible

---

le phlogistique & l'acide igné, tout nous porte à croire que l'un de ces principes y domine; & c'est précisément le phlogistique, & non l'acide qu'on y trouve également, qui doit être pris pour ce principe dominant. Mes raisons sont, 1°. que ce fluide n'est que peu ou point miscible à l'eau; 2°. qu'il augmente le volume, la vigueur & l'éclat de la flamme, lorsqu'on y plonge une bougie allumée, & qu'on peut, si elle est nouvellement éteinte, la rallumer en la plongeant dans un vase qui contienne de l'air déphlogistiqué; 3°. que son poids est en rapport avec celui de l'air atmosphérique; 4°. enfin que les animaux peuvent y vivre ainsi, & mieux même que dans l'air atmosphérique: or ce fluide n'auroit aucune de ces qualités, si son principe dominant étoit un acide.

D'un autre côté, si ce fluide se retire des chaux métalliques distillées, comme du mercure précipité rouge, du mercure précipité *per se*, du minium, & généralement de presque toutes les chaux métalliques, supposées privées de leur phlogistique, il faut croire alors que ce principe dont ce fluide est pourvu, lui vient ou de quelque partie restante dont ces chaux ne sont pas absolument dépouillées, ou de l'acide nitreux avec lequel on les traite, & qui, par le phlogistique qu'il possede lui-même, est capable de fournir à l'acide igné, restant sans combinaison dans ces chaux métalliques, le principe nécessaire pour former, avec cet acide volatil, de l'air déphlogistiqué.

Voyez à ce sujet les Lettres du Docteur Démeste, tom. I.

de raréfaction & de condensation, que nous comptons traiter cet objet; c'est en montrant réellement d'où procèdent ces propriétés de l'air, c'est en désignant même dans ces principes reçonnus, ceux qui donnent lieu à telle ou telle propriété, à tel ou tel phénomène, que nous allons y satisfaire.

De la fluidité de l'Air.

Si, comme le dit M. de Buffon, la fluidité suppose toujours la présence nécessaire d'une certaine quantité de feu, dès que l'air est fluide, il est clair qu'il ne peut devoir cette qualité particulière qu'aux principes même du feu qu'a la matière la plus déliée & la plus expansible connue, qui est la matière de la lumière dont il est en partie composé. Bannie du fluide éthéré, & n'étant qu'accidentellement un des principes de l'air atmosphérique, l'eau, loin de rien ajouter à la fluidité dont il jouit, n'est capable par elle-même que de la diminuer. Par la densité qu'elle procure à l'air, en se joignant à lui, le degré de fluidité dont cette eau semble pourvue, n'est pas même essentiel à sa nature & à son existence : ce n'est point un effet nécessaire; c'est le résultat d'une impression donnée par les parties même du feu dont elle est, suivant les circonstances, plus ou moins pénétrée; &, la cause supprimée, l'eau cesse d'être fluide, tandis que l'air, quelque froid qu'il éprouve, ſe maintient conſtamment dans ſon état. Cependant c'eſt le même principe qui cauſe la fluidité de l'un & de l'autre; & s'il influe d'une manière auſſi différente ſur ces deux élémens, c'eſt qu'il réſide dans l'un comme partie conſtituante, & qu'il n'exiſte dans l'autre que par interpoſition & accidentellement: c'eſt par la même raiſon ſans doute, & comme étant non-ſeulement pénétrés, mais formés des principes du feu, que le mercure, l'eſprit-de-vin & l'éther ſont infiniment plus que l'eau, capables, malgré le froid, de conſerver leur fluidité.

De l'élaſticité & de la compreſſibilité de l'Air.

Si l'eau, quoique devenue partie intégrante de l'air atmoſphérique, n'eſt point capable de concourir à ſa fluidité, nous devons concevoir qu'elle peut encore moins contribuer à l'élaſticité & à la compreſſibilité dont ce fluide eſt ſuſceptible; car, étant incompreſſible par elle-même & privée de reſſort, il eſt clair qu'elle ne peut alors lui communiquer des qualités qu'elle n'a pas. Il faut donc, pour en trouver la cauſe, recourir encore aux autres principes de ce fluide, leſquels doivent, comme étant originairement émanés de la lumière (1) &

(1) Les rayons de la lumière ſont vraiment élaſtiques, puiſqu'ils rejailliſſent de tous les corps polis.

puiſés dans le feu, participer à l'énergie de cet élément. Capables de produire par eux-mêmes de la chaleur, de la flamme & du feu, ces principes nous repréſentent vraiment les premiers agens de la Nature, & ſont par conſéquent les ſeuls qui puiſſent donner à l'air cette force expanſible & ce reſſort puiſſant qui le rend capable des plus grands effets : c'eſt par-là qu'étant dilaté ou comprimé, il peut occuper les plus grands eſpaces, ou ſe réduire en un très-petit volume ; & qu'en ſortant de cet état de compreſſion, il a, en vertu de ſon reſſort, la puiſſance de pouſſer violemment les corps qui l'environnent & le gênent.

Loin de contribuer à ces effets, l'eau n'eſt au contraire capable que d'affoiblir dans l'air le reſſort qui les produit, parce qu'elle eſt elle-même privée de tout reſſort, & qu'elle n'eſt, ainſi que la terre à laquelle elle eſt attachée, qu'un élément paſſif, ſubordonné à l'impreſſion des autres élémens. Quoiqu'elle puiſſe quelquefois rejaillir des corps ſur leſquels elle eſt lancée, ce n'eſt pas une raiſon pour la croire ſuſceptible de quelque élaſticité ; l'effet ne vient point d'elle, & ne peut ſe rapporter qu'aux principes même qui lui donnent ſa fluidité, & qui peuvent, en raiſon de leur qualité, & malgré l'eau qui les retient, annoncer par quelques indices leur puiſſance élaſtique.

L'on voit par-là que ſi l'eau réduite en vapeurs a des effets pareils, & plus puiſſans peut-être que ceux de l'air dilaté, l'on voit, dis-je, que ces effets, étrangers à la Nature, ne ſont vraiment produits que par les principes élaſtiques du feu, ces principes primitifs de l'air qui ſe réuniſſent en ce moment avec l'eau pour former de l'air atmoſphérique, & l'annoncent dès ſa naiſſance par des effets relatifs à ſes propriétés & aux principes qui le compoſent (1). L'on peut même conclure de tout cela, que l'eau n'eſt ici réunie aux autres principes de l'air que par aſſociation (2); ce qui ſuppoſe une médiocre affinité entre elle & ces principes (3).

(1) Quoique l'air & l'eau ſoient d'une nature bien différente, il y a cependant une ſorte d'analogie entre ces deux élémens. Si l'eau peut, étant échauffée, s'exhaler & ſe dépouiller de ſes principes terreux, pour ſe convertir en vapeurs aériennes, l'air, étant raréfié, peut également ſe dépouiller de l'eau volatiliſée qui lui eſt unie, pour ſe réduire à ſon tour en fluide éthéré.

(2) L'eau ſe trouve mêlée & confondue dans l'air, de la même manière à peu près que le principe igné ſe trouve répandu dans l'eau.

(3) L'air, dit M. de Buffon, ſemble rendre l'eau dont il s'imbibe, lorſqu'on lui préſente des ſels, ou d'autres ſubſtances avec leſquelles l'eau a encore plus d'affinité qu'avec lui. L'effet que les Chimiſtes appellent défaillance, & même celui des effloreſcences, démontrent non-ſeulement qu'il y a une très-grande quantité d'eau contenue dans l'air, mais encore que cette eau n'y eſt attachée que par une ſimple affinité qui cède aiſément à une affinité plus grande,

De la pesanteur de l'Air.

En suivant l'examen des propriétés de l'air, nous voyons qu'outre la fluidité & l'élasticité qu'il doit uniquement à la ténuité & à l'énergie de ses premiers principes, ce fluide d'ailleurs possède des qualités qui paroissent dépendre plus particulièrement de l'eau qui lui est unie, & dont elles supposent la présence & le concours. C'est par elle en effet qu'il devient favorable à la végétation des plantes, ainsi qu'à la vivification des êtres (1);

& qui même cesse d'agir sans être combattue ou balancée par aucune autre affinité, mais par la seule raréfaction de l'air, puisqu'il se dégage de l'eau, dès qu'elle cesse d'être pressée, par le poids de l'atmosphère, sous le récipient de la machine pneumatique. *Introd. à l'Hist. des Min. part. II, pag. 101.*

(1) Il y a cependant quelque lieu de douter que l'eau soit ainsi capable de rendre, par son adjonction, l'air plus propre à la vivification des êtres; car si l'air dit *déphlogistiqué* est, comme on peut le supposer, un fluide uniquement composé des deux principes primitifs de l'air, ce qui, sans l'éloigner beaucoup de l'air atmosphérique, le rapproche non-seulement du fluide électrique, mais encore du fluide éthéré, dont il ne diffère peut-être qu'en ce que ses principes paroissent rassemblés en plus grande quantité; & si les animaux peuvent vivre dans cet air dépouillé d'eau, autant & plus long-temps même que dans l'air atmosphérique, il est à croire qu'alors le fluide éthéré

c'eſt par elle qu'il acquiert cette peſanteur qui lui eſt propre, & qui ſemble étrangère à la nature de ſes autres principes; & c'eſt en cela ſur-tout que l'eau paroît fournir quelque choſe d'elle-même aux propriétés connues de ce fluide.

La peſanteur de l'eau eſt à celle de l'air atmoſphérique, comme 850 eſt à 1 : cette différence énorme doit nous faire ſentir combien cet air, imbibé d'eau, peut en cet état différer à ſon tour de l'air principe du fluide éthéré. L'aſcenſion du mercure dans le baromètre, & la deſcente de ce même fluide lorſqu'on eſt ſur les montagnes au deſſus de la région où s'arrêtent les nuages, font un double témoignage, & de la peſanteur de l'un, & de la légéreté de l'autre (1).

Il ſemble d'après cela que le mercure, au lieu de baiſſer, devroit monter lorſqu'il doit pleuvoir, temps auquel l'air paroît le plus chargé du principe qui lui donne ſa peſanteur : cependant l'effet contraire arrive; mais cet effet, quoique étonnant, n'eſt point contradictoire avec ce que nous venons de dire : la pluie qui tombe n'eſt pas toujours une

---

n'auroit beſoin lui-même, pour devenir, ſans le concours de l'eau, convenable à la reſpiration, que d'être moins rare, plus rapproché, & moins refroidi ſans doute qu'au deſſus de l'atmoſphère.

(1) Sur le Chimboraco, la plus haute montagne des Cordillières, le mercure ne s'élève guère qu'à 15 pouces.

preuve d'une plus grande quantité d'eau raſſemblée dans l'atmoſphère ; & quoique la grande élévation du mercure dans le baromètre ſoit conſtamment due à la préſence de ce principe dans l'air, les légères dépreſſions de ce mercure, & la moindre peſanteur de l'air qu'elles ſuppoſent & annoncent, ne viennent alors que d'une diminution réelle, produite dans ſa maſſe par la raréfaction : ainſi l'air, lorſqu'il eſt dilaté & privé de ſa force, laiſſe échapper le principe aqueux qui lui étoit uni.

Il ſe peut, malgré cela, que la pluie provienne encore d'une ſurabondance d'eau répandue dans l'air ; mais, dans ce cas, il y a pareillement lieu de préſumer que l'eau qui s'élève en vapeurs, qui ſe condenſe & ſe raſſemble en nuages flottans dans les plaines éthérées, ne peut rien ajouter à la peſanteur de la colonne d'air qui les ſoutient, de même qu'une poutre qui vogue ſur l'eau n'ajoute rien à la peſanteur de la colonne d'eau qui preſſe ſur la terre. Ces nuages aqueux ne font point partie de l'air, ne font point maſſe avec lui ; ils ne s'y trouvent épars, & ſans contiguité, que comme des corps étrangers, interpoſés & néceſſairement plus légers que lui, puiſqu'ils y reſtent ſuſpendus. Enfin ces nuages, pouſſés par l'air denſe qui les ſurmonte, ou privés, par la raréfaction de l'air inférieur, d'un ſupport ſuffiſant, s'abaiſſent vers la terre & ſe précipitent en pluie.

Ceci peut nous ſervir à expliquer certaines variations du baromètre; d'un autre côté, nous voyons que ſi l'eau contribue le plus à la peſanteur de l'air atmoſphérique, cet air, étant ſuſceptible d'acquérir par ſa condenſation, ou de perdre par ſa raréfaction, doit néceſſairement auſſi quelque choſe de cette peſanteur aux autres principes qui la compoſent.

De la condenſation & de la raréfaction de l'Air.

La condenſation & la raréfaction que l'air eſt, par ſa nature, capable d'éprouver, ne paroiſſent que des effets réſultans de ſon élaſticité : ces effets, ainſi que les termes qui les déſignent, ſont exactement en rapport avec ceux de la dilatation & de la compreſſion dont ce fluide eſt également ſuſceptible ; & ces termes n'expriment rien de plus. Cependant ces derniers paroiſſent s'adapter plus volontiers à l'état conſidéré dans ſes parties, & les autres à l'état de l'air conſidéré dans ſa maſſe : l'on peut donc rapporter à la raréfaction & à la condenſation de l'air, ce que nous avons déja dit ſur ſa compreſſibilité & ſon élaſticité. Je me contenterai d'y joindre quelques obſervations ſur la manière dont s'opèrent cette raréfaction & cette condenſation; & d'abord je vais examiner quels ſont les principes capables d'agir ſur le reſſort de l'air.

L'air se condense par le froid; & se raréfie par la chaleur. Le feu principe de cette chaleur paroît ainsi le seul agent capable d'altérer sa nature; il le brise même, & le rend sans effet lorsqu'il est en activité (1). Il semble alors détruire l'air qu'il attire

(1) L'on me demandera peut-être comment il se peut que les principes du feu, étant seuls élastiques par eux-mêmes, & cause par leur présence de l'élasticité de l'air, ils soient en même temps capables de détruire son ressort, lorsqu'ils sont en contact avec les principes de ce fluide. A cela je réponds que les principes du feu doivent être considérés sous deux états différens, dans l'activité & dans le refroidissement; ce qui suppose en eux deux sortes d'énergie, l'une dépendante de leur nature, & l'autre de leur état. Cela posé, qu'arrive-t-il lorsque les principes ignés, actuellement en expansion, se trouvent en contact avec des principes analogues, mais refroidis, tels qu'ils existent dans l'air? Dans ce cas, les premiers doivent, en conséquence de l'énergie qu'ils tiennent de leur forme, de leur qualité, de leur nature, agir sur les autres en changeant leur manière d'exister, en affoiblissant l'espèce d'énergie qui n'est due qu'à la compréssion de ces principes, en annullant l'effet d'une force acquise par leur refroidissement, en détruisant la combinaison qu'ils avoient, en cet état, formée avec le principe de l'eau, enfin en les ramenant à leur état élémentaire, pour se confondre avec eux, & ne former ensemble qu'un seul & même élément; de sorte que ces principes de feu, supposés en activité, peuvent décomposer l'air, en briser le ressort, & détruire la force & l'énergie de ce fluide composé, sans détruire ses principes ni affoiblir leurs qualités. C'est ainsi que tout composé perd, par la séparation de

&

& qu'il absorbe; il le dépouille de son eau, & de la sorte il l'atténue & le réduit à son premier état; de-là le vide relatif qui, vu la grande dilatation des principes constitutifs de l'air, & la suppression de l'eau qui leur est unie, se forme de lui-même dans les vaisseaux fermés, lorsqu'on y place un corps enflammé. Mais il n'est pas toujours besoin d'un feu violent pour amener l'air à cet état; le plus petit feu & la moindre chaleur, fût-elle réduite au degré de celle que possèdent les végétaux & les animaux, suffit, comme l'observe M. de Buffon, lorsqu'elle est constamment appliquée sur une petite quantité d'air, pour l'atténuer & lui faire perdre son élasticité. Ainsi l'on ne peut douter de l'action que le feu peut avoir sur l'air; & les faits qui le démontrent, trouvent en même temps leur solution dans la théorie que je vous présente. Si l'air peut subsister indépendamment du feu & sans son secours, si l'air devient un aliment nécessaire de ce principe dévorant, si le feu peut se l'assimiler & le convertir en sa propre substance, tout cela cessera de vous étonner, en con-

---

ses principes, les vertus qu'il devoit à leur réunion, sans qu'aucun de ces principes en soit altéré; & c'est ainsi que, malgré l'apparence, on peut dire, sans contradiction, que le feu en activité détruit le ressort de l'air, quoique d'ailleurs ce fluide ne doive son élasticité qu'aux principes mêmes du feu.

ſidérant que les premiers principes de l'air ſont auſſi les principes du feu.

Connoiſſant quel peut être, ſur le reſſort de l'air, l'effet de la chaleur & du froid, ce ſeroit ici le lieu de rechercher comment la choſe s'exécute, & de quelle manière l'air ſe dilate ou ſe comprime. Mais, ſi la matière mérite qu'on s'en occupe, les ténèbres dont elle eſt enveloppée s'oppoſent à ce qu'on puiſſe, dans cette recherche, ſe flatter d'aucun ſuccès; cependant, comme perſonne n'a juſqu'à préſent eſſayé de débrouiller cette queſtion, je vais à cet égard vous propoſer une conjecture qui, quoique haſardée, pourra acquérir quelque probabilité, lorſque je vous aurai développé les idées que j'ai acquiſes ſur la nature du feu. Telle eſt donc la manière dont j'enviſage que la choſe peut ſe faire. L'eau, chaſſée de la terre par la chaleur qu'elle y éprouve, ſe ſaiſit, en s'élevant dans l'eſpace, des particules éparſes du fluide qu'elle y rencontre; elle les embraſſe, les enveloppe, & par ce moyen les comprime par ſon poids, préſumé ſeize ou dix-huit cents fois plus conſidérable que celui du fluide qu'elle contient, puiſqu'elle eſt par elle-même huit cents cinquante fois plus peſante que l'air atmoſphérique. Ainſi ſe forme l'air; & de-là lui viennent en même temps cette denſité, cette peſanteur, & ces qualités acquiſes qu'il doit à l'adjonction du principe aqueux, & qu'il conſerve juſqu'à ce que la chaleur, ſurvenant de nouveau, le dégage de cette eau qui le presse de toutes parts. Alors, soit que cette chaleur la dissipe, ou qu'elle s'en serve pour former avec elle quelque combinaison nouvelle, elle la sépare de l'air, & de la sorte elle rend à ce fluide l'exercice de son ressort & son expansibilité. Ainsi s'explique la compression de l'air, par la prépondérance de l'eau qui lui est unie ; & sa dilatation, par la suppression de ce principe, occasionnée par la chaleur. Mais, sans nous arrêter plus long-temps à ces idées conjecturales, portons nos regards sur les effets que la chaleur, émanée du soleil ou de la terre, peut produire sur la masse de l'air.

De la raréfaction de l'Air.

Quoique toujours produite par la même cause, c'est-à-dire par la chaleur, la raréfaction de l'air doit, relativement aux phénomènes qu'elle présente, s'opérer de différentes manières. Ainsi l'air se raréfie, 1°. par la séparation de l'eau qui lui est unie; 2°. par l'expansion de son ressort; 3°. par la moindre cumulation de ses principes dans un espace donné; & de même l'air se condense par l'adjonction de l'eau, par la compression de son ressort & par l'agrégation même de ses principes, abstraction faite du concours de l'eau.

Cela posé, qu'arrive-t-il, lorsque l'air se raréfie, à l'occasion de la chaleur que les rayons solaires répandent dans l'atmoſphère ? Tel eſt, à ce qu'il me ſemble, l'effet qui s'y produit. L'eau qui s'y trouve ſuſpendue, chaſſée ou ſaiſie par ces rayons, ſe détache de l'air qu'elle abandonne ; & celles de ſes parties qui ne ſont point abſorbées par la chaleur, retombent en pluie pour abreuver la terre. Alors, dégagé des liens qui le gênoient, & capable en cet état d'occuper un eſpace treize fois plus conſidérable que celui qu'il occupoit, l'air ſe développe & s'étend : la chaleur, qui, après lui avoir donné ce pouvoir, doit l'en priver incontinent après, lui laiſſe cet inſtant pour déployer les forces qu'il a acquiſes par la compreſſion de ſon reſſort. Ainſi ſes parties, trop preſſées & pouſſées l'une par l'autre, ſont obligées de refluer ſur elles-mêmes, & de gagner les hauteurs de l'atmoſphère, pour trouver dans l'eſpace un lieu où elles puiſſent s'étendre librement : l'atmoſphère doit donc ſe renfler par la chaleur; & cela ſe confirme par l'obſervation. L'on voit qu'en été le temps eſt toujours plus élevé qu'en hiver, & qu'alors les nuages ſe portent à des hauteurs plus conſidérables. Il s'enſuit de-là que, ſous la zone torride, où la chaleur eſt habituelle & conſtante, l'atmoſphère doit ſe trouver conſtamment plus élevée que par-tout ailleurs ; & quoique cette grande élévation de l'atmoſphère ſous l'équateur ſoit déja reconnue & admiſe comme une conſéquence du renflement des terres qui ſont, dans cette partie du globe, bien plus élevées qu'en descendant vers les pôles, on sent que la chaleur du climat doit au moins en augmenter l'effet, & contribuer par son influence à ce renflement atmosphérique.

Ce renflement même doit être considérable, autrement il seroit difficile d'expliquer l'élévation du mercure dans le baromètre sous l'équateur; car, quoique cette élévation y soit moindre que sous les pôles, elle paroît trop forte encore, relativement à l'extrême raréfaction que l'air y éprouve, & à la moindre pesanteur du mercure, qui, comme les autres corps, est moins pesant là qu'ailleurs. Il faut donc, pour qu'on puisse satisfaire à ces effets, & rendre raison de la hauteur relative où s'élève le mercure sous l'équateur, que la rareté de l'air y soit compensée par la hauteur de la colonne atmosphérique.

La moindre pesanteur des graves sous l'équateur, se démontre par le fait du pendule à secondes qu'il faut raccourcir, tandis qu'on l'alonge vers les pôles; & elle s'explique, 1°. par la distance plus grande de la circonférence au centre; 2°. par la vitesse de circulation, qui diminue la pesanteur des corps, à mesure qu'elle augmente la force centrifuge. A ces deux raisons, l'on peut, je crois, en ajouter une troisième, tirée de la moindre pesanteur de l'air; & cette moindre pesanteur est causée par sa raréfaction.

Mais si la chaleur a par-tout où elle s'établit,

& principalement ſous l'équateur, le pouvoir de hauſſer l'atmoſphère, & d'occaſionner ainſi ſur la ſurface extérieure, des ſoulèvemens ſemblables à ceux que le flux ou les vents excitent ſur les mers, l'air qu'elle raréfie a par lui-même le pouvoir de s'étendre en tout ſens; & ſi quelques parties de cet air dilaté vont remontant au deſſus de l'atmoſphère, pour y trouver l'eſpace qui leur manque plus bas, d'autres doivent, en ſe développant, s'écarter latéralement & ſe porter ainſi du côté du nord, vers lequel, en s'éloignant des lieux dont elles ſont chaſſées, elles s'acheminent avec effort en ſe pouſſant de proche en proche, & en réuniſſant leurs forces combinées, pour vaincre les obſtacles qui ſe préſentent.

De-là viennent ſans doute ces vents du midi qui, partant de la zone torride, ſoufflent aſſez conſtamment dans nos climats, à moins qu'ils n'en ſoient détournés par quelques circonſtances dépendantes du local ou du temps. Ces vents, tantôt benins & réchauffans, tantôt impétueux, & renverſant tout ce qui s'oppoſe à leur paſſage, annoncent toujours, par l'abaiſſement du mercure dans le baromètre, la cauſe qui les produit; & comme la chaleur ne s'établit guère que dans les parties les plus baſſes de l'atmoſphère & les plus voiſines de la terre, auſſi les vents du midi ſe fixent dans ces régions inférieures; &, raſant pour ainſi dire la terre, ils ſe pouſſent de la ſorte juſques aux pôles, devenant, à mesure qu'ils en approchent, plus violens & plus forts (1).

Cependant cet air, qui, chemin faisant, s'accumule, se renforce & se condense avant d'arriver aux pôles, doit, lorsqu'il touche à ce point sur lequel la terre roule, s'y précipiter de toutes parts; car là se réduisent en un seul tous les vents qui viennent du midi par tous les points de la cir-

(1) Les voyageurs Russes ont observé qu'à l'entrée du territoire de *Milien*, il y a, sur le bord de la *Lena* à gauche, une grande plaine entièrement couverte d'arbres renversés, & que tous ces arbres sont couchés du sud au nord en ligne droite, sur une étendue de plusieurs lieues; ensorte que tout ce district, autrefois couvert d'une épaisse forêt, est aujourd'hui jonché d'arbres dans cette même direction du sud au nord : cet effet des vents méridionaux dans le nord, a été aussi remarqué ailleurs. Dans le Groenland, principalement en automne, il règne des vents si impétueux, que les maisons s'en ébranlent & se fendent; les tentes & les bateaux en sont emportés dans les airs. Les Groenlandois assurent même que quand ils veulent sortir pour mettre leurs canots à l'abri, ils sont obligés de ramper sur le ventre, de peur d'être le jouet des vents : en été on voit s'élever de semblables tourbillons qui bouleversent les flots de la mer, & font pirouetter les bateaux. Les plus fortes tempêtes viennent du sud, tournent au nord, & s'y calment; c'est alors que la glace des baies est enlevée de son lit, & se disperse sur la mer en monceaux.

Buffon, suppl. à l'Hist. Naturelle, tom. V, pag. 372, tiré de l'Hist. des Voyages, tom. XVIII, pag. 22.

conférence. Ainſi l'air, preſſé, pouſſé de tous côtés, & ne pouvant refluer ſur lui-même, ſe trouve, dans ce point unique de contact & de réunion, forcé de s'élever dans l'atmoſphère, où il trouve moins de réſiſtance, pour ſe reporter, frais & réparé par les hauteurs de cette atmoſphère, vers les lieux d'où il eſt parti. De-là viennent ces vents du nord, toujours conſtans dans ces régions élevées, toujours prêts à s'abaiſſer vers la terre à la moindre raréfaction qui ſe produit dans l'air, & deſcendant chaque jour du haut du ciel ſur les plaines brûlées par l'ardeur du ſoleil, pour leur porter, dans l'abſence de cet aſtre, quelques rafraîchiſſemens.

L'on ne peut douter de l'exiſtence & de la conſtance de ces vents, régnant ſans concurrence & ſans obſtacles dans ces régions élevées : la moindre attention ſuffit pour s'en convaincre. Pour peu qu'on obſerve les temps & le concours des nuages, on s'apperçoit ſans peine de leur préſence habituelle, & de l'aſcendant qu'ils conſervent ſur les autres vents toujours dominés par eux ; c'eſt principalement à l'influence de ces vents, qu'il faut attribuer le froid extrême & permanent qu'on éprouve ſur les hautes montagnes : de-là viennent auſſi & les neiges qui s'y accumulent, & les frimats que ces vents chaſſent avec elles ſur la terre, lorſqu'ils s'abaiſſent dans l'atmoſphère. C'eſt à l'eau que l'air, en paſſant par les pôles, a puiſée dans les brouillards du nord, & qui contribue à le rendre & plus denſe & plus froid, qu'il faut rapporter ces neiges & ces frimats qui pendant l'hiver blanchiſſent nos campagnes, ainſi que la grêle qui leur ſuccède en été : cependant les vapeurs, chaſſées par les vents du midi, peuvent elles-mêmes fournir la matière de ces frimats ; le rapprochement & l'influence glaciale des vents du nord, ſuffiſent pour opérer la congélation de ces vapeurs.

C'eſt également à ce flux & reflux de l'air, ou à ces vents ſud & nord qui en réſultent, & qui, couchés l'un ſur l'autre, ſoufflent conſtamment en ſens contraire, qu'il faut attribuer les ouragans & les orages qui ſurviennent en été : le voiſinage immédiat de ces vents en eſt l'occaſion prochaine ; & la raréfaction, produite par la chaleur dans la couche inférieure de l'air, fait qu'alors ils ſont plus ſujets à ſe rencontrer & à ſe combattre.

C'eſt auſſi à l'exiſtence habituelle de ces deux vents dans l'air, que doivent ſe rapporter ces indications équivoques du baromètre, qui, peu d'accord avec l'état apparent de l'air, ne peuvent s'expliquer qu'en calculant l'eſpace plus ou moins grand que chacun d'eux doit occuper dans la colonne atmoſphérique. Ainſi l'on remarque quelquefois que le mercure monte, quoiqu'il pleuve, ou qu'il baiſſe, quoique le temps ſe maintienne au beau ; & cela n'annonce, dans les deux cas, qu'un effet relatif au plus ou moins d'eſpace que l'un ou l'autre occupe alors dans l'atmoſphère, abſtraction faite de la part que les vapeurs terreſtres peuvent avoir à cet effet, ſuivant que l'air en eſt plus ou moins chargé. L'on voit par-là, ainſi que par la place qu'il occupe, que l'air dilaté du midi peut, ſans cependant l'égaler en peſanteur, contre-balancer par ſa force celle du vent du nord, & ſoutenir quelque temps le poids incombant de cet air condenſé, juſqu'à ce qu'il ſoit, en perdant ſon énergie, contraint de lui céder la place.

Enfin il eſt à remarquer que ces vents, diſtingués par leurs effets & leurs qualités reſpectives, autant que par leur direction, n'ont de commun entre eux que la force & la violence qu'ils déploient l'un & l'autre en certaines occaſions, & avec leſquelles ſouvent ils ſe combattent avec fureur; mais s'ils doivent les qualités qui les différencient, à la température des climats brûlans ou glacés d'où ils ſont partis, ou par leſquels ils ont paſſé, la force par laquelle ils s'aſſimilent, leur vient auſſi de cauſes bien différentes : dans l'un, elle eſt l'effet de la dilatation de l'air; & dans l'autre, elle n'eſt due qu'à la denſité, à la quantité de ce fluide (1) : ici l'air s'élance en vertu de ſon

(1) Si le mercure deſcend dans le baromètre à meſure qu'on l'élève dans l'atmoſphère, cet effet doit être uniquement attribué à la diminution relative de la colonne

ressort, & là il agit simplement par sa masse & son poids.

---

atmosphérique, & non, comme quelques Physiciens l'ont prétendu, à la moindre densité de l'air, présumée, au contraire, plus considérable sur les montagnes que dans les plaines, puisque l'air n'y éprouve aucune raréfaction. Voici les preuves qu'en donne M. de Buffon, avec lequel je me trouve ici parfaitement d'accord.

1°. Les vents sont aussi puissans, aussi violens au dessus des plus hautes montagnes, que dans les plaines les plus basses. Or, si l'air y étoit moins dense, leur action seroit d'un tiers plus foible, & tous les vents ne seroient que des zéphirs à une lieue de hauteur; ce qui est absolument contraire à l'expérience.

2°. Les aigles, & plusieurs autres oiseaux non-seulement volent au sommet des plus hautes montagnes, mais même ils s'élèvent encore au dessus à de grandes hauteurs; ce qui suppose au moins une égale densité dans l'air, sans quoi ils ne pourroient s'y soutenir, ni exécuter leur vol; le poids de leurs corps, malgré tous leurs efforts, les ramèneroit en bas.

3°. Sur les hautes montagnes, on y respire aussi facilement que par-tout ailleurs; & la seule incommodité qu'on y ressent, est celle du froid qui augmente à mesure qu'on s'élève plus haut. Or, si l'air étoit moins dense au sommet des montagnes, la respiration de l'homme, & des oiseaux qui s'élèvent encore plus haut, seroit non-seulement gênée, mais arrêtée, comme nous le voyons dans la machine pneumatique, dès qu'on en a pompé une partie de l'air contenu dans le récipient.

4°. Comme le froid condense l'air, autant que la chaleur le raréfie, & qu'à mesure qu'on s'élève sur les hautes

De la condenſation de l'Air.

Après avoir conſidéré les effets de la raréfaction de l'air, c'eſt le lieu de dire un mot de ſa conden-

---

montagnes, le froid augmente d'une manière très-ſenſible, n'eſt-il pas néceſſaire que les degrés de la condenſation de l'air ſuivent le rapport du degré du froid, & cette condenſation peut égaler & même ſurpaſſer celle de l'air des plaines, où la chaleur, qui émane de l'intérieur de la terre, eſt bien plus grande qu'au ſommet des montagnes, qui ſont les pointes les plus avancées & les plus refroidies de la maſſe du globe. Cette condenſation de l'air par le froid, dans les hautes régions de l'atmoſphère, doit donc compenſer la diminution de denſité produite par la diminution de la charge ou poids incombant, & par conſéquent l'air doit être auſſi denſe ſur les ſommets froids des montagnes que dans les plaines; il y doit être même beaucoup plus denſe, puiſque les vents y ſont plus violens, & que les oiſeaux qui volent au deſſus de ces montagnes, ſemblent ſe ſoutenir dans l'air d'autant plus aiſément, qu'ils s'élèvent plus haut.

De-là l'on peut conclure que l'air libre eſt à peu près également denſe à toutes les hauteurs, *ou plutôt que ſa denſité diminue à meſure qu'on s'abaiſſe vers la terre*, & que l'atmoſphère aérienne ne s'étend pas à beaucoup près auſſi haut qu'on l'a déterminé, en ne conſidérant l'air que comme une maſſe élaſtique comprimée par le poids incombant; ainſi l'épaiſſeur totale de notre atmoſphère pourroit bien n'être que de trois lieues, au lieu de quinze ou vingt, comme l'ont dit les Phyſiciens.

Alhazen, par la durée des crépuſcules, a prétendu que

ſation. Nous avons déja vu que l'air pouvoit ſe raréfier & ſe condenſer de pluſieurs manières ;

---

la hauteur de l'atmoſphère eſt de 44331 toiſes ; Képler, par cette même durée, lui donne 41110 toiſes.

M. de la Hire, en parlant de la réfraction horizontale de 32 minutes, établit le terme moyen de la hauteur de l'atmoſphère, à 34585 toiſes.

M. Mariotte, par ſes expériences ſur la compreſſibilité de l'air, donne à l'atmoſphère plus de 30000 toiſes.

Cependant, en ne prenant pour l'atmoſphère que la partie de l'air où s'opère la réfraction, ou du moins preſque la totalité de la réfraction, M. Bouguer ne trouve que 5158 toiſes, c'eſt-à-dire deux lieues & demie ou trois lieues ; & ce réſultat paroît plus certain & mieux fondé que tous les autres.

Nous concevons à l'entour de la terre une première couche de l'atmoſphère qui eſt remplie de vapeurs qu'exhale le globe, tant par ſa chaleur propre que par celle du ſoleil. Dans cette couche qui s'étend à la hauteur des nuages, la chaleur que répandent les exhalaiſons du globe, produit & ſoutient une raréfaction qui fait équilibre à la preſſion de la maſſe d'air ſupérieur, de manière que la couche baſſe de l'atmoſphère n'eſt point auſſi denſe qu'elle le devroit être, à proportion de la preſſion qu'elle éprouve ; mais à la hauteur où cette raréfaction ceſſe, l'air ſubit toute la condenſation que lui donne le froid de cette région, où la chaleur émanée du globe eſt fort atténuée, & cette condenſation paroît même être plus grande que celle que peut imprimer ſur les régions inférieures ſoutenues par la raréfaction, le poids des couches ſupérieures : c'eſt du moins ce que ſemble prouver un autre phénomène, qui eſt la condenſation & la ſuſpenſion des nuages

mais, sans nous arrêter ici à cette densité particulière qu'il obtient, ou par la compression de

---

dans la couche élevée où nous les voyons se tenir. Au dessous de cette moyenne région, dans laquelle le froid & la condensation commencent, les vapeurs s'élèvent sans être visibles, si ce n'est dans quelques circonstances où une partie de cette couche froide paroît se rabattre jusqu'à la surface de la terre, & où la chaleur émanée de la terre, éteinte pendant quelques momens par des pluies, se ranimant avec plus de force, les vapeurs s'épaississent à l'entour de nous en brumes & en brouillards; sans cela, elles ne deviennent visibles que lorsqu'elles arrivent à cette région où le froid les condense en flocons, en nuages, & par-là même arrête leur ascension. Leur gravité augmentée à proportion qu'elles sont devenues plus denses, les établissant dans un équilibre qu'elles ne peuvent plus franchir, on voit que les nuages sont généralement plus élevés en été, & constamment encore plus élevés dans les climats chauds : c'est que dans cette saison & dans ces climats, la couche de l'évaporation de la terre a plus de hauteur. Au contraire, dans les plages glaciales des pôles, où cette évaporation de la chaleur du globe est beaucoup moindre, la couche dense de l'air paroît toucher à la surface de la terre & y retenir les nuages qui ne s'élèvent plus, & enveloppent ces parages d'une brume perpétuelle. *Buffon, tom. V, pag. 363.*

Ici je diffère un peu du sentiment de M. de Buffon, & je pense que l'élévation des nuages sous l'équateur, ne provient que de la raréfaction de l'air, qui fait que les vapeurs de la terre ne peuvent se condenser & se soutenir qu'à une hauteur plus considérable que sous les pôles: ici la densité, & pour ainsi dire la plénitude de l'air, sup-

son ressort, ou par l'adjonction des parties aqueuses qui s'élèvent de la terre, & dont nous avons suffisamment parlé, nous examinerons seulement l'espèce de condensation que l'air principe ou le fluide éthéré est susceptible d'acquérir par lui-même. Lorsque dans l'espace il se rencontre un point d'appui tel que le globe de la terre, contre lequel la matière projetée de la lumière, que nous regardons comme le principe fondamental de l'air, se brise, s'arrête & se rassemble, pour former, par une accumulation nécessaire, une base suffisante au fluide atmosphérique qui s'établit avec le concours des vapeurs terrestres qui s'y joignent, alors, soit qu'elle manque de force & de moyens pour s'en éloigner, soit qu'elle y soit retenue par une puissance attractive, cette matière ainsi rassemblée reste attachée au globe qu'elle embrasse, voltigeant & formant autour de lui différentes couches d'un fluide plus ou moins dense qui lui servent d'enveloppe; & cela s'accorde avec l'observation.

L'on a remarqué qu'au-delà du globe, c'est-à-dire au-delà de l'atmosphère réduite à la hauteur que lui donne M. *Bouguer*, qui est de 5000 & quelques toises (1); l'on a, dis-je, remarqué que

---

pléent à cette hauteur, & font que les nuages peuvent se soutenir beaucoup plus bas.

(1) Je crois du moins que c'est de-là qu'il faut partir,

l'air diminue de denſité à proportion qu'il s'en éloigne : cependant, malgré ces dégradations, les Phyſiciens ont jugé la denſité de ce fluide aſſez conſidérable encore à des diſtances même reculées, pour confondre cette couche d'air ſubtil qui s'éloigne de nous, & où les vapeurs terreſtres ne peuvent parvenir, avec celle où ces mêmes vapeurs ſe condenſent & s'arrêtent, & comprendre le tout dans une ſeule & même atmoſphère. De-là les différentes eſtimations qu'ils ont données ſur la hauteur de cette atmoſphère ; quelques-uns, pour concilier les opinions, l'ont diviſée en trois régions différentes. La première eſt celle de l'air peſant & groſſier ; & elle s'élève à peine à 7000 toiſes. La ſeconde eſt celle d'un air plus léger, mais aſſez denſe encore pour peſer ſur le mercure, arrêter la lumière, & alonger le jour en donnant naiſſance aux crépuſcules : cette région tient le milieu entre les deux autres, & monte à quinze ou vingt lieues. La troiſième, qui s'étend juſqu'à 175 lieues, eſt compoſée d'un air ſubtil,

& non du globe même, pour reconnoître cette diminution graduée dans la denſité du fluide qui nous environne ; car l'air froid qui domine les montagnes élevées, me paroît, quoique plus purgé de vapeurs, je ne dirai pas auſſi denſe, mais beaucoup plus denſe que celui des couches inférieures, malgré les vapeurs qui s'y élèvent ; & cela à cauſe de la raréfaction qui ſe produit habituellement dans celles qui avoiſinent la terre.

&

& forme le théâtre des aurores boréales (1). Quoi qu'il en ſoit, l'on voit par cette diviſion même, que la première de ces régions, diſtinguée des deux autres par les parties aqueuſes qui s'y élèvent, s'y arrêtent & s'y condenſent en nuages, eſt vraiment ce qui forme notre atmoſ-

(1) Il réſulte, dit M. Bailly, des recherches faites par les Phyſiciens, que notre atmoſphère renferme trois régions différentes, qui ont chacune leur diſtinction. La première, la plus baſſe, eſt celle de l'air groſſier qui détourne les rayons de la lumière & produit la réfraction; elle s'élève à peine à 7000 toiſes. La ſeconde eſt celle de l'air qui pèſe ſur le mercure, & le ſoutient à 28 pouces: c'eſt un air qui conſerve encore aſſez de maſſe & de denſité pour arrêter la lumière, & nous la renvoyer par la réflexion; il alonge le jour en donnant naiſſance aux crépuſcules: cette région tient le milieu, & monte à 15 ou 20 lieues. Enfin la troiſième, celle qui s'étend juſqu'à 275 lieues, eſt compoſée d'un air plus ſubtil, où la lumière ſe diſperſe librement: cet air n'a aucune puiſſance ſur elle; il ne peut ni la réfracter, ni la refléchir. M. de Mairan penſe que les colonnes élevées de ce fluide ne contribuent point à ſoutenir le mercure dans le baromètre, parce que c'eſt un air ſi ſubtil, qu'il pénètre à travers le verre, & ſe met en équilibre avec lui-même. Cette troiſième zone eſt le théâtre des aurores boréales, de ces feux produits en jets & en couronnes, qui ne ſont pour nous qu'un phénomène curieux, mais qui deviennent un ſecours de lumière pour les peuples du nord, habitans de la nuit pendant une partie de l'année. *Aſtron. mod. tom. II, pag. 615.*

phère. Les régions plus élevées ne ſemblent que les couches d'un fluide plus pur, plus léger, & dont les parties ſont plus ou moins rapprochées; ce qui lui donne une eſpèce de denſité relative à la ténuité de ces parties, mais trop foible pour le faire peſer ſur le mercure; & quoiqu'on ait accordé cette propriété à l'air de la ſeconde région, on ſent que l'aſcenſion de ce fluide métallique dans le baromètre, doit être principalement & peut-être uniquement attribuée à la preſſion de l'air peſant & groſſier qui compoſe la première région. Sur la montagne du Chimboraco, la plus haute montagne des Cordillières, le mercure deſcend environ à 15 pouces; d'où il paroît que, ſi nous pouvions nous élever juſqu'au terme le plus éloigné de cette première région, le mercure baiſſeroit encore plus, & s'arrêteroit peut-être à 4 ou 5 pouces. Alors le poids de l'air qui compoſe la ſeconde région, n'auroit, dans l'élévation ordinaire du mercure à 28 pouces, d'effet que pour un ſeptième, & le ſurplus ſeroit néceſſairement dû à la preſſion de l'air de la première région, à laquelle cependant on n'accorde guère que 3 lieues de hauteur, c'eſt-à-dire un ſixième environ de l'eſpace occupé par la ſeconde région; enſorte que la colonne atmoſphérique, formée par l'air de la première région, auroit ſix fois plus d'effet & ſix fois moins de hauteur.

L'air, en ſe raſſemblant autour du globe qui

lui sert d'appui, devroit, conséquemment à ce que nous venons de dire, se trouver également distribué sur tous les points de sa circonférence, & se montrer constamment plus dense aux approches de la terre, qu'en s'élevant dans l'atmosphère : tel seroit aussi, sans la raréfaction qu'il est susceptible d'éprouver, l'état réel & habituel de l'air ; & les faits, sans cela, seroient exactement en rapport. Mais cette raréfaction que la chaleur occasionne & produit par-tout où elle s'établit, fait que les choses se présentent autrement, & que l'air, inégalement répandu sur la surface du globe, n'est nulle part dans un état constant : cependant, quoiqu'il ne se trouve pas par-tout en égale quantité, cela n'empêche pas qu'il ne puisse toujours, comme fluide, s'y maintenir en équilibre ; la force qu'il acquiert par sa dilatation, supplée à la quantité, & suffit pour contre-balancer les effets de la densité.

L'air, en se dilatant, est forcé de s'étendre, de se déplacer, & de s'éloigner des régions brûlantes du midi, pour se pousser vers le nord. Ainsi l'air, raréfié vers la surface du globe, & presque anéanti dans les contrées où la chaleur est excessive, est toujours abondant & condensé vers les pôles ; & cela doit être, 1°. parce qu'il n'y éprouve aucune raréfaction ; 2°. parce qu'il y afflue de toutes parts. Les pôles sont donc aux deux extrémités du monde, comme des lieux de dépôts où l'air se retire, s'amaſſe, ſe condenſe, & d'où, comme de l'antre d'Eole, il s'échappe enſuite, pour refluer ſur le globe par les hauteurs de l'atmoſphère. Ainſi ſe forme, par ces éruptions ou débordemens du nord, cette couche d'air élevée, qui ſemble terminer cette atmoſphère : c'eſt là par conſéquent que l'air doit ſe trouver & plus denſe & plus froid que dans aucune des autres régions qui la compoſent; & comme l'air ſe condenſe par le froid, l'on pourroit, à l'aide du thermomètre, meſurer le degré de denſité que ce fluide peut avoir dans ces différentes régions : l'on connoîtroit alors, par ſon refroidiſſement, le degré relatif de ſa condenſation.

D'un autre côté, ſi la région où s'arrêtent les nuages, paroît plus exhauſſée ſous l'équateur que ſous les pôles, on voit par ce que nous venons de dire, que la couche d'air qui ſe place immédiatement au deſſus de cette région, doit à ſon tour s'élever & s'étendre en hauteur beaucoup plus ſous les pôles que ſous l'équateur : ceci même pourroit, à cauſe du poids incombant de cette couche ſupérieure, ſervir de ſupplément aux raiſons que nous avons données pour expliquer l'abaiſſement des nuages ſous les pôles.

L'élévation d'ailleurs de cette région, l'étendue conſidérable qu'elle occupe dans l'eſpace, & la grande denſité du fluide particulier qui la compoſe, ſe démontrent par les faits, & s'accordent ſur-tout avec la formation des aurores boréales. Ces jets de lumière, ces teintes brillantes & variées qui ſe répandent ſur le ciel dans l'obſcurité de la nuit, ne s'annoncent excluſivement vers le nord, que parce que le fluide épuré de la région où elles ſe placent, s'y trouve, malgré ſon éloignement, aſſez rapproché & aſſez denſe encore pour arrêter & intercepter les rayons de lumière qui ſe dirigent ou ſe réfractent vers cette partie du monde. Il ſe peut encore que ce fluide ainſi rapproché, ſoit, comme la matière phoſphorique ou le fluide électrique auxquels il eſt aſſimilé par la nature de ſes principes, capable de devenir lumineux par lui-même, ſans le concours du ſoleil, & par l'énergie ſeule de ſes principes, lorſqu'elle eſt miſe en action. Or cette énergie ſe trouve développée dans l'occaſion dont il s'agit, par le frottement que ce fluide éprouve en paſſant par les pôles, ſoit en conſéquence de l'affluence & du choc des parties aériennes qui s'y précipitent de toutes parts, pour s'élever de-là au deſſus de l'atmoſphère, ſoit à cauſe du mouvement même du globe qui le fait avec lui tournoyer ſur ſon axe. De-là donc ces jets de lumière, ces couronnes, ces ſoleils, ces drapeaux colorés qui tapiſſent la voûte céleſte boréale, & qui, rarement viſibles pour les peuples éloignés, parce que les brumes, les brouillards, l'intenſité de l'air, & d'autres raiſons encore leur en dérobent la vue, se font voir fréquemment, journellement même aux habitans du nord, & suppléent ainsi, par l'espèce de lumière qu'ils répandent, à la clarté du jour dont ces peuples restent long-temps privés, par l'absence prolongée de l'astre lumineux qui la dispense au monde. Tout cela se trouve en rapport, non-seulement avec le sentiment de MM. Bertholon & Franklin sur la formation des aurores boréales, mais encore avec ce que les voyageurs nous rapportent au sujet de ces météores (1).

---

(1) Voici ce qu'on trouve à cet égard dans le *Voyageur François*. « Si la terre, dit-il au sujet de la Laponie, est horrible dans cette affreuse région, le ciel y offre de charmans spectacles ; des feux de mille couleurs & de mille figures éclairent l'atmosphère. Ces aurores boréales n'ont point de situation constante ; & quoiqu'on les apperçoive principalement au nord, elles semblent néanmoins occuper indifféremment tout le ciel : quelquefois elles commencent par former une écharpe d'une lumière claire & mobile, qui a ses extrémités dans l'horizon, & parcourt rapidement les airs. Le mouvement le plus ordinaire de ces lumières les fait ressembler à des drapeaux qu'on feroit voltiger ; aux nuances des couleurs dont elles sont teintes, on les prendroit pour de vastes bandes de ces taffetas qu'on nomme flambés : quelquefois elles tapissent le ciel d'un rouge si vif, qu'on le jugeroit teint de sang. » *V. F. tom. VIII, pag. 78.*

« En Norwège, la clarté de la lune & celle des aurores boréales fournit à ses habitans autant de lumière qu'il en faut pour les travaux ordinaires. Quelques-uns attribuent

Des effets de la chaleur & du froid sur l'Air.

En suivant l'examen des effets de la raréfaction & de la condensation de l'air, & comparant ces

---

ici ce phénomène à l'agitation des corpuscules salins dont ils prétendent que la basse région de l'air est remplie, & aux vapeurs nitreuses qui y tourbillonnent ; ce sont, disent-ils, des éclairs sans tonnerre, qui, comme les éclairs ordinaires, consistent en particules sulfureuses enflammées, mais qui brûlent avec moins de violence : d'autres regardent l'aurore boréale comme une simple réflexion de la clarté du soleil, qui, étant fort loin au dessous de l'horizon, rencontre des nuages assez élevés pour se trouver en contact avec ces régions. On a remarqué que c'est sur-tout depuis le coucher de cet astre jusqu'à minuit, que l'aurore boréale est la plus forte : on assure qu'elle n'est pas toujours sans une espèce de son ou de bruit, & qu'on a souvent entendu un craquement semblable à celui de la glace qui se brise. » *Ibid. tom. VIII, pag. 160.*

« Dans le Groenland, les lumières boréales sont aussi fréquentes que dans les autres régions septentrionales que nous avons parcourues ; elles se meuvent avec une vitesse incroyable, & jettent une si grande clarté, qu'on pourroit alors lire dans un livre, quelque temps qu'il ait fait pendant le jour : elles ne manquent jamais de paroître le soir, sur-tout si l'air est net, calme & serein. » *Ibid. tom. VIII, pag. 262.*

« En Islande, les météores sont assez ordinaires ; on y voit souvent deux soleils avec trois arcs-en-ciel qui passent entre les deux images de ces astres, & l'astre lui-même. » *Ibid. tom. VIII, pag. 171.*

« Les périhélies ou faux soleils sont très-fréquens dans la

effets ensemble, nous voyons que la chaleur qui le raréfie, fût-elle pour ainsi dire insensible, est capable d'affoiblir & de détruire son ressort, & que le froid qui le condense, fût-il excessif, ne peut d'ailleurs altérer en rien la nature de ce fluide, ni rompre un ressort capable de résister aux condensations les plus fortes (1). Ainsi l'air,

---

baie d'Hudson ; & l'on remarque plus souvent encore autour du soleil & de la lune des anneaux vifs & lumineux, ornés de toutes les couleurs de l'arc-en-ciel. Nous avons vu de ces périhélies jusqu'à six à-la-fois ; ce qui formoit un spectacle aussi agréable que surprenant pour des Européens. Au lever & au coucher du soleil, un grand cône de lumière s'élève perpendiculairement au dessus de lui ; & ce cône n'a pas plutôt disparu avec cet astre, que l'aurore boréale vient le remplacer, & lance sur l'hémisphère mille rayons lumineux : l'éclat en est si vif, qu'on peut lire distinctement à leur clarté. » *Ibid. tom. VIII, pag. 540.*

(1) Nous avons vu que l'air est l'adminicule nécessaire & le premier aliment du feu, qui ne peut ni subsister, ni se propager, ni s'augmenter qu'autant qu'il se l'assimile, le consomme ou l'emporte, tandis que de toutes les substances matérielles, l'air est au contraire celle qui paroit exister le plus indépendamment, & subsister le plus aisément, le plus constamment sans le secours ou la présence du feu ; car, quoiqu'il ait habituellement la même chaleur à peu près que les autres matières à la surface de la terre, il pourroit s'en passer, & il lui en faut infiniment moins qu'à tout autre pour entretenir sa fluidité, puisque les froids les plus excessifs, soit naturels, soit ar-

toujours prêt à céder à l'effet de la chaleur, & se défendant toujours contre celui du froid, paroît avoir encore, outre les propriétés que nous venons d'examiner, le double pouvoir de se convertir en

---

tificiels, ne lui font rien perdre de sa nature; que les condensations les plus fortes ne sont point capables de rompre son ressort; que le feu le plus actif, ou plutôt actuellement en exercice sur les matières combustibles, est le seul agent qui puisse altérer sa nature en le raréfiant, c'est-à-dire en affoiblissant, en étendant son ressort jusqu'au point de le rendre sans effet, & de détruire ainsi son élasticité. Dans cet état de trop grande expansion & d'affoiblissement extrême de son ressort, & dans toutes les nuances qui précèdent cet état, l'air est capable de reprendre son élasticité, à mesure que les vapeurs des matières combustibles qui l'avoient affoibli, s'évaporeront & s'en sépareront; mais si le ressort a été totalement affoibli, & si prodigieusement étendu qu'il ne puisse plus se resserrer ni se restituer, ayant perdu toute sa puissance élastique, l'air, de volatil qu'il étoit auparavant, devient une substance fixe qui s'incorpore avec les autres substances, & fait dès-lors partie constituante de toutes celles auxquelles il s'unit par le contact, ou dans lesquelles il pénètre à l'aide de la chaleur. Sous cette nouvelle forme, il ne peut plus abandonner le feu, que pour s'unir comme matière fixe à d'autres matières fixes; & s'il en reste quelques parties inséparables du feu, elles sont dès-lors portion de cet élément; elles lui servent de base, & se déposent avec lui dans les substances qu'ils échauffent & pénètrent ensemble.

Buffon, Introd. à l'Hist. des Min. part. II. pag. 79.

feu, pour ſe confondre avec cet élément, lorſqu'il ſe trouve livré à ſon action, & de ſe maintenir hors de-là dans ſon état ordinaire, indépendamment de la chaleur, & ſans avoir, pour ſubſiſter, aucun beſoin de ſon ſecours. Tout cela va s'expliquer encore à l'aide de notre théorie : il y a plus, malgré le contraſte apparent que nous préſente ce double phénomène, le même moyen ſuffit pour ſatisfaire à l'un & à l'autre ; & ce moyen, nous le devons à la connoiſſance acquiſe des principes conſtitutifs de l'air. Il paroît démontré que ſi le feu peut l'abſorber, le conſommer ou l'emporter, pour ſe fixer avec lui dans d'autres matières fixes, c'eſt uniquement parce que l'air ſe préſente à lui comme une ſubſtance analogue, qui n'a beſoin que de l'approche ou du contact d'une matière ignée actuellement en exercice, pour s'aſſimiler à elle ; ſans quoi le feu, malgré ſon activité, n'auroit pas plus le pouvoir de le convertir en ſa propre ſubſtance, qu'il n'a celui d'y réduire la terre & l'eau. Et d'un autre côté, ſi l'air eſt de toutes les ſubſtances matérielles celle qui peut le plus aiſément ſe paſſer de ſa préſence, c'eſt également parce que l'acide & le phlogiſtique, qui ſont les principes élémentaires de l'air, ſont en même temps les principes du feu, ſont la matière même du feu, laquelle ſe trouvant, ſous forme aérienne, répandue dans l'eſpace, & n'attendant qu'une occaſion pour rentrer dans ſon premier état & déployer ſon énergie, peut, quoiqu'alors inactive, c'eſt-à-dire ſans avoir cette action vive qui la diſtingue par-tout, peut, dis-je, ſubſiſter ſans ſecours, & entretenir d'elle-même ſa fluidité, malgré les atteintes du froid le plus vif: de-là vient que l'air qui ſe détruit par l'action du feu, ou, pour mieux dire, qui ſe réduit alors en feu, ne gèle point par le froid comme l'eau & les autres liquides.

Ceci nous conduit naturellement à jeter un coup-d'œil ſur le phénomène de la congélation: quoique l'air n'ait avec cet effet du froid qu'un rapport indirect, éloigné, & pour ainſi dire négatif, il ne ſera pas inutile de rechercher ici comment & ſur quelles matières cet effet ſe produit, & d'obſerver toutes les circonſtances qui accompagnent ce phénomène. En nous faiſant connoître plus particulièrement en quoi l'eau ſe rapproche ou diffère de l'air, cette recherche pourra jeter quelque jour encore ſur la nature du fluide que nous examinons.

Mais avant d'entrer en matière, il eſt à propos, pour ne pas confondre les objets, de fixer ici le ſens que nous devons donner au terme de congélation, & de déterminer quelles ſont, dans la nature, les ſubſtances à l'égard deſquelles il peut s'employer, pour énoncer l'effet du froid ſur elles.

J'entends par le mot de congélation, cette

ſuſpenſion momentanée de mobilité qui ſe produit dans les liquides, à l'occaſion du froid qu'ils éprouvent, & qui, ſuivant le degré où il ſe trouve, les fait paſſer à l'inſtant à l'état des corps ſolides, & les y maintient tant qu'il dure. Ce terme dès-lors me paroît uniquement deſtiné à exprimer l'effet particulier du froid ſur l'eau, & de-là ſur les autres liquides, à cauſe de l'eau qu'ils contiennent. Cependant quelques Phyſiciens, ſéduits par cette eſpèce de ſolidité que l'eau acquiert ou reprend dans cette occaſion, ont cru pouvoir, ſur ce fondement, donner plus d'étendue aux effets du froid, & ſe plaiſent à regarder la ſolidité que tous les corps, ſans diſtinction, poſſèdent ou acquièrent, comme un effet de leur refroidiſſement, comme une congélation réelle. Mais il y a ici abus du mot : je crois d'ailleurs qu'en voulant réunir trop d'objets ſous le même point de vue, c'eſt le moyen de confondre enſemble les effets & les cauſes ; & déja nous voyons qu'en ſuivant ce ſyſtême, les effets qui réſultent de la coagulation des matières, & ceux qui ſont produits par la condenſation & l'agrégation des principes, ſe trouvent vraiment confondus avec celui de la congélation, quoiqu'ils proviennent de cauſes bien différentes. S'il eſt parfois avantageux & permis de ſe livrer à des généralités, le plus ſouvent cette méthode eſt dangereuſe, & plus propre, par les difficultés & les embarras qu'elle engendre, à nous détourner de la vérité, qu'à nous y conduire. Loin donc d'adopter cette méthode, je n'emploierai ici le terme de congélation, que pour énoncer exclusivement l'effet du froid sur l'eau & sur les liquides, qui, comme elle ou à cause d'elle, se convertissent en glace. Quant à la consistance & la solidité que les autres fluides volatils, tels que l'air ou la matière du feu, sont, en se rapprochant, en se condensant & en se fixant dans les corps, susceptibles d'acquérir également, quelle qu'en soit la cause, je ne veux, pour exprimer cet effet, me servir à leur égard que des termes seuls de fixation & de condensation, qui leur conviennent mieux que celui de congélation; & quoique la fixation de ces principes paroisse causée, sinon par une augmentation du froid, au moins par une diminution progressive de la chaleur dont ils étoient pénétrés, sans quoi ils ne perdroient jamais leur fluidité, je n'en sens pas moins la nécessité de distinguer, par des dénominations particulières, l'effet différent que le froid produit, tant sur l'eau que sur les autres fluides dont nous parlons; & j'adopte d'autant plus volontiers cette méthode, qu'il n'y a ici, malgré quelques rapports apparens, aucune identité, ni dans la matière, ni dans l'action, ni dans l'effet, ainsi que nous le verrons par la suite.

Ceci nous a fourni le sujet d'une autre distinction non moins importante, que nous avons cru devoir établir entre les fluides & les liquides, ne fût-ce que pour marquer encore plus la ligne de séparation que la Nature elle-même semble avoir tracée entre les principes dont nous venons de parler. Il est d'autant plus nécessaire de nous expliquer ici sur l'application qu'il convient de faire des termes qui les représentent, ou qui énoncent leurs qualités respectives, que nos livres didactiques semblent n'avoir pas suffisamment exprimé la différence qui se trouve entre les termes de fluide & de liquide, & qu'on a, pour ainsi dire, pris l'habitude de les confondre & de les employer indistinctement l'un pour l'autre. Cependant l'on doit voir que l'air & le feu, ou les principes volatils qui constituent ces prétendus élémens, sont absolument différens de l'eau ; que les uns sont essentiellement, mais uniquement fluides, tandis que l'eau jouit au par-delà de la propriété de devenir liquide, & qu'ainsi il convient à tous égards de distinguer ces différens principes par les qualités même qui les séparent. Quoi qu'il en soit, j'estime ici que les principes volatils de l'air & du feu sont non-seulement les seuls fluides de la Nature, mais encore les seuls principes qui soient, par leur présence, capables d'occasionner la fluidité des autres substances ; & quant à l'eau, je la regarde à son tour comme le seul élément qui soit, si non par lui-même, au moins lorsqu'il est suffisamment pénétré du principe de la chaleur, capable d'acquérir la liquidité, qualité qui, ſans être néceſſaire, me paroît excluſivement affectée à la nature de l'eau; & ſi l'eau ne peut acquérir cette qualité, ainſi que la fluidité qui l'accompagne, que par l'entremiſe & l'effet du principe fluide de la chaleur, d'un autre côté les fluides, qui par eux-mêmes peuvent, en ſe condenſant & en ſe fixant dans les corps, y acquérir de la ſolidité, ſont à leur tour incapables de paſſer à l'état de liquidité, autrement que par l'intermède de l'eau qui leur eſt unie.

Si de-là nous jetons un coup-d'œil ſur l'état de fuſion que certaines matières ſont ſuſceptibles de prendre, lorſqu'elles ſont ſoumiſes à l'action d'un feu violent, nous ſentirons encore, vu la nature de ces matières, que cet état équivoque de ramolliſſement & de liquéfaction, loin d'être pris pour un état de liquidité, ou conduiſant à la liquidité, ne peut être regardé que comme un acheminement à la volatiliſation, comme un commencement de décompoſition, ſervant de paſſage aux principes volatils fixés dans les corps, & mis alors en expanſion par le feu, pour arriver ou retourner de-là à la fluidité qu'ils avoient originairement en partage. Ainſi la fuſibilité des matières ne ſeroit, comme il y a lieu de le croire, qu'une conſéquence de la volatilité de leurs principes, qu'un effet dépendant de leur *fluidibilité:* au défaut d'un mot propre, je demande la permiſſion de me ſervir ici de ce terme inuſité.

Nous en avons dit aſſez pour préparer le lecteur aux choſes dont nous allons l'entretenir; nous croyons d'ailleurs inutile de le prévenir que partout où il ſera queſtion des matières de la lumière, de la chaleur & du feu, ces termes compoſés ne ſont point identiques avec les termes ſimples de la lumière, de la chaleur & du feu, & ne peuvent être pris l'un pour l'autre : ceux-ci annoncent la choſe en action, & les autres nous la repréſentent telle qu'elle eſt en elle-même, abſtraction faite de l'action qu'elle peut avoir. Ces objets étant ainſi conſidérés, il ſe trouve entre eux la même différence à peu près qu'il y a entre un corps en mouvement & un corps en repos. Enfin l'on doit ſentir que le même principe peut, ſuivant les circonſtances, c'eſt-à-dire ſuivant l'état d'inertie ou d'expanſion où il ſe trouve, ſe préſenter avec un caractère, des qualités & des effets bien différens : cela poſé, revenons à la congélation.

De la Congélation.

La congélation, réduite à ſa vraie ſignification, n'exprime, ainſi que nous l'avons annoncé, que la converſion de liquide en ſolide, opérée par le froid;

froid; là ſe borne ſon effet : quant aux matières ſur leſquelles il ſe produit, l'eau eſt le ſeul des fluides qui ſoit, en qualité de liquide, ſuſceptible de l'éprouver. L'air, privé de cette qualité, n'eſt en conſéquence aucunement ſoumis à cet effet particulier du froid : c'eſt une propriété qu'il partage avec le mercure & d'autres fluides qui, comme lui, ne gèlent point; ce qui ſuppoſe déja une grande analogie entre ſes principes & ceux de ces ſubſtances, tant métalliques que ſpiritueuſes ou acides.

Cependant, quand je dis que l'air ne gèle point, je n'entends parler ici que de l'air principe, de cette matière émanée de la lumière, & formant la baſe de l'air atmoſphérique. Ce n'eſt pas qu'on ne puiſſe généraliſer cette aſſertion ; mais l'on m'objecteroit peut-être que cet air atmoſphérique n'eſt point exempt d'être fixé par le froid ; & la neige qui l'hiver tapiſſe nos campagnes, ſerviroit ici d'exemple & de preuve (1). En effet, cette

(1) Il y a une grande différence à faire entre cette neige qui réchauffe & engraiſſe la terre, & la grêle qui tombe également du ciel, & ſe produit, ſur-tout en été, pendant ou après les orages : cette grêle, loin de réchauffer la terre, n'eſt au contraire propre qu'à la refroidir pour long-temps. C'eſt qu'ici ces petites maſſes arrondies ne ſont exactement que de l'eau réunie, congelée & purgée des autres principes de l'air, de ces principes énergiques & réchauffans qui exiſtent encore dans la

matière qui ſe diſperſe en flocons preſque auſſi légers que l'air, & ſe dépoſe doucement ſur la

---

neige & lui donnent quelques vertus, tandis qu'ils ſe trouvent ici ou détruits par la chaleur, ou conſommés par la foudre & les éclairs. Il ſuffit même en tout temps d'un degré de froid plus conſidérable pour convertir la neige en grêle, & forcer les bulles d'air que cette neige contient, de ſe dégager de l'eau qui les enveloppe, à cauſe de la compreſſion plus forte qu'ils éprouveut en ce moment. Mais plus communément la grêle provient, & ſa fréquence dans l'été en eſt la preuve, de ce que les principes de l'air étant, comme nous venons de voir, raréfiés par la chaleur ou conſommés par les éclairs, l'eau qui leur étoit unie ſe trouve, en conſéquence de la rareté ou de l'extinction de ces principes, beaucoup plus abondante en proportion qu'aucun d'eux; de ſorte qu'elle eſt forcée de ſe réunir, &, faute de ſoutien, de s'abaiſſer par ſon poids : mais, privée alors des principes qui pouvoient ſeuls, ou diminuer l'impreſſion du froid ſur elle, ou la défendre de la congélation, cette eau, loin de tomber en neige, comme il arrive en hiver, doit le plus ſouvent ſe convertir en glace & ſe précipiter en grêle. Cependant, s'il faut, pour produire de la grêle, un degré de froid plus conſidérable que pour former de la neige, il s'enſuivroit pour ainſi dire de-là que le froid auroit, dans les régions élevées de l'atmoſphère, quelquefois plus d'intenſité en été qu'en hiver; & rien n'empêche de le croire. L'eau, qui par les raiſons que nous venons de déduire, s'y trouve ſouvent en abondance, peut, par ſa quantité même, contribuer alors à l'augmentation du froid dans ces régions élevées. L'eau eſt, de tous les élémens, celui qui paroît le moins pourvu du principe de la cha-

terre, ne ſemble qu'un amas de bulles d'air réunies, ſaiſies par le froid, & contenues par la glace infiniment mince qui les entoure; ce qui pourroit faire regarder cette matière comme une véritable congélation de l'air. Cependant cette neige, & toute congélation pareille, telle que celle qui ſe forme dans le vin ou au deſſus du vinaigre qu'on expoſe à la gelée, ne prouvent autre choſe, ſinon que l'eau eſt, par-tout où elle ſe trouve, & dans quelque combinaiſon qu'elle ſe rencontre, capable de céder au froid, de perdre ſa fluidité, & de retenir dans les liens qu'elle forme, quelques parties des ſubſtances auxquelles elle étoit unie : c'eſt par-là, c'eſt-à-dire par la congélation de l'eau qui s'y trouve, que la terre ſe ſerre & ſe durcit, que les pierres ſe fendent, que les arbres ſe déchirent & s'écartent.

Mais tandis que de la ſorte l'eau ſe ſolidifie, les autres fluides, l'air, les liqueurs ſpiritueuſes, les acides & le mercure, qui compoſent une claſſe de ſubſtances que j'oſe dire analogues entre elles, ont tous la propriété de ſe maintenir dans leur état & de réſiſter au froid. L'eau eſt donc, parmi les ſubſtances de la Nature, la ſeule qui ſoit ſuſ-

leur : on peut donc en général le regarder, par-tout où il ſe trouve, comme le principe le plus oppoſé à l'action du feu, & par conſéquent comme le premier principe du froid.

ceptible de congélation : en revanche, celles que je viens de nommer ſont, de leur côté, capables de ſe condenſer, de ſe concentrer, de rentrer pour ainſi dire en elles-mêmes ; & c'eſt le ſeul effet du froid ſur elles, effet qui donne à quelques-unes la propriété même d'en marquer les degrés (1).

(1) C'eſt, dit-on, un principe inconteſtable, car l'on rencontre de ces pierres d'achoppement par-tout, que tout ce qui eſt coulant & liquide, l'eſt par la chaleur ; qu'ainſi tout ce qui eſt liquide eſt capable de ſe durcir & de devenir ſolide par un degré de froid ſuffiſant. J'accorde à cet égard que le feu, comme étant par ſa nature propre à diviſer les corps, & capable, tant qu'il eſt en exercice, de tenir leurs principes dans un état continuel d'expanſion, quoiqu'il ne faille ſouvent qu'un peu de modération dans ſon activité pour qu'ils puiſſent ſe rapprocher ; j'accorde, dis-je, que le feu ſoit le principe unique de toute fluidité ; j'accorde même que le froid ou l'abſence de la chaleur puiſſe cauſer quelque changement dans l'état des fluides : cela n'empêche pas qu'il n'y ait réellement, ſuivant la nature de ces fluides, une grande différence dans l'effet que le froid produit ſur eux. S'il ſuffit du moindre degré de froid pour ſolidifier l'eau, il faudra peut-être, en ſuppoſant encore que la choſe ſoit poſſible, ou cent, ou mille, ou dix mille degrés de froid, & plus encore, pour opérer le même effet ſur les autres fluides. Alors nous nous trouvons à des diſtances trop éloignées ; nous ſommes hors des proportions ; nous n'avons plus de moyens de comparaiſons ; & cela ſeul nous autoriſe, ne fût-ce que pour mettre de l'ordre dans nos idées & en bannir la confuſion, à diſtinguer l'effet particulier du

Ce retrait des fluides ſur eux-mêmes n'eſt pas, pour l'ordinaire, aſſez conſidérable pour rien chan-

---

froid ſur l'eau, de celui qu'il produit ſur les autres fluides; à conſacrer excluſivement à l'énonciation de cet effet le mot de congélation; en un mot, à ſéparer du rang des fluides qui ne gèlent point, un liquide conſtamment ſuſceptible de ſe ſolidifier au moindre degré de froid, & de ſe liquéfier au premier degré de chaleur.

Au ſurplus, ſi tout ce qui eſt fluide ou liquide étoit, comme on le prétend, capable de ſe durcir & de ſe ſolidifier par le froid, il s'enſuivroit de-là que tout ce qui ſeroit ſolide, car les ſolides eux-mêmes ne ſont en grande partie compoſés que de fluides condenſés; il s'enſuivroit, dis-je, que ces ſolides ne devroient qu'au froid la conſiſtance dont ils jouiſſent, ce qu'on ne peut admettre; ou il faudroit reconnoître deux principes différens de la ſolidité des corps, ce que, d'un autre côté, on a l'air de nous refuſer. Cependant, en examinant la queſtion de plus près, nous voyons d'abord que la chaleur eſt, ainſi que le froid, capable de durcir les matières en les dépouillant du principe même à l'aide duquel le froid les attaque & les comprime; & bientôt peut-être nous ſerons forcés de reconnoître qu'il n'y a, loin que tous les fluides puiſſent ſe durcir par le froid, que l'eau ſeule qui ſoit ſuſceptible de ſe ſolidifier de la ſorte. Nous ne voyons, en nous conformant au ſyſtême reçu, que quatre élémens dans la Nature, qui ſont l'eau, la terre, l'air & le feu. La terre eſt le ſeul qui paroiſſe, indépendamment de la chaleur & du froid, eſſentiellement & conſtamment ſolide. L'eau qui ſe préſente enſuite, eſt comme un élément mixte, placé par la Nature entre les ſolides & les fluides, tenant, par la conſiſtance qu'elle acquiert, à la

ger à l'ordre de leur existence; cependant l'on peut, par l'intensité du froid, rapprocher ces subs-

---

solidité des uns, &, par sa liquidité, à la fluidité des autres, & retournant alternativement d'un état à l'autre, suivant qu'elle est plus ou moins pénétrée du principe de la chaleur. Il ne reste après cela que l'air & le feu, qui s'annoncent de leur côté comme deux élémens vraiment & essentiellement fluides par eux-mêmes. Or nous voyons qu'à l'égard de ces deux élémens, le froid n'a que peu ou point d'action sur eux; & qu'à commencer par l'air, ce froid fût-il extrême, & porté au dernier degré possible, il ne parviendroit jamais à solidifier ce fluide. Nous en pouvons dire autant, & plus encore, au sujet du fluide igné, puisque les rayons du soleil arrivent dans notre atmosphère sans être solidifiés, quoiqu'ils soient plus de deux mille cinq cents millions de fois moins chauds qu'au sortir du soleil, c'est-à-dire, quoiqu'ils aient acquis plus de deux mille cinq cents millions de degrés de refroidissement; cependant ces principes fluides se solidifient, & deviennent, en se fixant dans les corps, les principes de leur constitution, & la cause même de leur plus grande solidité. Quoi qu'il en soit, l'on ne peut pas dire que c'est par le froid que cet effet s'opère, puisque le froid ne peut rien sur eux, tant qu'ils sont fluides; & qu'ainsi il ne peut contribuer en rien à la cessation de leur fluidité. Il faut donc recourir à une autre cause pour expliquer ce phénomène; & c'est vraiment à l'agrégation, à la cumulation de leurs parties, & à l'affinité de ces principes avec d'autres substances, que l'on doit rapporter la solidité qu'ils acquièrent, & qui se produit souvent au sein même de la chaleur. Ces fluides mis à part, il n'y a dès-lors que l'eau seule qui soit, comme nous l'avons dit, susceptible

tances au point de les amener, mais ſans aucune congélation à l'état de ſolidité : ainſi l'on eſt parvenu

---

de ſe ſolidifier par le froid. Toute fluidité qui ceſſe, ou toute ſolidité qui ſe forme par l'effet du froid, finit auſſitôt que la chaleur arrive. Il n'en eſt pas de même à l'égard des matières qui n'acquièrent de la ſolidité que par le rapprochement & la condenſation de leurs principes ; celles-ci ne recouvrent pas ſi facilement leur fluidité perdue par le moyen de la chaleur, ou il faut alors un degré de feu bien ſupérieur, & peu proportionné au degré de froid qui les auroit condenſés. Il n'y a dans le fait aucun rapport entre le degré de feu néceſſaire pour fondre ou volatiliſer les métaux, & le peu de froid qu'il faut pour faire ceſſer leur fluidité, puiſqu'elle ceſſe à un degré de chaleur ſuffiſant pour brûler, volatiliſer ou détruire, hors quelques ſubſtances minérales, tous les autres compoſés de la Nature.

Paſſons à d'autres objets : jetons les yeux ſur les effets de la végétation. Dira-t-on à cet égard que les plantes qui en croiſſant prennent de la conſiſtance & de la dureté, n'acquièrent cette qualité qu'en raiſon du froid qu'elles éprouvent ? Non, ſans doute ; l'on ne peut douter ici que cet effet ne provienne uniquement de la chaleur vivifiante du ſoleil ou de la terre ; car cette cauſe étant ſupprimée, il n'y a plus de végétation. Si de-là nous nous rapprochons de nous, dira-t-on encore que l'oſſification animale ſe produiſe autrement que par la chaleur, & au milieu de la chaleur dont les corps jouiſſent ? On ne peut le ſuppoſer. Dès-lors nous voyons que les fluides, qui en ſe ſolidifiant ſont capables de concourir à la formation des corps, & de contribuer même à leur plus grande ſolidité, ne peuvent vraiment ſe ſolidifier que par

d'y réduire le mercure. C'eſt à Pétersbourg, le 25 décembre 1759, qu'on a, pour la première fois,

---

l'agrégation & la cumulation de leurs parties ; & cela à l'aide d'une chaleur modérée qui, dans tous les cas poſſibles, ne peut être priſe pour un froid réel ou relatif, ſuffiſant pour les amener par lui-même à cet état ; tandis que l'eau, je le répète, reſte ſeule ſuſceptible de ſe ſolidifier par le froid, ou par la ſuppreſſion du ſeul degré de chaleur qui lui donnoit ſa fluidité.

Il ne reſte à cet égard qu'une difficulté ; c'eſt au ſujet du mercure qui, par une apparence de ſolidification momentanée, opérée par le froid, ſemble avoir induit les Phyſiciens à regarder la ſolidification des corps en général comme un effet du froid, comme une congélation. Voyons donc en paſſant, car ce n'eſt pas ici le lieu de traiter cette queſtion ; voyons, dis-je, ce que c'eſt que le mercure : pour juger de ſes effets, il faut connoître ſes principes. Le peu de rapport que ce demi-métal préſente avec la terre & l'eau, auxquelles il refuſe de s'unir, ſuffit ici pour nous faire voir que ces principes ſont vraiment exclus de ſa compoſition : dès-lors il ne peut être regardé que comme une ſubſtance compoſée des fluides même dont nous parlons, leſquels ſe ſont réunis en quantité prodigieuſe & ſuffiſante pour former ce métal ſingulier, cette ſubſtance demi-volatile fluide. Le retrait qu'elle éprouve par le froid, n'offre par conſéquent qu'un effet analogue à celui que préſentent les autres fluides en ſe condenſant : c'eſt une conſéquence de la propriété dont ſes principes jouiſſoient étant dans l'état de pleine volatilité, & qu'ils exercent ici d'une manière d'autant plus ſenſible, qu'ils ſe trouvent raſſemblés en plus grande quantité. Cet effet eſt exactement en rapport avec celui

tenté cette expérience, en augmentant artificiellement le froid naturel du climat; & du moment, lequel étant à 29 degrés au dessous de zéro au thermomètre de Reaumur, fut porté de la sorte à 125 degrés du même thermomètre. Mais nous devons observer à cet égard que tout fluide capable de se condenser, ne jouit de cette propriété qu'en vertu d'un ressort qui ne peut s'exercer lorsqu'il est gêné & fortement comprimé; qu'ainsi il n'est pas étonnant que le mercure puisse, par le rapprochement extrême de ses parties, perdre momentanément sa mobilité; & cela, jusqu'à ce qu'à l'aide d'un peu de chaleur, il puisse insensiblement s'étendre, se développer, & reprendre son état & sa fluidité.

Nous voyons d'ailleurs que les acides les plus concentrés sont, par les mêmes raisons, moins

---

qui se produit sur l'air ou l'esprit-de-vin, qui sont également susceptibles de se rapprocher, lorsqu'ils sont moins dilatés par la chaleur. Il n'annonce par conséquent qu'une condensation augmentée & rendue plus sensible, en raison de l'état actuel d'agrégation où se trouvent les principes mercuriels, état qu'ils ne doivent point au froid, & en raison de leur quantité; & c'est vraiment abuser des mots, que d'employer celui de congélation pour exprimer l'espèce de solidification qu'ils peuvent acquérir par l'impression d'un froid extraordinaire, ainsi que pour énoncer la consistance que les métaux prennent au sortir de la fusion.

actifs & moins puissans. Sans détruire leur énergie, cette concentration semble en suspendre l'effet. Leurs parties, trop serrées, trop rapprochées, ne présentent qu'une partie de leurs surfaces, & restent ainsi dans un état de contrainte & d'impuissance ; elles n'en sortent que par l'humidité qu'elles attirent, & qui sert d'intermède à leur dégagement. Cette humidité fait ici pour les acides concentrés, ce que la chaleur fait pour le mercure privé de fluidité ; aussi remarque-t-on que ces acides ont constamment plus d'effet & d'énergie, lorsqu'ils sont étendus de quelques parties d'eau : cela posé, il nous devient facile d'expliquer les effets même de la congélation.

En observant la nature des différens fluides, l'eau se présente à nous comme une substance absolument séparée, & n'ayant, avec ces fluides, d'autres rapports que celui de la fluidité qu'elle partage avec eux : cette propriété même qui leur est commune, ne paroît dans les attributs de l'eau qu'une qualité acquise, empruntée, & vraiment étrangère à sa nature. Par-là l'on découvre d'où viennent ces bulles d'air qui se forment dans l'eau glacée ; l'on voit pourquoi l'eau contenue dans un tube, baisse à mesure que le froid augmente, & remonte, lorsque la congélation arrive, au dessus même du point intermédiaire où elle étoit avant le froid. Tout cela, je le répète, peut s'expliquer au moyen de cette distinction que nous avons établie entre les fluides & les liquides.

Lorſque l'eau, pénétrée par le froid, ou privée de la chaleur qui lui étoit néceſſaire pour entretenir ſa fluidité, ſe convertit en glace, toutes les parties qui tiennent à cet élément mobile, ſe fixent, s'attachent l'une à l'autre, & prennent une conſiſtance dure & ſolide. Pendant ce temps, les parties plus ténues de la matière de la lumière, qui, dans l'eau où elles s'introduiſent, doivent être toujours à l'état d'air atmoſphérique, cherchent à ſe dégager, & forment, en ſe ſéparant, ces bulles qui ſe trouvent interceptées dans ce fluide glacé. Quoique étrangères à l'eau, ces parties d'air peuvent habituellement y reſter mêlées, confondues & coulant avec elle, tant qu'elle n'éprouve aucune compreſſion ni expanſion extraordinaire. Il ſe peut même qu'étant également comprimées par un fluide plus denſe, elles n'aient pas par elles-mêmes, hors les cas ci-deſſus exceptés, le pouvoir de s'en échapper, d'autant mieux qu'étant iſolées & diſſéminées dans cet élément, elles manquent, pour en ſortir, de la force qu'elles avoient pour y pénétrer. Mais lorſque l'eau, ſaiſie par le froid, tend elle-même à ſe détacher de ce fluide étranger, alors ces particules d'air, éparſes dans cette eau, peuvent plus aiſément ſe dégager; les unes gagnent l'atmoſphère; les autres, arrêtées par les barrières que la glace leur oppoſe de toutes parts, y reſtent interceptées : de-là ces bulles d'air qu'on y remarque (1).

---

(1) La glace n'eſt jamais ſans contenir une certaine quantité de ces bulles d'air interceptées ; mais l'eau, qui gèle dans un flacon, un bocal, ou tout autre vaiſſeau, ſemble en fournir davantage, & ces bulles s'y préſentent d'une manière plus marquée : là elles prennent diverſes figures, & s'arrangent ſuivant la forme du vaſe. Si c'eſt une bouteille dont on s'eſt ſervi, elles forment au deſſous du goulot une eſpèce de couronne en larmes alongées, amincies par le haut & renflées par le bas, comme ſi elles avoient eſſayé de s'échapper par cette iſſue ; mais, pour que le phénomène ait lieu, il faut, je crois, que l'eau ſoit priſe, ſinon dans ſa totalité, au moins dans toutes ſes ſurfaces. J'ai en effet remarqué que ces bulles ne ſe produiſoient qu'à meſure, & ne groſſiſſoient qu'après que le tout paroiſſoit glacé. Il y auroit ici, vu l'abondance de ces bulles, quelque lieu de préſumer que les parois du vaſe forment un empêchement à ce que l'air qui eſt contenu dans l'eau, puiſſe s'échapper d'aucun côté. Par-tout ailleurs, ſur les étangs, les rivières, les fontaines, la glace paroît plus compacte & moins bulleuſe, parce qu'ici l'air peut plus aiſément ſe dégager de l'eau qui gèle, & ſe retirer à meſure que la glace s'épaiſſit, ſinon dans l'atmoſphère, au moins dans la partie d'eau qui reſte fluide ſous cette voûte glacée.

Si, au lieu d'un vaſe cylindrique, on ſe ſert, pour obtenir une congélation pareille, d'un verre ayant parfaitement la forme d'un cône renverſé, alors les bulles s'amaſſent vers le milieu du vaſe, & forment, du bas en haut, une eſpèce de ramification perpendiculaire, qui, par ces indices ſubſiſtans, nous déſigne la route que l'air s'étoit

M. de Buffon pense que l'air n'eſt point dans l'eau ſous ſa forme ordinaire, mais dans un état

---

frayée pour remonter dans l'atmoſphère. On prétend qu'ici, & dans ce cas ſeulement, la congélation s'établit d'abord au fond du vaſe, & gagne dans cet ordre inverſe la ſurface de l'eau. Mais, quoique j'aie pluſieurs fois répété l'expérience, je n'ai pu m'aſſurer du fait; j'ai toujours vu la ſuperficie gelée, comme à l'ordinaire, avant tout, ayant même rompu la pellicule glacée qui s'y forme: je n'ai, en plongeant le doigt jusqu'au fond du vaſe, trouvé que quelques legers indices de congélation, ſur leſquels il ſeroit difficile de fonder une théorie. L'effet dépend peut-être d'une plus grande régularité dans la forme du vaſe, ou de quelque autre circonſtance que j'ignore; peut-être auſſi n'eſt-il que p[illegible], à cauſe des bulles d'air qui, dans le fait, ſe produiſent & s'annoncent d'abord à l'extrémité du cône. Au ſurplus, ſi cet effet extraordinaire avoit lieu, cela viendroit uniquement de ce que le fluide étant vers la pointe du cône en moindre quantité qu'ailleurs, il eſt moins capable de réſiſter à l'impreſſion du froid qui, par l'intermède du verre, l'attaque de toutes parts, &, de la ſorte, détermine plus promptement ſa congélation. Ainſi l'on voit la ſurface intérieure de nos vitrages ſe couvrir de dendrites glacées, à l'occaſion du froid que le verre éprouve à l'extérieur. Il ſeroit d'ailleurs poſſible d'expliquer ce phénomène d'une manière plus ſatisfaiſante encore; & voici comment. Si le point qui termine le cône, correſpond à tous les points de ſa ſurface, c'eſt là néceſſairement que doit aboutir tout l'effet de la preſſion de l'air extérieur ſur l'eau; alors le fluide étranger qui s'y trouve, les parties d'air qui y ſont contenues ne pouvant réſiſter à cette preſſion extraordinaire,

moyen entre l'élasticité & la fixité. Il n'est point, dit-il, dans l'état de pleine élasticité, parce que si cela étoit, l'eau deviendroit compressible ; ni dans l'état de fixité, puisqu'il suffit de faire chauffer ou geler de l'eau, pour que l'air qu'elle contient reprenne son élasticité, & s'élève en bulles sensibles. Toutefois ces bulles élastiques qui se dégagent également & de l'eau qui bout, & de l'eau qui gèle, semblent prouver que l'air, quoique gêné dans un fluide qui l'environne & le comprime, n'y est pas moins dans son état ordinaire d'élasticité, puisque le moindre changement survenu dans la température de l'eau, suffit pour lui rendre l'exercice de son ressort. D'ailleurs l'eau n'est pas tout-à-fait incompressible ; & comme cette compressibilité dont elle est susceptible est étrangère à sa nature, qu'elle est en même temps

---

sont forcées de se dégager : pour cela elles s'ouvrent, vers le milieu du vase, un passage perpendiculaire par lequel elles s'échappent, & remontent dans l'atmosphère. Privée par-là des parties d'air ou de feu qui contribuoient sans doute à sa fluidité, l'eau passe aussitôt à la congélation, qui, commençant par l'extrémité du cône, comme étant la première dépouillée de cet air, monte ainsi par degrés jusqu'à la surface de l'eau. Malgré cela, il faut toujours supposer que cette surface se gèle, sinon avant, au moins en même temps que le fond ; car autrement on ne pourroit expliquer comment l'air, ayant ici, vu les circonstances de cette congélation, tout moyen de s'échapper, se trouveroit intercepté dans la glace.

relative à la petite quantité d'air qu'elle contient, il s'enſuit que cet air, à qui ſeul elle eſt due, n'y eſt aucunement privé de ſon reſſort. Malgré cela il y reſte ; &, quoiqu'il ſoit huit cents cinquante fois plus léger, la prépondérance de l'eau n'eſt pas une raiſon ſuffiſante pour l'en faire ſortir, parce que cette prépondérance eſt égale par-tout, & que, faute d'iſſue, l'air ne peut s'échapper que par la congélation ou l'évaporation de l'eau, qui peuvent ſeules lui en faciliter les moyens.

Les bulles élaſtiques, qui dans l'un & l'autre cas ſe dégagent de l'eau, ſemblent confondre ici l'effet de la chaleur & du froid : il ſeroit malgré cela difficile d'établir une identité réelle dans l'effet de ces deux cauſes oppoſées. Si l'eau qui gèle perd l'air, ou une partie de l'air qu'elle contenoit, & le reprend lorſqu'elle ſe liquéfie, il n'en eſt pas de même de l'eau qui bout ; celle-ci n'en perd qu'autant qu'elle ſe diſſipe elle-même ; & malgré la grande quantité de bulles élaſtiques qui ſe dégagent par l'ébullition, & qui ne ceſſeroient que par l'entière évaporation de l'eau, la partie d'eau bouillie qui reſte dans le vaſe, n'a rien perdu de l'air qui lui eſt propre, & n'a aucun beſoin d'en reprendre. Lorſqu'elle a ceſſé de bouillir, peut-être même en eſt-elle plus pourvue qu'auparavant ; de ſorte qu'à moins de ſuppoſer que l'eau n'eſt que de l'air condenſé, ou que l'eau peut en totalité ſe convertir en air, ce qu'on ne peut admettre, il faut, pour expliquer la grande quantité d'air qui se dégage dans l'ébullition, reconnoître, ainsi que nous l'avons établi plus haut, que cet air s'y forme successivement au moyen du fluide igné qui pénètre le liquide, & s'envole avec lui : & ce qui prouve que l'ébullition n'est due qu'à la formation instantanée de l'air, c'est que l'eau peut, lorsqu'elle est unie aux acides, éprouver une chaleur bien supérieure à celle de l'eau bouillante, sans que l'ébullition ait lieu. La chaleur seule n'est donc pas capable de produire cet effet; il faut en outre que la matière propre à former de l'air se rencontre dans l'eau. Or les principes élémentaires de l'air sont l'acide & le phlogistique; & ces principes se trouvent réunis dans le fluide igné.

A l'égard de l'eau qui gèle, on ne peut, malgré la quantité d'air qui s'en échappe alors, soupçonner qu'il y ait, dans ce phénomène, aucune formation nouvelle de ce fluide; les bulles qui en sortent ou qui restent interceptées, ne viennent que de l'air même qui y étoit contenu, & qui s'en dégage dans cette occasion. L'air ne peut donc rester uni à l'eau qui gèle, & la congélation devient nécessairement la cause ou l'effet de cette fuite de l'air; mais comme l'eau ne gèle qu'autant qu'elle est privée des principes qui entretenoient sa fluidité, & que c'est toujours l'air qui s'en dégage alors, il s'ensuit, ou que les principes élémentaires

élémentaires de l'air ſont la cauſe de cette fluidité, ou qu'au moins la matière du feu, à qui elle paroît due, a beaucoup d'analogie avec ces principes aériens, puiſqu'elle ſe dégage elle-même en bulles aériformes, ainſi qu'on le voit dans l'eau qui bout : ceci même paroît confirmé par l'expérience qui ſuit. Si on laiſſe de l'eau dans un tube bien bouché & parfaitement en repos, on la voit baiſſer lorſque le froid augmente ; mais elle ne gèle point, parce que l'air ou parce que le principe de ſa fluidité, quel qu'il ſoit, ne peut alors s'en échapper : mais ſi on ouvre le tube & qu'on agite l'eau, on facilite par-là l'émiſſion de ce fluide étranger, & la congélation s'établit auſſitôt.

A préſent, ſi nous examinons pourquoi l'eau contenue dans un tube baiſſe lorſque le froid augmente, nous verrons que cet effet ne peut aucunement être attribué à l'eau, puiſqu'elle eſt incompreſſible, & par conſéquent incapable de rentrer en elle-même ; qu'ainſi cette légère dépreſſion de l'eau ne peut venir que du fluide compreſſible qui s'y trouve uni, & qui, par le retrait qu'il éprouve, doit, relativement à ſa quantité, occaſionner celui de l'eau. Ici donc l'air ſemble ſe rapprocher du mercure & de l'eſprit-de-vin, qui ont également la propriété de baiſſer par le froid.

Il reſte à expliquer d'où vient qu'après avoir

baiſſé, l'eau remonte dans le tube lorſque la congélation arrive, & pourquoi toujours cette eau ſe renfle en ſe convertiſſant en glace. A cela l'on pourroit dire que l'air, quoique ſuſceptible d'une certaine compreſſion, peut cependant, lorſque cette compreſſion augmente par l'intenſité du froid, faire effort pour ſe dégager en bulles élaſtiques, & par-là ſoulever légérement l'eau qui le preſſe, & la faire monter. Mais il n'eſt beſoin que de faire attention aux propriétés de l'eau, pour découvrir la vraie cauſe du phénomène; & l'on conçoit que tout fluide incompreſſible doit, lorſqu'il eſt dans l'état de fluidité, occuper ſans interſtices tout l'eſpace qui lui eſt abandonné : mais lorſque ſes parties ſe ſolidifient, loin de ſe comprimer davantage, elles ne peuvent que s'étendre, à cauſe des vides que les atteintes progreſſives de la gelée laiſſent néceſſairement entre elles. C'eſt ainſi que l'eau glacée peut augmenter de volume, & qu'en augmentant de volume elle acquiert de la légéreté; non que la glace ſoit plus légère que l'eau dont elle a été formée : mais un volume quelconque de glace devient plus léger qu'un pareil volume d'eau, ce qui ſuffit pour la faire ſurnager. D'ailleurs les bulles d'air qui s'y trouvent peuvent contribuer à cet effet, de même que les tonneaux vides; & les veſſies pleines d'air facilitent la ſuſpenſion des corps graves ſur l'eau. Enfin il eſt à remarquer ici que l'effet du froid ſur l'eau, eſt totalement oppoſé à celui qu'il produit ſur les autres fluides : ceux-ci diminuent de volume par la concentration & le retrait qu'ils éprouvent à cette occaſion, tandis que celui de l'eau augmente par la congélation ; & cela ſuppoſe néceſſairement une grande différence dans les principes & la nature de ces fluides.

L'on s'étonnera peut-être qu'en parlant des fluides qui ne ſont point ſuſceptibles de congélation, j'aie d'abord confondu le mercure avec ces fluides, & enſuite rapproché les acides du mercure & de l'eſprit-de-vin. Mais il ſuffit, juſqu'à ce que nous puiſſions nous expliquer plus particulièrement, tant ſur la nature des principes métalliques, que ſur celle des acides, de faire attention aux propriétés reſpectives de ces ſubſtances, pour ſentir, quant au mercure, que cette matière, quoiqu'elle paroiſſe d'un ordre différent, mérite cependant, par ſa fluidité naturelle, ainſi que par les reſtes de volatilité qu'elle conſerve & qu'elle doit à la nature de ſes principes, d'être compriſe dans cette claſſe, nonobſtant ſa peſanteur & ſa compacité, qualités qu'elle ne doit qu'à la cumulation même de ces principes. La place que nous lui donnons parmi les fluides lui convient d'autant mieux, qu'elle n'offre, avec le principe liquide de l'eau à laquelle elle ne s'unit jamais, aucune eſpèce de rapport & d'affinité.

A l'égard des acides, on ſentira de même qu'il

n'étoit guère possible de les classer autrement. On a peine à se figurer qu'une substance susceptible de concentration, d'expansion & de retrait, qui peut, étant unie à l'eau, engendrer de la chaleur, qui s'annonce par conséquent comme un principe même de la chaleur; on a peine, dis-je, à se figurer qu'une pareille substance puisse être assimilée à l'eau, & soit sujette à éprouver, de la même manière qu'elle, l'impression du froid : non, cela ne peut s'accorder avec nos idées. Loin donc de regarder les acides comme susceptibles de congélation, j'ai dû croire au contraire qu'ils sont, plus que tout autre fluide, capables d'empêcher celle de l'eau, lorsqu'ils s'y trouvent unis : au moins faut-il alors, pour que le phénomène ait lieu, un degré de froid beaucoup plus considérable, tel que celui de 12 ou 15 degrés.

Cependant, il faut l'avouer, les expériences que M. le duc d'Ayen a faites à ce sujet, & dont il a fait part à l'Académie des Sciences, paroissent infirmer cette assertion. Ce seigneur, distingué par ses connoissances autant que par ses titres & son nom, exposa, dans la nuit du 27 au 28 janvier de l'année 1776, le froid étant à 13 ou 15 degrés, de l'acide vitriolique concentré à la gelée, & cet acide se gela totalement au bout de sept ou huit heures d'exposition. Le fait est positif; & sans les circonstances qui ont accompagné le phénomène, nous serions forcés de reconnoître la congélation des acides : mais, loin de nous amener à ce réſultat, ces circonſtances ſemblent au contraire ſe réunir pour confirmer notre opinion.

M. le duc d'Ayen rapporte dans ſon Mémoire, que l'acide concentré, après avoir gelé, ſe dégela de lui-même au bout de trente heures. Quoique le froid ait, pendant ce temps, plutôt augmenté que diminué, cette circonſtance ſuffit pour nous prouver qu'il n'y a ici, comme dans la congélation du mercure, qu'une ſimple condenſation de l'acide, qu'un rapprochement de ſes parties, & non une vraie congélation; qu'au moins, s'il y a congélation, elle n'affecte que l'eau qui s'y rencontre toujours, & qui peut ſeule en être l'occaſion. En tout, cette congélation paroît bien différente des congélations ordinaires; car il n'y a aucune raiſon qui puiſſe jamais, le même froid ſubſiſtant, faire dégeler de l'eau glacée. Mais, dira-t-on, pourquoi l'acide, qui ſe dégèle de lui-même, s'eſt-il d'abord congelé ? pourquoi du moins, s'il ne gèle point, n'a-t-il pas empêché l'eau qui lui eſt unie de ſe geler ? C'eſt qu'étant très-concentré, il y a toujours, en cet état, comme nous l'avons obſervé, moins de jeu, moins d'action, moins d'énergie, & par conſéquent moins de moyens de ſe défendre de l'impreſſion du froid. Il ſe peut même qu'à cauſe du rapprochement & de la contraction de ſes parties, il ait alors moins de pouvoir ſur l'eau qui lui reſtoit unie ; & cette eau, pour ainſi dire abandonnée ou moins retenue par l'acide, devient, quoique difficilement encore, capable de ſe convertir en glace. Cependant, lorſque l'acide concentré s'eſt, en attirant inſenſiblement l'humidité de l'air, procuré les moyens de s'étendre davantage & de développer ſes forces, non-ſeulement il ſe débarraſſe lui-même, il dégèle encore l'eau qui lui étoit unie, il la garantit même de toute congélation ultérieure; & tout cela ſe démontre par une autre expérience faite également par M. le duc d'Ayen. Il expoſa à la gelée, & au même degré de froid que ci-deſſus, de l'acide vitriolique étendu de deux, de quatre, même de huit parties d'eau; & ce mélange, au bout de trente heures d'expoſition, ne donna aucun ſigne de congélation. Il faut, pour que l'acide vitriolique étendu d'eau puiſſe ſe geler à un froid de 10 à 12 degrés, que ſa peſanteur ſpécifique ſoit à celle de l'eau diſtillée, comme 100 $\frac{1}{4}$ ou 103 $\frac{3}{4}$ eſt à 96; c'eſt-à-dire, qu'il faut que l'acide ſoit noyé, & preſque réduit à l'état d'eau, pour que l'effet ait lieu; &, quoiqu'alors il y ait peu de différence entre ce mélange d'eau & d'acide & l'eau pure, il faut néanmoins, pour la congélation de l'eau, que le froid ſoit à 10 ou 12 degrés, tandis qu'il ſuffit, pour l'autre, que le thermomètre marque zéro. Cela nous prouve clairement que les acides ſont, par leur nature, non-ſeulement exempts de congélation, mais capables même d'empêcher celle de l'eau, lorſqu'ils s'y trouvent unis en quantité ſuffiſante, ou que leur action n'eſt point arrêtée par un excès de concentration.

Mais pour mieux ſentir cette conſéquence, il eſt eſſentiel de nous rappeler ici que les termes de fluide & de liquide ne ſont point ſynonymes; & qu'indépendamment de la dénomination, il y a, quant au fond, une grande diſtinction à faire entre les fluides & les liquides. Ils ſont tous, il eſt vrai, ſoumis à l'action du froid; mais l'effet que le froid produit ſur les uns & les autres eſt bien différent. Les uns ſe condenſent ſeulement, & les autres ſe glacent : ceux-ci mouillent & pénètrent les corps qui les approchent; ceux-là ſemblent à peine y toucher. Les fluides paroiſſent formés de principes plus ſimples & plus ténus (1); les liquides, au

(1) Je n'en excepte pas même le mercure, qui, par ſa peſanteur & ſa compacité, paroît s'éloigner davantage des autres fluides; ces qualités n'empêchent point que ſes principes ne ſoient en même temps de la plus grande ténuité. La peſanteur & la compacité des corps dépendent moins de la groſſièreté des principes, que de la cumulation & du rapprochement de leurs parties : c'eſt même de-là, c'eſt-à-dire de la ténuité de ſes principes, que dérivent tous les rapports du mercure avec les fluides les plus expanſibles, & la propriété qu'il a, comme eux, de ſe dilater par la chaleur & de ſe condenſer par le froid. Il y a plus, le mercure n'eſt pas la ſeule ſubſtance peſante & compacte qui puiſſe, à cet égard, s'aſſimiler à eux; ce

contraire, ſont en général beaucoup plus combinés; ceux-ci même ne ſont, ſi l'on en excepte l'eau, qui eſt un principe ſimple, que des fluides condenſés, & devenus liquides par leur union avec l'eau qu'ils attirent, ou qui leur eſt fournie : tels ſont le vin, l'eſprit-de-vin, le vinaigre, &c. Il en eſt d'ailleurs parmi ces fluides, qui, n'ayant aucune affinité avec l'eau, ſe refuſent à toute aſſociation avec elle, à moins qu'ils n'y ſoient déterminés par quelque intermède, & qui, par conſéquent, ne peuvent ſe liquéfier par eux-mêmes: tels ſont le fluide électrique, le fluide magnétique,

---

n'eſt pas même à la fluidité dont il jouit, qu'il doit cet avantage; car l'eau, quoique fluide, ne participe en rien à cette propriété, ou n'y participe point de la même manière; & les métaux, quoique ſolides, la partagent avec lui. Le fer, le cuivre, l'acier, &c. ſont, comme le mercure, ſuſceptibles de ſe dilater & de ſe condenſer; & l'on ſait que les verges métalliques s'alongent par la chaleur, & raccourciſſent par le froid. Il s'enſuit de-là que, ſi le mercure a, par cette propriété, un rapprochement conſtant avec les fluides qui ſont en expanſion, les métaux ſolides ont à leur tour un rapport réel, non-ſeulement avec le mercure, mais encore avec ces mêmes fluides; & ſi l'on juge de leurs principes par l'identité de leurs effets, on doit croire que, nonobſtant leur oppoſition apparente, il y a beaucoup d'analogie entre les principes de toutes ces ſubſtances, tant fluides & légères, que compactes & ſolides: nous aurons lieu, par la ſuite, de nous étendre davantage ſur cet objet important.

& en général tout fluide inflammable (1). Ainsi l'on pourroit, en étudiant les rapports des fluides avec l'eau, découvrir la nature de leurs principes.

Les acides, qui dans l'air, dans le feu, dans les rayons solaires, dans les exhalaisons méphitiques, & par-tout où ils se trouvent en expansion, se présentent toujours sous une forme fluide, ne

(1) Il faut s'expliquer ici. En disant que l'eau se refuse à toute association avec le fluide inflammable, je ne prétends pas pour cela que l'eau soit à cet égard absolument impassible, & qu'elle ne puisse recevoir aucune impression du fluide électrique : non, je sais qu'elle est non-seulement susceptible d'être électrisée, mais capable encore de transmettre l'impression qu'elle a reçue; qu'ainsi elle peut en tout temps servir de conducteur au fluide électrique, & permettre le passage au fluide magnétique. J'estime seulement qu'il n'y a alors entre elle & ces fluides aucune union, aucune combinaison; & c'est précisément parce que, faute d'affinité, il n'y a point d'union entre ces substances, qu'une goutte d'eau électrisée peut, en tombant près d'un lumignon de chandelle nouvellement éteinte, rallumer cette chandelle; ce qui n'arrive que parce qu'étant libre, le fluide électrique peut aisément & promptement se détacher du support qui le soutient, &, passant près d'un corps chaud & fumant encore, s'enflammer, & l'enflammer lui-même. Le phénomène n'a point lieu, si l'eau touche au lumignon, parce que l'eau détruit en même temps l'effet du fluide inflammable; d'où il s'ensuit que le fluide ne seroit, dans aucun cas, capable de le produire, s'il se trouvoit réellement combiné avec l'eau, & noyé dans ce liquide.

peuvent donc, quoique liquides, être regardés, d'après les obſervations précédentes, que comme des fluides condenſés, qui n'ont changé d'état qu'en ſe mêlant avec l'eau qu'ils ſaiſiſſent avec avidité; & comme dans leur état primitif ils ne ſont, dans aucun cas, ſuſceptibles de congélation, on ne peut ſuppoſer qu'ils aient, en ſe liquéfiant, perdu une propriété inhérente à leur nature. Non, cette propriété s'annonce encore dans le pouvoir qu'ils ont d'empêcher la congélation de l'eau qui leur eſt unie; & comme l'eau eſt partout le principe de la liquidité des fluides qui, ſuivant les circonſtances, ſe transforment en matière coulante ou ſolide, que cette eau a d'ailleurs la propriété excluſive de ſe glacer par le froid, on ne peut douter qu'elle ne ſoit alors, dans les liquides composés dont elle fait partie, comme un élément paſſif, cédant ſeule, & toujours à l'impreſſion du froid, & cauſant par-là la congélation de ces liquides ou des fluides qui les compoſent, qu'elle fait en quelque ſorte participer à l'effet qu'elle éprouve, quoiqu'ils n'en ſoient aucunement ſuſceptibles par eux-mêmes. Auſſi la congélation eſt-elle un moyen sûr de dépouiller ces fluides de toute eau ſurabondante; & l'on peut, de la ſorte, concentrer le vinaigre & le vin.

Du froid artificiel produit par le moyen des Acides & des Sels.

Après avoir parlé de la congélation causée par le froid de la Nature, autrement dit par l'absence de la chaleur, il convient de dire ici quelque chose du froid qui se produit par l'intermède même des matières capables d'engendrer cette chaleur. C'est le lieu de rechercher pourquoi les acides qui ne gèlent point, qui empêchent l'eau de se geler, qui produisent réellement de la chaleur lorsqu'ils s'unissent à l'eau, peuvent, étant versés sur de la neige ou de la glace, augmenter considérablement l'intensité du froid. Cette question est intéressante, & elle mérite sans doute l'attention des Physiciens ; mais, il faut l'avouer, il n'est pas aisé d'y satisfaire. Le froid artificiel que l'on procure à l'eau par le moyen des sels, ou à la glace par celui des acides, est une de ces contrariétés de la Nature, un de ces phénomènes singuliers dont elle se plaît à nous cacher la cause : aussi s'est-on plus occupé de faire, à cet égard, de nouvelles tentatives pour augmenter, par l'art, le froid de la Nature, que de donner l'explication d'un fait aussi extraordinaire. Quoi qu'il en soit, je vais, malgré la difficulté qu'elle présente, tenter la discussion de cet objet ; je n'ose cependant, quels que ſoient mes efforts, me flatter de réſoudre la queſtion.

En conſidérant l'effet qui réſulte du mélange des acides & de la glace, le premier moyen qui s'offre à mon eſprit pour expliquer l'augmentation de froid qui s'y produit, ſe tire de l'état actuel de l'eau. L'effet provient, à ce qu'il me ſemble, de ce que l'acide, toujours miſcible à l'eau, ne peut, lorſqu'il tombe ſur ce liquide conſolidé, & dont les parties ſont étroitement unies, ſe mêler également avec ces parties glacées, pour y produire l'effet qu'il a coutume de produire dans l'eau. Il doit donc y avoir, lorſque ces ſubſtances, & que celle douée du principe de la chaleur eſt en contact avec le corps refroidi & glacé; il doit, dis-je, y avoir, dans ce conflit de principes oppoſés, réſiſtance de toutes parts, & répulſion des deux côtés. Si, dans la réaction que ces ſubſtances éprouvent en ce moment, le principe de la chaleur, contenu dans l'acide, ſe trouve atténué, affoibli & rejeté dans l'atmoſphère, le froid, dont la glace eſt pénétrée, eſt en même temps répercuté vers la baſe qui ſert de ſupport à la glace, & ſur la boule du thermomètre qui s'y trouve placé pour en indiquer l'effet. Ainſi l'acide perd, en tombant ſur de l'eau glacée, une partie de ſa force & de ſa vertu; le principe volatil inflammable ſe diſſipe, & le froid, chaſſé par cet acide de la ſurface du corps glacé, ſe retire dans les parties inférieures, pour augmenter celui dont elles ſont déja pénétrées. Il ſeroit aiſé de s'aſſurer du fait, en examinant l'effet momentané que préſenteroient deux thermomètres placés en même temps dans ce mélange d'acide & de glace, mais dont l'un ne toucheroit qu'à la ſuperficie, tandis que l'autre ſeroit plongé juſqu'au fond. Ce qu'il y a de certain, c'eſt que par-tout où il y a réſiſtance, il y a répulſion; & cet effet eſt bien ſenſible toutes les fois qu'on mêle enſemble des ſubſtances qui n'ont point d'affinité, ou qui ſont dans des états differens. Si on plonge un fer chaud dans un liquide froid, ou qu'on verſe dans ce liquide quelques gouttes de matière bouillante ou de métal fondu, il y a toujours, & ſouvent même avec exploſion & fracture des vaiſſeaux, répulſion de la matière qu'on verſe. L'effet eſt moins violent dans la jonction de l'acide nitreux & de la glace, parce qu'ici le principe inflammable que cet acide contient, n'eſt pas, quoique expanſible, dans un état actuel d'expanſion, égal à celui où ſe trouve ce principe dans les matières dont nous venons de parler.

Mais, dira-t-on, le froid n'eſt qu'une diminution plus ou moins grande de la chaleur; c'eſt une qualité négative qui par elle-même ne tient à aucun principe, & à laquelle on ne peut attribuer aucun effet. Soit; cela n'empêche pas que le froid ne puiſſe être regardé réellement comme ayant, n'importe à quel principe il le doive, de l'action ſur les corps : or, s'il a de l'action, il a de l'effet ; & cet effet peut être augmenté ou diminué, ſuivant les circonſtances. Un corps privé de chaleur eſt dans un état bien différent de celui où il étoit étant chaud. Il a donc acquis, par le froid, une qualité, une propriété nouvelle qui devient ſenſible en lui, & qui ſemble, par ſon influence ſur les autres corps, avoir par elle-même une ſorte d'action & d'effet. Quoi qu'il en ſoit, ſuppoſons, j'y conſens, que le froid ne ſoit qu'un effet de l'abſence ou de la diminution de la chaleur; cela nous procurera peut-être, ſi le premier eſt inſuffiſant, un moyen nouveau d'expliquer le phénomène dont il eſt queſtion.

Si, comme on n'en peut douter, le degré de chaleur où parvient l'eau bouillante, eſt un terme fixe, au-delà duquel l'eau ne peut, à cauſe de ſa volatilité, s'échauffer davantage, lorſqu'elle peut s'évaporer librement; le degré de la congélation, car la Nature par-tout ſemble avoir fixé des bornes à cet élément paſſif, le degré, dis-je, de la congélation nous préſente à ſon tour un autre terme, paſſé lequel l'eau ne peut plus ſe refroidir. Ainſi les termes de l'eau bouillante & de la glace indiquent les deux points oppoſés où la chaleur & le froid ceſſent d'avoir aucun effet ſur l'eau.

Cela posé, n'y auroit-il pas lieu de présumer que l'effet du froid sur l'eau n'est ainsi limité au terme de la glace, que parce que ce liquide auroit, en se convertissant en matière solide, retenu quelques-uns des principes qui lui donnoient la fluidité, & à l'aide desquels elle peut, dans l'état où elle se trouve, se défendre des atteintes ultérieures du froid? Alors l'acide nitreux, chargé de principe inflammable, principe expansible, mais contenu par le froid qu'on lui imprime, pourroit, en tombant sur de la neige ou de la glace, en dégager ces résidus de la chaleur, ces parties d'air ou de feu qui y restent interceptées, les enlever avec lui, & rendre, par cette soustraction, la glace susceptible d'acquérir & d'imprimer un degré de froid supérieur à celui qu'elle avoit. D'ailleurs, en enlevant à la glace, par l'intermède de l'acide nitreux, les principes étrangers qu'elle retient dans ses parties, on facilite par-là le rapprochement de ces parties; & c'est un moyen peut-être de l'amener à une espèce de condensation, & d'augmenter ainsi l'intensité du froid dont elle est pénétrée : de même qu'en empêchant l'eau de s'évaporer, on parvient, avec la machine de Papin, à lui donner un degré de chaleur beaucoup plus considérable que celui dont elle est naturellement susceptible; & tels sont, soit en facilitant le dégagement des principes contenus dans l'eau, soit en empêchant leur évaporation; tels sont, dis-je, les seuls moyens que l'art nous ait fournis de rendre l'eau, ſuivant l'état où elle ſe trouve, capable de s'échauffer ou de ſe refroidir au-delà des termes fixés par la Nature.

Une choſe vraiment à remarquer dans le phénomène qui nous occupe, c'eſt que l'eſprit-de-vin, les huiles, & en général tous les fluides chargés du principe inflammable, même les ſubſtances alkalines volatiles, telles que les eſprits de ſel ammoniac ou d'urine, ſont, comme les acides, capables, en la fondant, de procurer un froid extraordinaire à la glace; c'eſt-à-dire, que les fluides expanſibles & condenſables, ou les ſubſtances compoſées des fluides que nous avons ci-devant diſtingués des liquides, ſont toutes, par leur nature, propres à cet effet. Il y a plus, c'eſt que moins les ſels ſont aqueux, & plus les acides contiennent de principes inflammables, plus l'effet eſt conſidérable; enſorte que le principe inflammable paroîtroit, en y contribuant, jouer un rôle eſſentiel dans cette occaſion. C'eſt donc par les contraires, c'eſt par les ſubſtances qui ſembleroient devoir l'empêcher, que l'effet ſe produit: c'eſt auſſi dans l'action réciproque, ou la réaction des principes oppoſés l'un à l'autre, & ſur-tout dans l'oppoſition qui ſe trouve entre le phlogiſtique & l'eau, qu'il faut en chercher la cauſe; & la preuve que, dans l'effet produit par le mélange de l'acide nitreux & de la glace, la plus grande partie du principe

principe inflammable eſt rejetée dans l'atmoſphère, c'eſt que ſi on projette ſur trois parties d'huile de vitriol deux parties de ſel ammoniac, il s'en exhalera une fumée qui fera monter un thermomètre placé au deſſus d'elle d'environ 4 degrés $\frac{1}{2}$, tandis qu'un autre thermomètre placé dans le mélange, baiſſera de plus de 5 degrés; ce qui fait une différence d'environ 10 degrés. Or, ſi cet effet a lieu dans le mélange de l'huile de vitriol & du ſel ammoniac, il doit, à plus forte raiſon, ſe produire de même dans le mélange de l'acide nitreux & de la glace.

Le plus difficile ici eſt d'expliquer le froid qui ſe produit par la mixtion des ſels concrets avec de l'eau ou avec de la glace; car l'on ne peut guère ſuppoſer qu'il y ait, dans ce cas, ni dégagement des principes reſtés dans l'eau ou dans la glace, ni répulſion quelconque de la matière inflammable : tout ce que l'on peut dire à cet égard, c'eſt qu'en ſe fondant, le ſel & la glace ſe pénètrent mutuellement, & ſe communiquent ainſi le froid dont chacune des parties eſt affectée. Mais cette explication n'eſt pas ſatisfaiſante; car ſi la réaction des corps eſt conſtamment égale à leur action, deux corps froids ne peuvent, étant joints l'un à l'autre, former, ainſi que le feroient deux parties de glace réunies, qu'une maſſe plus conſidérable de matière congelée, ſans en augmenter le froid. Suppoſé même qu'alors deux corps également refroidis puiſſent, en augmentant par leur union le volume d'un mélange quelconque, en augmenter le froid, il reſte toujours à expliquer comment deux ſubſtances de nature différente, fuſſent-elles également refroidies, peuvent, en ſe pénétrant mutuellement, augmenter de plusieurs degrés le froid dont chacune d'elles eſt ſaiſie; & l'on ſent qu'ici l'effet dépend moins de la quantité des parties, que de la qualité des principes. C'eſt donc dans la nature de ces principes que nous allons, à l'aide toujours de notre théorie, eſſayer d'en découvrir la cauſe : il en réſultera un troiſième moyen d'expliquer le froid artificiel que l'on procure à la glace ou à l'eau par l'intermède des autres fluides; & c'eſt celui que nous adopterons de préférence, comme étant, plus que tout autre, capable de s'appliquer à toutes les circonſtances du phénomène.

En examinant la nature des différens fluides, nous avons vu que, s'ils ſont ſuſceptibles de la plus grande expanſion, ils ſont tous pareillement, l'eau ſeule exceptée, capables de ſe condenſer extraordinairement. Cette propriété reconnue dans les fluides, on conçoit que, lorſque l'un d'eux ſe condenſe, ſon principe ſe renforce, & les propriétés qu'il tient de ſa nature doivent en même temps acquérir de l'énergie (1). Ainſi, plus l'air

---

(1) Si j'ai dit plus haut que les acides avoient, en ſe

eſt condenſé, plus il a de force en ſe dilatant : cet effet s'étend même juſqu'à la modification dont le principe peut être affecté, juſqu'aux qualités qui lui viennent par l'influence des autres corps ſur lui. Ainſi, pour nous ſervir encore d'un exemple, plus les parties d'un corps coloré ſeront rapprochées, plus il y aura d'intenſité dans la couleur qu'il préſente, plus ce corps d'ailleurs fournira, relativement à ſon volume, de matière colorante dans ſa diſſolution. S'il falloit d'autres faits, la quantité prodigieuſe de matière fluide odorante qui s'exhale du moindre morceau de muſc, ſerviroit, avec le précédent, à nous prouver combien la matière peut, en vertu du rapprochement de ſes parties, acquérir d'extenſion, lorſque ſes principes ſe développent & ſortent de l'état d'agrégation où ils étoient parvenus : mais ſi, par cette

---

concentrant, moins de vertus, ou perdoient de leur énergie, cela ne ſignifie autre choſe, ſinon qu'alors ils en montrent beaucoup moins, & ſont en effet, tant qu'ils reſtent dans cet état, moins capables de développer celle qu'ils poſsèdent. Cela n'implique aucune contradiction avec ce que j'avance ici : il n'eſt pas moins vrai que c'eſt en ſe concentrant, que les acides acquièrent de l'énergie, ainſi que l'air en ſe condenſant. C'eſt dans la concentration des uns & dans la compreſſion de l'autre que réſide leur force ; mais cette force ne s'exprime efficacement que dans la dilatation reſpective que ces fluides ſont ſuſceptibles d'éprouver.

extenſion de la matière, on juge de la quantité de ſes parties, l'on peut auſſi, lorſqu'il y a dilatation dans les principes, juger, par les exploſions ſubites qui ſe produiſent alors, que, ſi la matière eſt par elle-même capable de ſe rapprocher extraordinairement, les propriétés qu'elles poſsèdent ſe renforcent en proportion, & acquièrent d'autant plus d'énergie. L'exploſion annonce l'expanſibilité des principes, & l'effet de leur expanſion eſt toujours relatif au degré de leur condenſation.

Ce que nous venons de dire ici peut non-ſeulement s'appliquer aux qualités que les ſubſtances tiennent de leur nature, mais encore à celles qu'elles doivent à l'impreſſion momentanée de différentes cauſes étrangères, & notamment au froid dont un corps peut être affecté. Si c'eſt un fluide, plus ce fluide ſera condenſable, plus il ſera ſuſceptible de ſe refroidir, & capable en cet état de communiquer au corps étranger auquel il s'unit, un degré de froid plus conſidérable que celui dont ce corps étoit pénétré. Ainſi l'air eſt, parce qu'il ſe condenſe, capable d'acquérir, quoiqu'il ne gèle point, quoique ſes principes ſoient analogues à ceux du feu, un degré de froid indéterminé, infiniment ſupérieur à celui dont l'eau eſt ſuſceptible, tandis que ce liquide ſe trouve, comme moins condenſable, borné, ou à peu près, au terme de la congélation. Par la même raiſon, la matière de la lumière eſt, quoiqu'elle tienne plus immédiatement encore aux principes du feu, capable de ſe refroidir comme l'air, & peut-être plus que lui. Mille circonſtances concourent à nous prouver que les rayons du ſoleil ſont, en arrivant dans l'atmoſphère, extraordinairement refroidis. Tout cela a l'air d'un paradoxe ; & l'on aura ſans doute peine à concevoir que des fluides émanés pour ainſi dire du feu, puiſſent arriver à un degré de refroidiſſement où l'eau, ſolide & froide par ſa nature, n'eſt point capable de parvenir. Cependant l'on commence à voir jour dans cette obſcurité ; le mot de l'énigme eſt trouvé, & la condenſabilité dont jouiſſent certains fluides (1),

(1) M. Briſſon & d'autres Phyſiciens regardent la condenſabilité comme une propriété qui appartient indiſtinctement, & ſans exception, à tous les corps, par la raiſon qu'il n'en eſt aucun qui, en diminuant la chaleur, ne ſoit ſuſceptible de rétréciſſement ; cependant l'eau, qui en gelant acquiert du volume, & rompt le vaſe qui la contient, nous prouve d'une manière bien ſenſible qu'elle n'eſt aucunement condenſable. Il y a d'ailleurs tout lieu de préſumer que la terre pure & réduite à elle-même ne doit, ainſi que l'eau, participer en rien à cette propriété générale : ces principes exceptés, il ne reſte donc, parmi les élémens de la Nature, que la matière inflammable, les acides & l'air, comme étant formés des principes du feu, qui ſoient vraiment, & en qualité d'élémens actifs, ſuſceptibles de condenſation. La condenſabilité eſt donc une propriété qui, loin d'appartenir indiſtinctement à tous les corps, ne paroît au contraire accordée qu'à quelques-uns

ſemble ici nous donner le moyen de ſatisfaire à tout. Par-là l'on découvre d'où provient cette inégalité reconnue dans les termes de leur refroidiſſement ; par-là même on explique les effets ultérieurs de ce refroidiſſement, & l'on trouve le rapport caché de ces diſparates, de ces apparences de contradiction dont la Nature ſemble avoir enveloppé ces matières pour nous dérober les traces de ſa marche myſtérieuſe.

Si de-là nous portons nos regards ſur les effets réſultans de cette condenſation dans les fluides, nous verrons que ces effets ne peuvent, ainſi que nous l'avons remarqué au ſujet de l'air, ſe produire que de deux manières, ou par la dilatation des principes lorſqu'ils ſortent de cet état de condenſation, ou par leur intenſité même lorſqu'ils

---

des principes qui les compoſent : ainſi la condenſation & le rétréciſſement que ces corps éprouvent par le froid, ne peuvent être regardés que comme un effet, non de leur condenſabilité, mais de la condenſabilité de ces principes. Cette diſtinction eſt importante ; & ſi les pierres, les marbres, les métaux, & en général tous les ſolides participent à cet effet, & ſe rétréciſſent par le froid comme les fluides, c'eſt qu'il n'eſt aucun corps dans la Nature qui ne contienne plus ou moins de ces principes condenſables. Nous obſerverons même que plus ils abondent dans une ſubſtance, plus elle eſt ſuſceptible de rétréciſſement ; & par-tout où la terre & l'eau dominent, l'effet eſt moins ſenſible.

s'y maintiennent. Dans le premier cas, l'on observe qu'indépendamment des explosions fréquentes qui surviennent alors, qu'une substance expansible reçoit trop brusquement l'impression de la chaleur ou du froid; l'on observe, dis-je, que tout principe condensé, sous quelque forme qu'il se présente, & fût-il, s'il offre un corps solide, réduit au plus petit volume, peut, lorsqu'il entre en expansion, s'étendre extraordinairement (1). Ainsi l'air, l'acide & le phlogistique

(1) Newton dit dans son Optique, que les particules qui sont forcées de sortir des corps par la chaleur ou la fermentation, se trouvant hors de la sphère d'attraction du corps dont elles s'éloignent, & s'éloignant aussi les unes des autres avec grande force, occupent quelquefois un espace un million de fois plus grand que celui qu'elles occupoient auparavant, dans le temps qu'elles étoient sous la forme d'un corps dense. Cette si grande contraction & cette vaste expansion est incompréhensible dans toute autre hypothèse que celle d'une puissance répulsive, en supposant, comme on l'a fait, les particules d'air à ressort, & rameuses ou roulées comme des cerceaux.

Il dit ailleurs que les corps denses se raréfient par la fermentation en plusieurs espèces d'air, & que cet air, par la fermentation & quelquefois sans elle, se convertit en corps dense. *Opt. quest. 30 & 31.*

Nous voyons par-là que les corps denses peuvent se volatiliser, & que les principes volatils peuvent se condenser. Mais ce que Newton attribue à l'air, nous ne l'attribuons qu'aux principes de l'air, c'est-à-dire à l'acide

ſont, étant dilatés ou vaporiſés, capables d'occuper, l'un 25 fois, le ſecond 42000 fois, & le troiſième 252000 fois plus d'eſpace qu'ils n'en occupoient étant condenſés (1); & par l'extenſion que ces fluides acquièrent, on doit juger du

---

& au phlogiſtique, qui ſont ſeuls ſuſceptibles d'une expanſion & d'une condenſation auſſi extraordinaire; & lorſque ces principes condenſés entrent en expanſion, ils rentrent dans leur état primitif : ils ne changent point de nature; & c'eſt mal-à-propos qu'on leur donne le nom d'air.

(1) L'eau réduite en vapeurs eſt, à ce qu'on aſſure, capable auſſi d'occuper un eſpace 14000 fois plus conſidérable que celui où elle étoit contenue. Si cela étoit, cet élément ſe trouveroit aſſimilé aux fluides les plus expanſibles; mais ſur quelque autorité que cette doctrine ſoit fondée, je ne puis la regarder que comme une vieille erreur accréditée. Séduits ſans doute par l'apparence, quelques Auteurs ont cru devoir attribuer à l'eau que la chaleur ſoulève, des effets qui n'appartiennent qu'à la matière du feu qui, traverſant ce liquide, l'enlève avec elle, ou à l'air qui s'y forme à cette occaſion; car l'eau n'étant ni compreſſible, ni condenſable, ne peut être extenſible. Capable de ſe ſolidifier au moindre degré de froid, elle peut auſſi, j'en conviens, ſe volatiliſer au moindre degré de chaleur, & ſe répandre dans l'air, mais ſans y occuper, dans cet état de diſperſion, une place plus conſidérable que celle qu'elle avoit dans l'état d'agrégation; &, dans le fait, chaque parcelle d'eau ainſi diſſéminée dans l'air, n'y doit occuper qu'un eſpace égal à celui qu'elle avoit ſur la terre.

degré de condenſabilité dont chacun d'eux eſt ſuſceptible, ainſi que de la quantité & de la ténuité de leurs parties. L'on ſait d'ailleurs que le moindre corps embrâſé peut, par le développement de ſes parties, exercer ſon action à des diſtances même aſſez conſidérables, & changer très-promptement, ſoit en les échauffant, ſoit en les conſumant ou en les volatiliſant, l'état de tous les corps qui l'avoiſinent. Or, d'après ces effets étonnans, produits par l'expanſion d'un principe condenſé à l'occaſion de la chaleur qu'il éprouve, on peut calculer à peu près ceux qui doivent réſulter de l'intenſité de ces mêmes principes maintenus par le froid dans leur état de condenſation. La chaleur conſidérable qui ſe répand dans tous les corps qui ſont en contact avec une matière échauffée, doit nous expliquer ici le froid extraordinaire qui s'y produit de même par l'impreſſion froide d'un fluide condenſé, ſur-tout ſi, par des moyens connus, l'on a ſoin de procurer à ce fluide un froid plus conſidérable que celui qu'il avoit avant de le joindre à aucun corps; cependant cette précaution ne paroît néceſſaire que pour porter au plus haut point le refroidiſſement du mélange. Il ſuffit d'ailleurs du degré de froid dont la glace eſt pénétrée, pour qu'un fluide condenſé puiſſe, par l'impreſſion qu'il en reçoit, & à cauſe de la quantité & du rapprochement de ſes parties, acquérir un degré de froid beaucoup plus considérable que celui qu'elle présente ; car, quoique la glace puisse, par la réaction qu'elle éprouve dans la jonction des deux substances, perdre quelque chose de son froid, comme elle est soumise à l'impression continue de l'air qui l'environne, elle peut, en y reprenant ce qui lui manque, conserver toujours le même degré de froid, tandis que l'autre substance, n'ayant aucun moyen de recouvrer la portion de chaleur qu'elle a perdue, ne peut que se pénétrer de plus en plus du froid régénéré qu'elle rencontre dans la glace, & qui s'accumule en elle. Elle doit ainsi former dans cette glace où elle se trouve répandue & interposée, de petites masses infiniment refroidies, capables alors d'imprimer à tout le mélange le degré de froid dont elles sont pénétrées, & de l'annoncer par la descente subite du mercure dans le thermomètre. Il se pourroit même que cet effet fût totalement dû au fluide refroidi qui se trouve interposé dans la glace; que cette glace, faisant partie du mélange, n'eût rien acquis, & qu'ainsi elle ne participât ou ne contribuât par elle-même à ce refroidissement général, autrement que comme un moyen préliminaire, comme un intermède nécessaire au refroidissement du fluide employé. Il y a quelque lieu de le présumer; car si on parvient par un temps froid à précipiter ou à séparer d'une manière quelconque de l'eau dégelée ou refroidie, le principe qui contribuoit à ſon plus grand refroidiſſement, l'eau perd le degré de froid où elle étoit parvenue; elle ſe gèle, & le thermomètre remonte au degré de la congélation.

Cela poſé, nous pouvons concevoir à préſent comment les acides, que nous regardons comme expanſibles & condenſables, comme ayant même, en ſe condenſant, paſſé de l'état d'expanſion à celui d'une ſubſtance liquide ou concrète, par leur union avec l'eau ou d'autres matières (1); comment, dis-je, ces acides peuvent, étant verſés ſur de la glace, y produire, par le développement ou la ſeule interpoſition de leurs parties, un froid artificiel très-conſidérable; & comme le principe inflammable eſt, de toutes les ſubſtances de la Nature, la plus expanſible, & par conſéquent la plus condenſable, nous découvrons par-là pourquoi l'eſprit-de-vin, les liqueurs ſpiritueuſes, & toutes les ſubſtances qui ſont chargées de ce principe, peuvent, dans cette occaſion, être aſſimi-

---

(1) L'on ſent que la converſion d'un fluide expanſif en matière liquide ou concrète, ne peut s'opérer que par la réunion d'un grand nombre de parties; & l'on ne doit point perdre de vue cette circonſtance, ſi l'on veut concevoir l'effet des acides ſur la glace : car c'eſt par la quantité, autant que par le rapprochement ou la condenſation de ces parties ténues intégrantes de l'acide converti en liquide, que ſe produit le phénomène qui nous occupe.

lées aux acides ; & c'eſt par cette raiſon peut-être que les acides nitreux & marin paroiſſent, plus que l'acide vitriolique même, propres à produire le froid artificiel dont il s'agit.

Cependant, vu le degré d'expanſion que le principe inflammable conſerve toujours en s'alliant avec les acides, & le peu d'affinité qu'il a avec l'eau à laquelle il ne peut s'unir qu'à l'aide d'un intermède (1), il y a lieu de préſumer qu'à l'exception de quelques parties qui reſtent, en tombant ſur la glace, attachées à l'acide qui la pénètre, mais dont elles ne peuvent ſenſiblement augmenter l'effet, la plus grande partie de cette matière volatile doit être à l'inſtant, comme nous l'avons dit plus haut, rejetée dans l'atmoſphère ; & de-là vient, je crois, que les liqueurs ſpiritueuſes ont, quoique le principe qu'elles contiennent ſoit peut-être, plus que les acides encore, capable de condenſation, généralement moins d'effet que ces acides. Mais ſi la préſence du principe inflammable dans les acides nitreux & marin ne peut que peu ou point contribuer à leur effet, il n'eſt plus poſſible d'expliquer par-là pourquoi ces acides ont, dans cette circonſtance, conſtamment plus d'effet que l'acide vitriolique ; & nous

(1) Il ſuffit d'étendre l'acide nitreux d'une ſuffiſante quantité d'eau, pour en bannir à l'inſtant la partie du principe inflammable qui s'y trouve en excès.

ſommes forcés de recourir à d'autres moyens pour en donner la ſolution. Nous croyons en avoir découvert la raiſon, non dans la condenſabilité de ces acides, parce qu'ils paroiſſent tous jouir au même degré de cette propriété commune, mais dans le degré de condenſation où ils ſe trouvent (1).

L'on conçoit en effet, que moins un principe condenſable ſera condenſé, plus ſes parties ſeront, en ſe condenſant, en ſe reſſerrant ſubitement, ſuſceptibles de ſe pénétrer du froid dont elles ſont ſaiſies en ce moment; & au contraire, plus ce principe ſera condenſé, plus ſes parties déja comprimées ſeront en état de ſe défendre de l'impreſſion nouvelle dont elles ſont frappées (2). Ainſi,

---

(1) Je crois que l'on pourroit, par le degré ſeul de condenſation où ſe trouvent les fluides, expliquer en chimie bien des phénomènes qui en dépendent, & que l'on attribue à d'autres cauſes. Il paroît du moins que c'eſt par-là que l'acide nitreux a, dans bien des cas, l'avantage ſur les autres acides, notamment dans ſes effets ſur l'or.

(2) Ceci paroîtra peut-être contradictoire avec ce que nous avons dit plus haut au ſujet de la congélation de l'acide vitriolique concentré; mais il faut obſerver qu'alors la queſtion ſe réduiſoit à ſavoir ſi l'acide étoit ou non ſuſceptible de congélation, & qu'il s'agit ici de découvrir comment l'acide peut recevoir & communiquer un degré de froid plus conſidérable que celui de la

c'eſt parce que les acides nitreux & marin ont conſervé quelque volatilité, qu'ils ont par eux-mêmes le pouvoir de s'évaporer, qu'ils ſont par conſéquent moins condenſés & moins fixes que l'acide vitriolique, qu'ils ſont auſſi plus que lui capables de ſe refroidir, & d'imprimer dans la glace où ils ſe répandent un froid plus conſidérable; & de-là vient ſans doute que toutes les ſubſtances volatiles, tant acides que ſpiritueuſes ou alkalines, paroiſſent généralement plus propres à cet effet que les matières fixes & concrètes.

Mais ſi une moindre condenſation paroît plus favorable au refroidiſſement des acides lorſque, ſans être étendus d'eau, ils ſe préſentent ſous une forme fluide, c'eſt tout le contraire lorſqu'ils ſont

---

glace, ce qui change l'état de la queſtion, & nous oblige de recourir à des moyens différens pour expliquer ce dernier phénomène: cependant ces moyens pourroient, en quelque ſorte, ſe concilier avec ceux que nous avons employés dans le premier cas. Il ſeroit poſſible que l'acide vitriolique concentré, quoiqu'il ait, en ſe gelant, paru céder à l'impreſſion du froid; il ſeroit, dis-je, poſſible qu'il ne fût pas pour cela plus refroidi que l'acide vitriolique étendu d'eau, quoique celui-ci n'ait point gelé; il ſe pourroit même qu'il fût beaucoup moins refroidi que de l'acide nitreux que l'on auroit, en même temps que lui, expoſé au même degré de froid: c'eſt le ſujet de quelques expériences que je n'ai pu faire l'hiver dernier, faute d'un froid ſuffiſant.

ſous forme ſaline & concrète. Ici, plus ces principes ſe trouvent rapprochés & condenſés, plus les ſels deviennent propres à produire du froid ; & la raiſon eſt toute ſimple. Il eſt aiſé de concevoir que moins les ſels ſeront aqueux & déliqueſcens, plus les autres principes qui les compoſent ſeront abondans, & pourront, en ſe fondant dans la glace ou dans l'eau, y répandre, par le développement & l'effuſion d'un plus grand nombre de parties, un froid plus conſidérable (1). Ainſi le ſel marin, comme étant plus rapproché, doit avoir plus d'effet que le ſel de nitre, qui retient beaucoup plus d'eau dans ſa criſtalliſation : quoique l'acide qu'on retire de celui-ci ſoit, comme plus volatil, un peu plus efficace que l'acide marin ; par la même raiſon le ſel gemme eſt, plus que le ſel marin, & la potaſſe, plus que le ſel gemme encore, capable

---

(1) Il faut ici que les ſels & la glace ſe fondent, ſans quoi ces deux ſubſtances ne pourroient ſe pénétrer, & l'effet n'auroit pas lieu ; il faut même, ſi le froid avoit congélé l'humidité néceſſaire à ces ſubſtances pour s'entamer réciproquement, verſer ſur ce mélange déja refroidi, de l'eau chargée de ſel marin, qui ſoit également froide. D'ailleurs il eſt à remarquer que le froid produit par le mélange de la glace & d'un ſel concret, n'eſt jamais égal à celui que l'on obtient en employant les eſprits acides : l'augmentation n'eſt ordinairement que de 3, 4 ou 5 degrés.

Voyez le Dictionnaire de Phyſique de M. Briſſon.

d'augmenter confidérablement le froid de l'eau ou de la glace. Enfin, fi les fels ammoniacaux l'emportent fur tous les autres, c'eft que, tenant aux fluides par l'expanfibilité de leurs principes, & aux fels par le rapprochement de leurs parties, ils réuniffent pour ainfi dire les deux qualités oppofées, qui rendent ces fubftances, fuivant l'état où elles fe trouvent, fufceptibles de produire, dans la glace ou dans l'eau, un froid extraordinaire; & dès-lors l'effet de ces fels particuliers en doit être augmenté.

Mais, dira-t-on, pourquoi l'efprit acide des fels n'eft-il, en fe diffolvant dans l'eau, capable que d'y produire un froid extraordinaire, tandis qu'en toute autre circonftance les acides y répandent une chaleur confidérable? d'où provient cette différence dans les effets de ce principe? A cela je réponds que, dans les fels, l'acide déja faturé d'eau fe trouve en outre combiné avec d'autres principes qui abforbent fon action; qu'ainfi, loin de produire, en fe joignant à l'eau, fon effet accoutumé, il ne peut y répandre que le froid dont fes parties font fufceptibles. Cela doit d'autant moins nous étonner, que les fels par eux-mêmes font, en vertu de la condenfation de leurs principes, conftamment plus froids que l'eau & que toute autre fubftance : ils doivent par conféquent, foit qu'on les jette dans l'eau, ou qu'on les imbibe de ce liquide, lui communiquer, dans tous les cas, le degré de de froid qui leur eſt propre. Ce froid même doit néceſſairement s'augmenter par leur diſſolution & le développement de leurs parties; & de la ſorte, le froid qui s'imprime dans l'eau par le mélange des ſels, doit être ſupérieur, non-ſeulement à celui que l'eau poſſède, mais même à celui que préſentent ces ſels dans l'état de ſiccité, & avant que leurs principes ſoient développés. Ceci d'ailleurs nous fait voir que c'eſt au développement ſeul des principes condenſés qui s'y trouvent, que les ſels doivent la propriété étonnante de refroidir l'eau au-delà même du terme qui leur eſt propre; & ce qui le prouve, c'eſt que ſi les ſels ne fondent point lorſqu'on les mêle avec de la glace, il n'y a aucune augmentation de froid. Mais alors, comme le froid de la glace n'augmente ni ne diminue, n'y auroit-il pas lieu d'en conclure que le terme de la congélation ſeroit, ou à peu près, le terme fixe où ces ſels ſe maintiennent, même dans les temps chauds? car, malgré la chaleur, l'on n'apperçoit guère de variations dans la température de ces matières réfrigérantes. Enfin l'on conçoit que ſi les ſels ſont, en fondant la glace, capables de la refroidir encore, ils peuvent pareillement, étant diſſous dans l'eau, & quel que ſoit le froid qu'ils y répandent, entretenir ſa fluidité & empêcher ſa congélation.

L'importance de la matière que nous venons de diſcuter, les difficultés qu'elle préſente, & la néceſſité de concilier tous les faits qui s'y joignent, m'ont entraîné beaucoup plus loin que je n'aurois voulu (1). Il eſt temps de revenir à notre objet.

Du concours de l'Air dans l'action du Feu.

Il nous reſte, pour terminer l'hiſtoire de l'air, à examiner une de ſes propriétés les plus eſſentielles; c'eſt la faculté qu'il a d'alimenter le feu, d'augmenter ſon action, & de contribuer, comme agent néceſſaire, à la combuſtion & à la calcination des ſubſtances. Il s'agit ici de découvrir d'où lui vient cette propriété ſingulière; mais s'il eſt important pour nous d'en acquérir la connoiſſance,

(1) J'ignore ſi l'explication que je viens de donner du refroidiſſement de la glace par le moyen des acides ou des ſels, aura l'avantage d'être accueillie des Phyſiciens: je n'oſe, quelque peine que cette diſcuſſion m'ait donnée, me flatter d'avoir ſatisfait à tout, & vaincu toutes les difficultés; mais ſi les efforts que j'ai faits pour cela ſont jugés inſuffiſans, j'eſpère au moins qu'ils engageront des gens plus capables à s'occuper du même objet, & qu'ainſi nous pourrons obtenir de ceux même qui eſſaieront de me critiquer, la ſolution deſirée d'un problême auſſi difficile. J'ai, pour y parvenir, eſſayé pluſieurs voies; &, quoique la dernière paroiſſe plus propre à nous conduire au but, je n'ai point voulu ſupprimer les deux autres, penſant qu'elles pourroient encore fournir quelques idées à ceux qui tenteront d'expliquer ce phénomène.

il paroît en même temps très-difficile d'y parvenir. Jusqu'à présent même la Physique & la Chimie n'ont fait à cet égard que des recherches infructueuses ; & c'est dans notre théorie seule qu'on peut trouver l'explication de ce phénomène étonnant.

En effet, dès que l'on regardera l'air comme un fluide composé, il sera, pour peu que l'on fasse attention à la nature des principes qui le composent, facile de concevoir comment il peut alors devenir l'adminicule & l'aliment du feu : l'extrême ténuité de ses principes, l'état d'expansion où ils se trouvent, l'analogie qu'ils offrent avec les principes même du feu, tout nous fait voir que s'ils ne représentent pas actuellement cet élément actif, ils peuvent à l'instant en prendre la forme, & sont, ainsi que toute autre matière combustible, tout prêts à s'assimiler à lui. Ils n'ont en effet besoin que de toucher un corps embrâsé pour s'échauffer comme lui (1), ou de traverser la flamme d'une

(1) L'effet de la chaleur dans les corps qui brûlent, est toujours relatif à la somme des parties de feu qu'ils contiennent ; ainsi l'air peut, en proportion, s'échauffer comme eux : cependant il ne paroît point par lui-même capable de recevoir ni de rendre autant de chaleur, ni de la conserver aussi long-temps, par la raison que, dans un fluide expansible, les principes du feu sont infiniment plus rares que dans un corps combustible où ils se trouvent accumulés : de-là vient qu'il faut, à l'aide des soufflets, le

chandelle pour s'enflammer de même. Or, toute ſubſtance capable de ſe convertir en matière de feu, doit, quoique d'une manière obſcure, en contenir les principes. Ainſi, ſoit qu'ils ſoient en activité dans le feu, ſans énergie actuelle dans l'air, ou fixés dans les corps, ces principes ſont par-tout les mêmes; ils ne diffèrent réellement que par l'état préſent où ils ſe trouvent.

L'on voit par-là que l'air peut non-ſeulement, par ſon impulſion, donner de la vivacité au feu, mais encore qu'il eſt par lui-même capable d'augmenter matériellement la ſomme de la chaleur, de la flamme & du feu; & comme il eſt, par la ténuité de ſes parties & l'état d'expanſion qu'elles annoncent, de toutes les ſubſtances combuſtibles la plus facile à s'échauffer avec la moindre donnée, ne fût-ce qu'une étincelle, il peut alors, en les pénétrant de cette chaleur acquiſe, mettre très-promptement en action les principes de feu qui ſe trouvent fixés & recelés dans ces ſubſtances; & c'eſt ainſi que l'air devient néceſſaire pour allumer le feu, l'exciter ou l'entretenir. Enfin, comme le phlogiſtique eſt, de tous les principes de la Nature, le ſeul qui paroiſſe ſuſceptible de s'enflammer, on conçoit également comment l'air peut, à cauſe de ce principe qu'il poſſède, jouir de la

raſſembler en quantité & augmenter ſon volume pour augmenter ſon effet.

même propriété, & contribuer par lui-même à l'inflammation des ſubſtances, qui s'éteignent ſitôt qu'elles ſont privées des ſecours alimentaires de ce fluide. Le ſimple chalumeau de l'émailleur ſuffit pour nous prouver que l'air qui ſort de la bouche du ſouffleur, peut, en traverſant la flamme d'une lampe, s'enflammer totalement pour tomber en maſſe de feu ſur les objets qu'on lui préſente : il n'en faut pas davantage pour fondre & calciner les ſubſtances ſur leſquelles il eſt ainſi conſtamment dirigé & vivement projeté.

De la Calcination des Subſtances.

La calcination eſt une opération dont l'objet eſt de ſéparer d'une ſubſtance que l'on n'a pas deſſein de pouſſer à la fuſion, les principes volatils qu'elle contient, ou de détruire en elle le principe inflammable qui s'y trouve : mais comme cette matière eſt toujours intimement unie à d'autres principes qui ſont, comme elle, recelés dans cette ſubſtance, il faut, pour l'en dégager, un feu conſidérable & long-temps continué ; & c'eſt par le moyen d'un air renouvelé, projeté par les ſoufflets ſur les ſubſtances, & dirigé ſur toutes ſes faces, que l'on parvient, en augmentant ainſi la ſomme du feu produit par le charbon, à l'en dépouiller. Si l'on penſe ici à la quantité de matière aérienne qui ſe raſſemble dans les fourneaux pour ſe convertir en feu, & ſe joindre à celui des corps combuſtibles, l'on concevra ſans peine pourquoi le concours de l'air devient ſi néceſſaire dans cette occaſion : mais l'on doit ſentir auſſi que c'eſt au phlogiſtique qu'il poſſède, qu'il faut principalement en rapporter l'effet ; c'eſt lui qui, comme le plus ténu des principes de l'air & le plus prompt à s'enflammer, va pénétrant la ſubſtance, donne, par la chaleur qu'il y répand, de l'expanſion au phlogiſtique qui s'y trouve fixé, le dégage de ſes combinaiſons, & l'enlève avec lui : la ſubſtance ainſi dépouillée de ſes principes volatils, reſte ſous forme de chaux pierreuſe ou métallique ; & tel eſt le but & l'effet de la calcination.

Mais tandis que les choſes ſe paſſent ainſi à l'égard du phlogiſtique, l'acide avec lequel il étoit combiné, & qui réſide avec lui dans la ſubſtance, s'attache à la terre qui lui reſte : comme il n'a ni la même ténuité de parties, ni la même volatilité, ſur-tout lorſqu'il eſt ſous forme ſolide dans les corps, il ne peut s'en dégager auſſi facilement & au même degré de feu que le phlogiſtique. Loin donc de ſe diſſiper comme lui, il s'y concentre, il y recueille même une partie de l'acide de l'air & du feu qui, prenant la place du phlogiſtique détruit, doit, ainſi qu'il arrive toutes les fois qu'un corps plus peſant vient occuper la place d'un plus léger, augmenter conſidérablement, n'y fût-il qu'en égale quantité, la peſanteur des ſubſtances métalliques calcinées (1). Ainſi la peſanteur extraordinaire de ces chaux métalliques ſe trouve expliquée par l'addition d'un nouvel acide ; & la préſence réelle & conſtante de ce principe dans toutes les chaux produites par la calcination, ſe

---

(1) Il ſeroit, je crois, difficile d'expliquer l'augmentation de poids que les ſubſtances métalliques acquièrent par la calcination, autrement que par l'addition d'un nouvel acide ſubſtitué au lieu du phlogiſtique ; mais il ſe préſente ici une autre difficulté capable de nous embarraſſer. Les pierres, en ſe calcinant, perdent près de moitié de leur poids, tandis que les métaux augmentent de 10, 20 ou 30 livres & plus par quintal ; & cette différence d'effets ſemble fournir une objection contre l'explication que nous venons de donner : cependant, avec un peu d'attention, il eſt aiſé d'y ſatisfaire ; & l'on ſent que les pierres doivent perdre, par la calcination, beaucoup plus que les ſubſtances métalliques : car, outre le phlogiſtique qui peut s'y rencontrer, elles contiennent une grande quantité d'eau qui s'évapore par l'action du feu. Or l'acide de l'air & du feu ne peut, d'aucune manière, compenſer par ſon poids la diminution que ces pierres éprouvent par la perte de cette matière peſante, d'autant plus qu'en pénétrant ces pierres, l'acide igné doit, avec le phlogiſtique qu'il y porte & l'eau qu'il y rencontre, former de l'air, & qu'il peut de la ſorte ſe diſſiper à meſure ſous forme aérienne. Ainſi les chaux pierreuſes, réduites par la calcination au ſeul acide qui ſe trouve contenu dans les pierres, doivent, loin d'augmenter en peſanteur comme les chaux métalliques, perdre dans cette occaſion une partie conſidérable de leur poids.

prouve, 1°. par la caufticité de ces fubftances, & par les propriétés brûlantes des fels qui proviennent de leur mélange avec les alkalis fixes ; 2°. par l'avidité avec laquelle cet acide s'empare de l'humidité de l'air, & par la chaleur qu'il produit, lorfqu'en l'éteignant dans l'eau on lui reftitue le principe dont on l'avoit dépouillé.

J'ai dit que les fubftances métalliques recueilloient, en fe calcinant, une partie de l'acide de l'air & du feu qui les pénètre, & que de-là provenoit la pefanteur des chaux qui en réfultent : je pourrois même ajouter que c'eft à cet acide volatil, peu adhérent aux fubftances, & toujours difpofé à s'en dégager, qu'il faut attribuer encore ces émanations méphitiques, autrement dites gazeufes, qui s'annoncent fur-tout dans la réduction de ces chaux. Mais il ne faut pas croire ici que cet acide de l'air & du feu fe dépofe en totalité dans ces fubftances (1), ni qu'il compofe lui feul

(1) Si l'on place une chandelle fous le récipient d'une machine pneumatique, elle s'éteint après avoir confommé l'air qui y étoit contenu, c'eft-à-dire, tout le principe inflammable de cet air ; & quoique le vide s'y forme alors, il refte dans le récipient un fluide fubtil, ayant tous les caractères méphitiques, précipitant l'eau de chaux, éteignant la flamme d'une bougie, & faifant mourir les animaux. Or ce fluide n'eft autre que l'acide même de l'air ; & cette partie reftante de fes principes décompofés, nous donne tout lieu de préfumer que cet acide n'eft jamais to-

celui qui réſide dans les chaux obtenues par la calcination : il s'enſuivroit que plus on auroit augmenté le feu, plus cet acide s'y trouveroit accumulé ; & l'expérience y eſt contraire. Ce qui prouve même que l'acide exiſtant dans les chaux métalliques & autres, appartient originairement, au moins en grande partie, aux matières dont elles proviennent, c'eſt qu'en pouſſant extraordinairement la calcination, on peut à la fin dépouiller ces matières de cet acide fixe qui leur eſt inhérent ; & l'on n'obtient alors que des chaux abſolues, privées de tout acide, & réduites à l'état de terre abſorbante. L'on peut donc, en y employant le degré de feu néceſſaire, volatiliſer à ſon tour ce principe tenace ; & comme les chaux pierreuſes perdent de même que les autres, par l'augmentation du feu, leur force & leur vertu, il s'enſuit que l'acide qu'elles retiennent lorſqu'elles ſont moins brûlées, ne peut, loin d'être un dépôt du feu, provenir que des pierres même qui, comme les métaux, poſſèdent un acide qui leur eſt propre. Dès-lors nous pouvons regarder l'acide comme un principe de feu généralement répandu dans les ſubſtances ; & nous voyons par-là qu'elles peuvent toutes, ſi l'on en excepte l'eau qui par-tout empêche ou retarde la combuſtion des corps, de-

---

talement détruit par le feu, ou abſorbé par les ſubſtances calcinées.

venir la matière même du feu : ainsi les pierres qui restoient froides, étant pénétrées d'eau, deviennent des chaux brûlantes sitôt qu'elles en sont privées.

De la Réduction des Substances.

Il n'est besoin que d'observer ce qui se passe dans la réduction des chaux métalliques, pour se convaincre de ce que nous venons de dire à leur égard. La preuve que ces substances ne perdent réellement par la calcination, lorsqu'elle n'a pas été poussée trop loin, que le phlogistique qu'elles possèdent, c'est qu'il suffit de leur rendre, n'importe où on le prenne & par quelle voie on y procède, le principe qui leur manque, pour les rétablir à l'instant dans leur état primitif. Ainsi l'on peut revivifier un métal quelconque, en fondant les chaux qui en proviennent avec de la poudre de charbon ; mais comme le principe qui reste à nu dans les chaux métalliques, est d'autant plus porté à se rejoindre au phlogistique qu'il a perdu, il doit, sitôt qu'il le retrouve, le reprendre avec avidité. Alors, vu la tendance réciproque de ces deux principes, & la force avec laquelle ils s'attirent, l'acide volatil surabondant qui, pendant la calcination, s'étoit joint à l'un d'eux dans l'absence de l'autre, se trouve rejeté & forcé de s'écarter, comme le seroit tout être placé entre deux corps qui ſe précipitent l'un vers l'autre pour s'attacher enſemble; & de-là proviennent, comme nous l'avons dit plus haut, ces émanations méphitiques qui s'annoncent toujours dans ces changemens ou renouvellemens de combinaiſons.

Quoiqu'on ne puiſſe, dans la réduction des ſubſtances métalliques, s'aſſurer exactement de ce que nous venons de dire, on ne doit cependant pas le regarder comme une ſuppoſition. Ce qui ſe paſſe dans la réduction des chaux calcaires, l'avidité avec laquelle l'acide qui y réſide ſe ſaiſit de l'eau qu'on lui reſtitue, l'effervefcence, le bouillonnement & la chaleur qui ſe produiſent dans cette occaſion par la réunion de ces deux principes, tout nous autoriſe à croire, & nous prouve d'une manière ſenſible, que les choſes doivent ſe paſſer à peu près de même dans la réduction des chaux métalliques par la réunion de l'acide & du phlogiſtique. Dans le fait, ces deux opérations ſont en rapport; elles tendent au même but, & leurs réſultats ſont les mêmes : il n'y a vraiment de différence qu'entre les principes qui y ſont employés; l'un pour opérer la régénération métallique, & l'autre la régénération pierreuſe. Dans les chaux calcaires, ce n'eſt point le phlogiſtique, mais l'eau ſeule qu'il faut reſtituer à l'acide qui y réſide, parce que c'eſt l'eau qui domine dans les pierres à chaux, c'eſt l'eau qu'on leur enlève par la calcination, c'eſt avec l'eau que l'acide s'y trouve combiné, & c'eſt par elle uniquement qu'on peut les rétablir dans leur premier état, & rendre aux chaux calcaires détrempées, la dureté & la conſiſtance des pierres : ainſi, tandis que les métaux ſe revivifient par le moyen du phlogiſtique, c'eſt par l'eau que ſe régénèrent les pierres gypſeuſes & calcaires.

Tout cela ſert à nous faire connoître la nature même des corps calcinables & réductibles. Dès que l'on connoît les intermèdes qu'il faut employer pour la régénération reſpective de ces corps, on ſait déja quels ſont les principes néceſſaires qui entrent dans leur compoſition ; l'on peut même apprendre par-là quelles ſont les voies que la nature a priſes pour les former. Nous obſerverons donc que c'eſt à l'action des eaux qu'il faut rapporter la formation des gypſes, des marbres, & de toutes les pierres qui ont la propriété diſtinctive de ſe convertir en chaux, parce que l'eau qui s'y trouve eſt vraiment un des principes élémentaires de ces compoſés pierreux, qu'on ne peut leur enlever ſans les détruire, & qu'il faut reſtituer aux chaux qui en ſont privées, lorſqu'on veut les rétablir dans leur état naturel ; & l'on conçoit que ce principe, eſſentiel à la conſtitution de ces pierres, ne peut y avoir été placé par le feu. C'eſt tout le contraire à l'égard des métaux : ici c'eſt à l'action ſeule du feu qu'il faut attribuer la formation de ces ſubſtances, parce que le phlogiſtique qui y réſide, eſt, ainsi que l'eau dans les pierres calcaires, un principe nécessaire dans leur constitution, parce que c'est avec le phlogistique, c'est-à-dire avec la matière même du feu qu'on peut les revivifier; & l'on conçoit pareillement qu'un tel principe ne peut y avoir été déposé par l'eau : ainsi l'on acquiert, par le moyen de la réduction, la preuve des faits observés dans la calcination, & des renseignemens encore sur la formation des substances & la nature de leurs principes.

Du principe de la Cohésion dans les corps.

Une chose à remarquer dans les effets de la calcination, c'est qu'en perdant les matières volatiles qu'ils possèdent, les corps perdent en même temps leur consistance & leur dureté; ils perdent ce principe d'agrégation, ce lien invisible qui tenoit leurs parties unies & rapprochées; & cela n'est point étonnant. Dès qu'on tire d'un composé quelconque un des principes qui s'y trouvent répandus, les parties restantes doivent, à cause des vides qui se forment entre elles, conserver moins d'adhérence & devenir plus friables. D'ailleurs, comme dans la réduction ces parties désunies reprennent, au moyen des matières qu'on leur rend, leur liaison & leur ténacité, tout cela nous donne lieu de croire que le principe de la cohésion des corps est essentiellement attaché aux principes même qu'on leur enlève, & qu'on leur restitue à volonté dans les opérations dont nous venons de parler. Ainsi le phlogistique, sans lequel les substances métalliques restent privées de consistance & de solidité, pourroit être regardé comme le principe naturel de leur cohésion; cependant, si cela étoit, il faudroit, par la même raison, regarder l'eau qui se trouve dans les pierres gypseuses & calcaires, comme le principe de leur cohérence : il existeroit donc dans la Nature deux principes de cohésion différens l'un de l'autre; & cela ne peut être. Ce n'est ainsi, malgré les indications précédentes, ni dans le phlogistique, ni dans l'eau qui se rencontre dans les corps, qu'il faut chercher ce principe; il ne peut d'ailleurs dépendre de l'acide qui réside aussi dans les substances; car la présence de cet acide dans les chaux métalliques & calcaires, n'empêche point que ces matières ne restent sans adhérence & sans ténacité.

Cela étant, à quoi faut-il donc attribuer la cohésion des corps? quel en est le principe? Seroit-ce, comme quelques-uns le prétendent, un effet dépendant de l'attraction universelle? A cet égard je ne doute point que ce principe sur lequel pose le système du monde, n'ait beaucoup de part à ce phénomène; mais il nous faudroit une raison moins abstraite & plus sensible. Je crois, avec M. Brisson, *que l'attraction est un mot plus propre à énoncer des faits, qu'à les expliquer : Hoc nomine phœnomenon, non causam designamus*, dit s'Gravesande (1). En un mot, je regarde l'attraction comme un principe commun, dont, au défaut d'autres moyens, chacun se sert, sans le connoître, pour rendre raison de certains effets que l'on ne comprend pas: quant à moi, voici à quoi se réduit mon sentiment sur cette question.

Je crois, comme je l'ai dit plus haut, que la cohésion des corps ne dépend ni de l'acide, ni du phlogistique, ni de l'eau, & d'aucun élément de la Nature en particulier, mais qu'elle émane de l'affinité ou du degré d'affinité qu'ils ont tous les uns avec les autres; de sorte que par-tout la force d'adhésion doit être relative au degré d'affinité qui se trouve entre les principes dont les corps sont composés (2), ce qui fait que tous les

---

(1) *Voyez* le Dict. de Brisson, art. *Cohésion*.

(2) Ici l'on pourroit m'objecter qu'en donnant l'affinité pour cause de la cohésion des corps au lieu de l'attraction, je m'assimile à ceux qui se servent de ce moyen obscur pour expliquer ce phénomène, & que je ne fais, par ce changement de dénomination, que substituer à une cause peu connue & rejetée pour cette raison, une cause qui ne l'est pas davantage, qui paroit même en quelque sorte dépendante de l'attraction. Cependant je ne crois pas que la chose soit tout-à-fait égale; il y a au moins cette différence entre ces deux principes, que si nous ignorons d'où procède l'affinité, nous en connoissons les effets, nous les voyons

élémens, quoiqu'ils ne puissent, chacun en particulier, être regardés comme le principe unique de la cohésion, peuvent cependant concourir en quelque manière à cet effet général; & par-là nous voyons pourquoi la cohérence établie dans les substances métalliques & les pierres calcaires par la présence du phlogistique & de l'eau, se détruit dans ces composés différens par l'absence de l'un ou de l'autre de ces principes. Ainsi, plus les principes qui entrent dans la composition d'un corps auront de rapport entre eux, & y seront en abondance, plus la force d'adhésion sera considérable, plus il y aura d'adhérence & de ténacité

---

s'opérer sous nos yeux, au lieu que sur le fait de l'attraction, nous n'en jugeons que par estimation & sur des rapports éloignés. L'attraction d'ailleurs ne paroît propre qu'à exprimer la tendance générale que les corps ont les uns vers les autres en raison de leurs masses; elle ne peut satisfaire aux différences que l'on remarque dans cette tendance générale, c'est-à-dire qu'elle n'explique point pourquoi, les corps s'attirant également, les principes de ces corps ne suivent pas la même loi, & varient dans leurs rapports; elle ne nous apprend pas pourquoi les uns se quittent pour s'attacher de préférence à d'autres; & tout cela s'explique par le moyen de l'affinité, qui, par cette raison, me paroît beaucoup plus propre pour énoncer le principe de la cohésion. Quant à la cause dont elle provient elle-même, nous verrons par la suite s'il est possible de la découvrir, ainsi que celle de la dureté & de la pesanteur des corps.

dans

dans les parties du composé; & au contraire, moins ces principes auront de rapport, soit entre eux, soit avec les matières qui s'y trouvent mélangées, plus cette adhérence diminuera, & elle se réduira presque à rien lorsqu'ils n'auront que peu ou point de rapports.

L'on conçoit en effet que si des parties homogènes d'un même principe se réunissent, ou si deux principes de nature différente, mais voisine l'une de l'autre, tels que seroient l'acide & le phlogistique, se rencontrent; l'on conçoit, dis-je, vu la grande affinité qu'il y a entre ces principes, qu'ils doivent alors se pénétrer l'un l'autre, & se lier très-étroitement ensemble; de sorte qu'en se solidifiant & en se fixant dans les corps, ils peuvent non-seulement conserver leur première liaison, mais acquérir par leur fixité même une plus grande adhérence encore, & sont, outre cela, capables en cet état de retenir & d'enlacer entre leurs parties les matières étrangères qui s'y mêlent, de la même manière à peu près que l'eau glacée retient & comprime les corps qui s'y trouvent interposés : par-là s'explique la cohésion des corps; & l'on voit que si elle dépend de l'affinité des principes qui entrent dans leur composition, elle dépend encore du degré de fixité que ces principes peuvent y avoir acquis. Sans cela il seroit difficile d'énoncer pourquoi certains corps ont moins de ténacité que d'autres, quoiqu'ils soient ou de même nature, ou composés des mêmes principes; pourquoi, par exemple, le jeune bois a moins de dureté & de consistance que le bois plus anciennement formé.

D'ailleurs, si, comme il y a lieu de le présumer, la plupart des principes qui constituent les corps ont, avant de devenir solides, existé dans l'état de fluidité; si, par exemple encore, le phlogistique, que nous regardons comme la substance la plus ténue, la plus volatile & la plus expansible, a le pouvoir de se solidifier, & de contribuer, par son union avec les acides, à la solidité des corps, nous devons concevoir que, pour y parvenir, cette substance doit, perdant peu à peu du côté de la volatilité, & acquérant à mesure du côté de la consistance, passer successivement, & d'une manière plus ou moins rapide, par tous les degrés qui séparent ces deux extrêmes; & de-là proviennent, suivant le degré de fixité où se trouvent les principes dont nous parlons, les différences que l'on remarque dans la consistance des corps qui en sont composés; ensorte que les uns ont acquis de la dureté & la plus grande ténacité, tandis que d'autres n'ont encore que de la mollesse & fort peu d'adhérence: ainsi nous voyons les huiles essentielles s'épaissir peu à peu, & passer de la sorte de l'état fluide où elles sont lorsqu'on les retire des substances, à l'état solide & concret.

D'un autre côté, nous devons voir que, si les

ſubſtances métalliques ont plus de dureté & de ténacité qu'aucune autre ſubſtance de la Nature, cela vient uniquement de ce que les principes qui les conſtituent ont la plus-grande affinité, de ce qu'ils s'y trouvent réunis en plus grande quantité & preſque ſans mélange, comme nous le verrons par la ſuite, de ce qu'enfin ils y ſont fixés depuis un très-long temps. Alors, ſi nous conſultons la table des rapports pour connoître les ſubſtances qui ont entre elles le plus d'affinité, nous verrons que les principes de la ténacité métallique ne peuvent être que l'acide & le phlogiſtique ; ainſi la force de cohéſion augmentera par-tout où ces deux principes, pour ainſi dire inſéparables, pourront ſe réunir en plus grande abondance, avec moins de mélange & en proportion plus égale.

Dans les pierres calcaires, le phlogiſtique paroît moins abondant que dans les métaux : alors l'acide qui y réſide ne peut, au défaut de ce principe, exercer ſon affinité qu'avec l'eau ou la terre qu'il y rencontre ; & de-là vient que ces pierres ont moins d'adhérence & de ténacité, parce qu'il y a moins d'affinité entre l'acide & l'eau ou les terres, qu'entre l'acide & le phlogiſtique.

Enfin, ſi les pierres vitrifiables, ou, pour mieux dire, vitrifiées, ont à leur tour plus de ténacité que les pierres calcaires, c'eſt que l'eau en eſt excluе, que le phlogiſtique y eſt plus abondant,

& qu'ainſi ces pierres ſont, quoiqu'on ait peine à le concevoir, d'une nature & d'une formation très-différente; elles n'égalent en ténacité les ſubſtances métalliques, que parce qu'elles poſſèdent à peu près les mêmes principes; cela fait qu'étant frappées, elles font feu avec les métaux; ce qui n'arriveroit point, ſi les principes mêmes du feu n'y réſidoient. Dès-lors il ſe pourroit que ces ſubſtances ne différaſſent réellement entre elles que par la terre qui ſe trouve dans les pierres vitrifiables, mêlée en plus grande abondance avec les autres principes qui s'y rencontrent; & comme cette terre interpoſée eſt vraiment fixe par elle-même, & par conſéquent infuſible, on ſent qu'elle doit, par-tout où elle ſe trouve, s'oppoſer en quelque ſorte à la fuſibilité des corps; qu'ainſi l'acide & le phlogiſtique qui y réſident avec elle, doivent, comme étant originairement volatils, & malgré l'état de fixité où ils ſont réduits, être regardés comme les ſeuls principes qui ſoient non-ſeulement ſuſceptibles de fuſibilité, mais capables encore d'aider, en qualité de fondans, à la fuſion des corps réfractaires; car la fuſion n'eſt autre choſe qu'une eſpèce ou un commencement de volatiliſation, à laquelle les principes vraiment fixes ne peuvent participer.

C'eſt donc à l'acide & au phlogiſtique qui réſident dans les pierres vitrifiables, & que nous avons déja regardé comme la cauſe de leur ténacité ; c'eſt, dis-je, à ces principes volatils fixés, & ſeuls capables de ſe dilater, de ſe liquéfier au feu, que ces pierres doivent encore la propriété d'y devenir fuſibles : cependant, comme ces pierres ſont en même temps plus réfractaires que les métaux, & plus difficiles à fondre, on ſent alors que cette réſiſtance de leur part ne peut venir que de la terre qui s'y trouve réunie avec ces principes, & qui, comme infuſible, eſt capable de les défendre long-temps contre l'action du feu. Forcée enfin de céder à ſa violence, elle les abandonne ; & reſtant alors ſans liaiſon, ſans ſoutien, elle ſe laiſſe entraîner à ſon tour, & elle fond ou paroît fondre pour couler avec eux : cependant cette terre, préſumée fondue, pourroit, dans le fait, n'être ici regardée que comme un corps extrêmement diviſé, lequel ſeroit ſimplement ſuſpendu dans une matière fondue, à peu près comme la terre peut l'être dans un liquide quelconque, ſans qu'elle ſoit pour cela ni volatile, ni liquide, ſans même que le liquide où elle reſte inviſible en paroiſſe ſenſiblement altéré. Il reſte bien des choſes à dire ſur cette matière ; mais c'eſt aſſez pour le préſent ; nous y reviendrons par la ſuite.

Nouvelles Preuves de la présence du Phlogistique dans l'Air.

J'ai à peu près parcouru tous les objets qui pouvoient nous intéresser dans l'histoire de l'air : je ne puis cependant quitter cette matière sans vous parler d'un fait bien singulier, & bien propre en même temps à constater la présence du phlogistique dans ce fluide. Si on place une machine électrique au dessus d'une cuve de bière en fermentation, & qu'ensuite on essaie d'y faire quelques expériences, on voit avec étonnement qu'il ne s'y produit aucun des effets que l'on a coutume d'obtenir, lorsqu'on fait les mêmes expériences dans l'air même : l'on a beau, par le frottement, provoquer le fluide électrique, il ne donne aucune marque de son existence, on n'en peut tirer une étincelle (1) ; ce qui prouve que c'est l'air principalement qui en fournit la matière, que c'est avec le phlogistique de l'air que le fluide électrique se compose ; & nous sommes d'autant plus fondés à le croire, qu'il faut même, pour que les effets de l'électricité deviennent plus sensibles, que l'air soit dépouillé d'humidité, & dans un état de siccité convenable : voici, à ce qu'il me semble, comment

(1) Cette expérience a été faite par M. Sage chez M. de Longchamp.

la chofe peut s'exécuter. Attiré par le jeu de la machine électrique, l'air fe porte vers cet appareil, & fe précipite au centre du mouvement. Là fon phlogiftique, exalté par le frottement, fe détache, & fes parties éparfes fe raffemblent, pour former à part ce fluide volatil pénétrant, qui, s'attachant au conducteur métallique, à caufe des parties fixes de fon efpèce qu'il y rencontre, s'introduit dans ce corps folide comme dans un efpace vide, le parcourt avec une viteffe incroyable dans toute fon étendue, & le remplit de fa fubftance; de-là il fe tranfmet, par une communication rapide, aux corps qui tiennent immédiatement à celui-ci, où, s'échappant en trait de flamme pour aller au devant de ceux qui lui préfentent des principes de même nature, plus ou moins fixés, il va brifant les uns, fondant les autres, & déchirant tous les obftacles qui s'oppofent à la vivacité de fon action : ainfi l'étincelle électrique peut être regardée comme un extrait rapproché du phlogiftique de l'air.

D'ailleurs, fi l'on doutoit du concours de l'air dans cette occafion, & de la part que fon phlogiftique peut avoir au phénomène électrique, l'expérience qui fuit fuffiroit pour nous en convaincre. Si on approche une chandelle de l'appareil, fa flamme, au lieu d'être perpendiculaire, fe dirige latéralement de ce côté-là; & l'on obferve en même temps qu'elle s'affoiblit & diminue peu à peu, parce qu'elle ne trouve plus dans l'air épuisé, le principe qui servoit à son aliment particulier : ainsi l'on pourroit, par le moyen de l'électricité, purger l'air d'un lieu de tout son phlogistique, & former dans ce lieu limité, par la soustraction de ce principe, une espèce de vide, comme on le forme par la soustraction des autres principes de l'air. Enfin, ce qui achève de démontrer la présence du phlogistique dans l'air, & son influence dans les effets de l'électricité, c'est que, sans art, sans appareil, cette électricité s'établit d'elle-même dans l'air, & s'annonce au milieu des nuages par les plus grands effets.

Ainsi tout concourt à nous prouver que l'air est non-seulement composé, mais que les principes constitutifs dominans de ce fluide sont, comme nous l'avons observé, l'acide & le phlogistique; leur présence s'y démontre par-tout, & cette découverte nous a déja procuré bien des avantages. Par-là nous avons expliqué plusieurs phénomènes dont il eût été, sans cette théorie, difficile de donner la solution; par-là nous avons reconnu d'où provenoient les propriétés même de l'air; & c'est encore à l'impression lente, mais continue de ces principes actifs, qu'il faut attribuer les effets de l'air sur les corps qui restent longtemps exposés à son action : alors il n'est plus besoin de recourir à la lime sourde du temps, pour énoncer la cause des altérations insensibles que les solides y éprouvent ; on la trouve dans l'énergie même de ces principes. Ainsi l'on voit pourquoi les corps se dégradent, pourquoi leurs surfaces se ternissent & s'altèrent ; d'où vient que les pierres se rongent, que les métaux se rouillent, que les bois se détruisent. L'air peut donc, par l'action même de ses principes, contribuer à la destruction des corps, & servir en même temps à la formation & au développement de nouveaux êtres, au moyen des principes qu'il leur fournit lui-même.

LETTRE SECONDE.

De la Chaleur, & des Causes qui la produisent.

CONNOISSANT la nature de l'air qui nous environne, sachant quels sont ses principes & d'où proviennent ses propriétés, c'est le lieu d'examiner quel peut être l'effet du soleil sur ce fluide, lorsque ses rayons arrivent dans l'atmosphère, & si les évaporations & émanations de la terre sont dues à son action, ou à celle d'un feu intérieur renfermé dans son sein & répandu dans sa masse; mais considérons auparavant d'où nous vient la chaleur, & quel en est le principe.

La chaleur peut être considérée sous deux points de vue différens, ou comme une matière réelle, ou comme une simple modification de la matière. Sous ce dernier aspect, la chaleur ne paroît avoir d'existence qu'autant qu'elle se rend sensible dans les corps : comme matière, elle y existe indifféremment avec ou sans effet; elle y reste souvent dans l'inertie & sans se faire connoître; elle s'y trouve même quelquefois dans un état de refroidissement qui sembleroit en quelque sorte contradictoire avec l'effet qu'elle a coutume de produire lorsqu'elle est en action. La chaleur sensible pourroit donc n'être regardée que comme un effet de l'action imprimée à la matière même qui la produit, comme un effet dépendant de l'existence de cette matière, sans laquelle il n'auroit jamais lieu, tandis que cette matière de la chaleur & du feu existe par elle-même sans chaleur actuelle & sans feu. Ainsi les corps s'échauffent, ou par l'introduction subite des principes de cette matière qui du dehors les attaque & les pénètre, ou par le développement de celle qui réside en eux, qui y reste dans l'inertie, & qui se met en action à l'occasion du mouvement qui s'y excite ou qu'on leur donne. Jusqu'à présent on n'a guère envisagé la chaleur que comme une modification passagère, comme une qualité fugace que les corps peuvent indifféremment acquérir ou perdre : cependant l'on auroit pu s'appercevoir qu'en les pénétrant, la chaleur le plus souvent y laisse ou leur enlève quelque chose; qu'ainsi elle est non-seulement causée, mais toujours portée par un principe matériel qui l'accompagne. Quant à nous, il nous paroît d'autant plus nécessaire de distinguer ici cette chaleur sensible, de la chaleur obscure ou de la matière de la chaleur, qu'il seroit sans cela difficile d'entendre ce que nous avons à dire, tant à cet égard, qu'au sujet du feu dont nous devons nous entretenir par la suite : cette distinction d'ailleurs est infiniment propre à dissiper l'obscurité qui reste répandue sur cette question; & c'est faute peut-être d'avoir suivi cette méthode, que nos connoissances sont encore si bornées sur cet objet. Au surplus, l'on peut ici, si l'on veut y faire attention, se convaincre par le fait même, que la chaleur sensible ne se produit jamais dans les corps que par le développement de cette matière du feu, seule capable de la produire.

Tout le monde sait que le soleil a, soit par lui-même, soit par le moyen de quelque intermède, la propriété d'éclairer, d'échauffer & de brûler.

L'on sait également que l'homme a pu, sans le secours du Ciel, se procurer du feu par le frottement seul de quelques substances.

Mais, indépendamment de ces deux moyens, il en est un troisième capable également de produire de la chaleur; & ce moyen est dû aux acides retirés des substances minérales & arrachées au sein de la terre. Si on mêle ensemble, en égale quantité, de l'eau & de l'acide vitriolique, on obtient à l'instant une chaleur fort au dessus de celle de l'eau bouillante, & sans ébullition (1); on rend même les huiles inflammables par le seul intermède des acides vitriolique & nitreux concentrés.

Je n'examinerai point s'il existe d'autres sources de chaleur : il peut sans doute s'en trouver; mais,

(1) De-là vient l'inflammation des pyrites, lorsque l'eau peut pénétrer jusqu'à l'acide qui s'y trouve contenu; & de l'inflammation des pyrites, les volcans.

de quelque part que cette chaleur nous vienne, le principe qui la produit ne peut être qu'un ; & c'eſt ce principe qu'il faut chercher. Quel eſt-il? Eſt-ce le mouvement? eſt-ce le ſoleil, ou le frottement qu'éprouvent ſes rayons en paſſant dans l'atmoſphère? Voilà ce que nous allons examiner.

Il n'y a point, dit M. de l'Iſle, *de chaleur ſans mouvement, & de mouvement ſans chaleur : donc la chaleur eſt produite par le mouvement*, &c. Non, la conſéquence eſt fautive ; car, pouvant tirer des mêmes prémiſſes une concluſion toute oppoſée, il y a néceſſairement un défaut de logique dans ce raiſonnement. Ce principe d'ailleurs me paroît trop général ; car, qu'eſt-ce que le mouvement? Ce n'eſt point une ſubſtance ; il ne peut, à l'inſtar de la chaleur, être regardé comme matière, mais ſimplement comme un mode de la matière ; &, comme tel, il ne peut être cenſé le principe de quelque choſe. Il peut, j'en conviens, & comme le dit M. de Buffon, *par le frottement des matières ſolides en ſens contraire*, développer en elles le feu ou la matière du feu qu'elles contiennent, & devenir ainſi l'occaſion, plus que la cauſe, de la chaleur qui en réſulte. Mais, pour cet effet, il faut des matières ſolides, il faut un frottement en ſens contraire ; & tout cela ne préſente qu'une exception dans une loi qui doit être générale. En effet, dans d'autres circonſtances, le mouvement ne produit aucune chaleur, même il produit du froid, ainsi qu'on le remarque dans la dissolution des sels : l'air, forcé de passer par un détroit quelconque, y devient plus froid ou moins chaud (1); Mais, si cela est, le mouvement n'a donc point un effet égal; cet effet dépend donc de l'existence & de la quantité des principes ignés qui se trouvent dans les corps; les corps en sont donc plus ou moins pourvus; & s'il s'en rencontroit qui ne possédassent aucun de ces principes, jamais l'un de ces corps ne pourroit s'échauffer aux dépens de l'autre, jamais le mouvement, quel qu'il soit, ne pourroit par lui-même produire entre eux le moindre degré de chaleur : le mouvement ne peut donc être regardé comme la cause première de la chaleur, mais simplement comme une cause occasionnelle & simultanée : cette cause première existe dans les corps mêmes, & le mouvement ne fait que la tirer de son obscurité. En vain dira-t-on, d'après M. Marat, que c'est le mouvement du fluide igné, & non la présence de ce fluide, qui produit la chaleur & le feu : mais si ce fluide n'existoit point, il n'y auroit point de mouvement; & sans la présence de ce

---

(1) A cela M. de l'Isle répond, *que par mouvement il entend le corps en mouvement, puisque le mouvement suppose nécessairement des corps qui le reçoivent & qui le communiquent; mais que s'il est des circonstances où le mouvement produit du froid, loin de produire aucune chaleur, c'est que cette chaleur est positive ou négative; positive, si le corps en mouvement porte ou met en expansion le fluide igné dans le corps qu'il frappe; négative, si le corps en mouvement s'empare de la chaleur du corps avec lequel il est en contact : alors celui-ci se refroidit de la quantité dont l'autre s'échauffe; & c'est la raison pour laquelle le mouvement refroidit quelquefois.*

& laiſſant à part d'autres faits que je pourrai citer par la ſuite, l'air même de notre atmoſphère n'imprimeroit, en vertu de ſon mouvement, qu'un froid exceſſif ſur la ſurface du globe que nous habitons, ſans les modifications qu'il eſt ſuſceptible

---

fluide dans les corps, il n'y auroit, malgré le mouvement, ni chaleur, ni feu : le mouvement n'eſt donc qu'une modification dépendante de l'exiſtence de la choſe. D'ailleurs le mouvement étant, ſuivant le ſyſtême de M. de l'Iſle, fait pour produire de la chaleur, *puiſqu'il n'y a point de mouvement ſans chaleur*, comment ſe pourroit-il *qu'il refroidiſſe quelquefois?* S'il n'y a, à ſon occaſion, aucune augmentation dans la ſomme de la chaleur que les corps poſſèdent, au moins ne devroit-il pas y avoir de diminution; au moins cette ſomme de chaleur, partagée entre deux corps, devroit être égale à celle qui exiſtoit dans l'un d'eux; & dans ce cas encore, le mouvement n'y auroit rien ajouté de lui-même. Mais ſi, loin d'y ajouter, le mouvement occaſionne de la diminution dans cette quantité donnée de chaleur, alors il n'a plus ſon effet; la diſtinction de M. de l'Iſle devient nulle; & jamais l'on ne pourra, par ſon moyen, expliquer le froid exceſſif qui ſe produit par la rencontre ou le mélange de deux ſubſtances, telles que l'acide nitreux & la glace, qui, priſes ſéparément, ſont beaucoup moins froides que le mélange qui réſulte de leur union. Cependant ſi la chaleur étoit, comme on le ſuppoſe, un effet néceſſaire du mouvement, le froid de ces ſubſtances, loin d'être augmenté, devroit être diminué par l'effet même du mouvement, à moins que l'on ne prétende ici que le mouvement eſt également capable de produire le froid & le chaud.

de recevoir de différentes causes étrangères. Si le mouvement étoit capable de produire la chaleur, l'effet qui en proviendroit seroit toujours relatif à sa cause : or nous voyons souvent que le plus grand mouvement ne produit que peu ou point d'effet, tandis qu'en d'autres circonstances le moindre mouvement suffit pour développer la plus vive chaleur: nous ne pouvons dès-lors accorder au mouvement le droit d'engendrer la chaleur. Non, c'est dans les particules élémentaires du feu, c'est dans la matière seule de cet élément actif qu'il faut en chercher le principe; & c'est dans l'expansibilité même de cette matière que nous trouverons la vraie cause du mouvement : ce sont ces particules de feu répandues par-tout, qui, tantôt d'une manière rapide & sensible, & tantôt sourdement, travaillent, soit au dehors, soit dans les profondeurs de la terre, à la formation, à la destruction & au renouvellement des êtres de la Nature.

Ignis ubique latet, naturam amplectitur omnem :
Cuncta parit, renovat, dividit, urit, alit.

Voilà l'unique cause physique du mouvement, celle qui peut seule, sans le concours d'aucune autre, rendre le mouvement même coéternel à la matière. Je m'explique. En me servant ici, comme ci-devant, du terme d'éternel, je n'entends autre chose, par ce mot, qu'une existence de même date ; & c'est cette coexistence du mouvement

&

& de la chaleur, qui, nous faisant prendre l'effet pour la cause, nous a plus d'une fois induits en erreur.

Le mouvement ne pouvant donc, vu l'inégalité de ses effets, être regardé comme le principe primitif de la chaleur, voyons si elle provient de l'action directe du soleil.

M. le Comte de Buffon dit dans son Introduction à la Minéralogie, que les rayons solaires, brûlans au sortir de leur foyer, ont, en arrivant dans l'atmosphère, perdu presque toute leur chaleur (1), & qu'ils ont besoin de s'y réchauffer, pour pouvoir à leur tour échauffer la terre.

M. Marat estime que le fluide igné, principe de toute chaleur, n'existe point dans les rayons solaires; qu'ainsi ces rayons ne peuvent, même après leur passage dans l'atmosphère, produire de la chaleur, qu'autant qu'ils excitent dans les corps le mouvement du fluide igné qui y est contenu (2).

---

(1) La chaleur de ces rayons est, lorsqu'ils arrivent, plus de deux mille cinq cents millions de fois plus foible qu'au sortir du soleil. *Buffon*, *Introd. à l'Hist. des Minéraux.*

(2) Quoique je réclame ici l'autorité de M. Marat, pour constater le refroidissement des rayons solaires, je ne suis cependant pas de son avis sur tout ce qu'il dit à cet égard. Je rends, plus que personne, hommage à ses expériences

Je ne pense pas, dit M. Senebier, que la lumière du soleil soit chaude par elle-même;

& à ses idées ingénieuses sur le fait de la lumière & du feu; j'admets volontiers avec lui, que *le feu ne soit qu'une modification d'un fluide ou d'une matière particulière*, *de même que le coloris n'est qu'une modification de la lumière que les corps réfléchissent.* J'accorde que ce fluide forme une matière à part & différente de celle de la lumière, quoiqu'elles soient l'une & l'autre constamment réunies dans le feu; je crois que ce fluide est par-tout le principe de la chaleur, qu'il se trouve plus ou moins dans tous les corps, qu'il passe aisément de l'un à l'autre, qu'il étend au loin sa sphère d'activité, qu'il est mobile, expansible, compressible, d'une grande ténuité, & en même temps doué de pesanteur & susceptible de solidité. Mais en admettant ces principes, je ne puis admettre toutes les conséquences que l'Auteur en a tirées, & notamment celle qui regarde les rayons solaires. Il paroît étonnant qu'après avoir supposé le fluide igné existant dans tous les corps, il l'exclue de ces rayons, où cette matière doit au contraire se trouver réunie en plus grande abondance avec celle de la lumière; car, étant émanés du feu, ces rayons ne semblent eux-mêmes qu'un effleuve combiné de ces deux matières. Je ne puis donc admettre que leur effet sur les corps soit borné à développer en eux le fluide igné qu'ils contiennent, & qu'ils ne puissent, ainsi que le font les effleuves du feu, pénétrer les corps, & réchauffer de leur propre substance ceux dans lesquels le fluide igné, ou la matière qui le représente, se trouveroit plus rare & moins abondante. Je crois que M. Marat n'est tombé dans cette espèce d'inconséquence, que parce qu'il n'a envisagé sa matière que sous un point de vue & dans un seul état; & c'est de-là que

quelques expériences me font croire qu'elle n'occasionne de la chaleur qu'en se combinant avec les corps qu'elle frappe.

---

proviennent en grande partie tous les points qui nous divisent. En admettant, comme lui, l'existence de cette matière particulière, je l'envisage sous différents états : dans le soleil, ainsi que dans le feu, je la vois brûlante & fluide ; dans les rayons solaires elle est fluide, & plus ou moins chaude, suivant la distance où ils sont du foyer d'où ils sont partis ; dans l'air elle est fluide & froide ; dans les corps enfin, elle n'est plus ni chaude ni fluide, elle est fixe & froide, & malgré cela susceptible de reprendre de la chaleur & de la fluidité, lorsqu'elle sera en contact avec un corps échauffé. Mais avant d'arriver à cet état de fixité & de solidité dans les corps, elle a dû passer par toutes les nuances qui séparent cet état de celui de la volatilité; & de-là vient qu'il y a des corps où cette matière peut plus aisément entrer en expansion que dans d'autres, parce qu'elle n'y est pas encore parvenue au dernier degré de fixité ; de sorte qu'indépendamment des parties ignées qui sont fixées dans les corps, il doit s'en trouver d'autres, sur-tout dans les corps organisés qui restant dans un état moyen de fluidité, peuvent encore y circuler, & y entretenir par-là la chaleur & le mouvement. Enfin, si l'air devient un aliment nécessaire du feu, c'est non-seulement parce que cette matière y est contenue, mais encore parce qu'elle y est dans un état convenable de fluidité & d'expansion, qui fait qu'elle n'a besoin que du moindre contact de la chaleur pour se réchauffer elle-même, & qu'elle est ainsi infiniment plus propre & plus disposée à mettre en expansion comme elle

L'admiſſion d'une chaleur propre & primitive, d'une chaleur eſſentielle du ſoleil, n'eſt, ſuivant M. le baron de Marivetz, qu'une pure ſuppoſition, une ſuppoſition abſolument précaire, & d'autant plus à rejeter, que ne pouvant être ni vérifiée ni démontrée par des obſervations & par des preuves directes, elle pourroit influer longtemps ſur nos idées phyſiques.

Les rayons du ſoleil, dit M. Wallerius, n'ont

---

les parties fixes du fluide igné contenu dans les corps. Auſſi je ſuis très-perſuadé que c'eſt, ſinon à l'air, au moins à cette matière fluide particulière qui ſe trouve dans l'air, & qui s'en ſépare à l'approche du feu ou des corps échauffés, qu'il faut rapporter tous ces effleuves, ces flots de fluide igné qui enveloppent les corps, & qui s'annoncent dans toutes les expériences de M. Marat. Ainſi, l'air déja jugé capable de fournir de la matière au fluide électrique, paroît encore ſe dépouiller ici de quelque autre principe pour en former ce fluide ambiant que M. Marat eſtime être très-différent du fluide électrique. Mais quel ſera, parmi ceux que nous avons reconnus, cet autre principe de l'air, différent du phlogiſtique, & jugé moins expanſible, moins ténu, & plus peſant que cette matière lumineuſe & inflammable dont ſe compoſe à part le fluide électrique ? quel ſera, dis-je, ce principe de l'air capable de ſe transformer ici en matière de chaleur, & de conſtituer le fluide igné dont il s'agit ? En attendant que je puiſſe m'expliquer ſur ce point, je le laiſſe à deviner au lecteur.

ni feu ni chaleur ; & ce n'eſt ni dans le ſoleil ni dans ſes rayons qu'on doit rechercher les principes matériels de la chaleur & du feu, qui peuvent être excités par l'action des rayons ſolaires ſur les corps ſublunaires & notre atmoſphère (1).

En obſervant les neiges & les glaces des hautes montagnes, je me ſuis, dit M. de Luc, per-

(1) Il y a vraiment lieu de s'étonner que des Phyſiciens éclairés puiſſent s'expliquer de la ſorte. Faut-il donc d'autre preuve de la chaleur réelle du ſoleil, que celle du feu que l'on produit en raſſemblant ſes rayons ? Comment ces rayons réunis pourroient-ils par eux-mêmes pénétrer les corps les plus durs, & les réduire en cendres, s'ils n'y portoient la matière même du feu dont ils ſont chargés ? Et cette matière, où l'auroient-ils priſe, ſi ce n'eſt dans le ſoleil dont ils ſont émanés ? Pour moi, je l'avoue, je ne conçois pas quelle peut-être, ſans cela, l'action des rayons du ſoleil ſur les corps ſublunaires ; & je conçois encore moins comment cette action, cenſée nulle au-deſſus de l'atmoſphère, pourroit avoir à quelques cents toiſes de-là autant d'effet ſur eux. Enfin, il me paroît démontré que c'eſt au refroidiſſement ſeul & non à l'abſence de cette matière du feu dans les rayons ſolaires, qu'il faut attribuer le peu d'effet qu'ils annoncent en arrivant dans l'atmoſphère ; & qu'ainſi, c'eſt au pouvoir qu'elle a de s'y réchauffer promptement, que l'on doit rapporter la chaleur qu'ils répandent enſuite ſur la ſurface du globe. Au reſte, l'on doit bien penſer que je n'ai ici raſſemblé cette foule d'autorités que pour conſtater le refroidiſſement réel de cette matière, & qu'à cela ſeul ſe réduit l'uſage que j'en veux faire.

ſuadé, autant que d'aucun autre point de phyſique ſpéculative, que les rayons du ſoleil ne ſont point chauds, & qu'ils ne ſont cauſe de chaleur que par leur pouvoir de mettre en action une cauſe (*le fluide igné*) réſidante dans notre globe & ſon atmoſphère, & qui eſt ainſi la cauſe immédiate de la chaleur (1).

---

(1) Mais puiſque la cauſe immédiate de la chaleur réſide dans notre globe, pourquoi donc en rapporter tout l'effet au ſoleil? C'eſt cependant après avoir prouvé ſur les autorités ci-deſſus, ou que cet aſtre ne poſſède aucune chaleur par lui-même, ou que ſes rayons n'en apportent aucune en arrivant dans l'atmoſphère, que M. de l'Iſle leur accorde le droit excluſif de produire la chaleur qui ſe trouve répandue ſur la ſurface du globe. Mais comment entend-il donc que cela puiſſe ſe faire? Eſt-ce par l'action ſeule, c'eſt-à-dire par la preſſion & le frottement de ces rayons, ou par la matière qu'ils contiennent, que l'effet ſe produit? Si c'eſt par leur action, cette cauſe, plus ſuppoſée que démontrée, eſt-elle vraiment en rapport avec l'effet étonnant qu'on lui attribue? L'on a peine à concevoir que le fluide ſolaire puiſſe, abſtraction faite de la matière qui y réſide, produire par le choc & le frottement ſeul de ſes parties un effet bien conſidérable, & qu'il ſoit par là, plus que le fluide de l'air agité par des vents contraires, capable d'engendrer de la chaleur. Si c'eſt au contraire par la matière même des rayons ſolaires que l'effet ſe produit, ce qui eſt mille fois plus probable, pourquoi, puiſque cette matière réſide également dans le globe, la terre n'auroit-elle pas de même le pouvoir de produire de la chaleur? Pourquoi, dès qu'elle en poſsède le principe, n'auroit-

Enfin, M. de l'Isle lui-même, en assurant que *la chaleur n'est produite que par le choc & la résistance qu'éprouvent les rayons solaires contre les parties grossières de notre atmosphère*, semble reconnoître que ces rayons n'ont réellement, en y arrivant, aucune chaleur, & ne produisent d'autre effet que celui que produiroit un corps froid frotté contre un autre.

Il paroît donc avoué, & accordé par tous les Physiciens, que les rayons solaires n'ont, en arrivant sur les confins de la terre, que très-peu ou point du tout de chaleur; & dans le fait, quand on n'en conviendroit pas, ce qui s'observe sur les hautes montagnes les plus méridionales & les plus voisines du soleil, le froid qu'on y éprouve, les neiges dont elles sont couvertes, suffiroient pour nous en convaincre (1).

elle pas une chaleur à elle, provenante d'elle, & absolument indépendante de celle du soleil? La Nature n'auroit-elle donc qu'un seul moyen pour développer les principes de feu que la terre contient? Ne seroit-ce enfin que par le contact seul & la pression des rayons solaires sur les corps, qu'elle pourroit y parvenir? Non. Quel qu'en soit le produit, ce moyen ne peut répondre à toute la chaleur qui se trouve répandue sur la terre; non, il n'est pas le seul auquel la Nature soit réduite : il seroit, j'ose le le dire, absurde de le supposer.

(1) Les montagnes d'Amérique sont beaucoup plus hautes que celles des autres divisions du globe; la plaine

La chaleur imprimée à la surface du globe, n'est donc point le produit de l'action directe du

---

même de Quito, qui peut être regardée comme la base des Andes, est plus élevée au dessus du niveau de la mer, que le sommet des Pyrénées. Cette chaîne étonnante des Andes, non moins remarquable par son étendue que par sa hauteur, s'élève en différens endroits de plus d'un tiers de leur hauteur au dessus du Pic de Ténériffe, la plus haute montagne de l'ancien hémisphère. C'est des Andes qu'on peut dire à la lettre qu'elles cachent leurs têtes dans les nues. On entend souvent les tempêtes éclater & le tonnerre rouler au dessous de leurs sommets, qui, tout exposés qu'ils sont aux rayons du soleil dans le centre de la Zone Torride, sont couverts de neiges éternelles.

Suivant M. de Cassini, la plus grande hauteur des Pyrénées est de 6646 pieds ; celle du mont Gemmi, dans le canton de Berne, est de 10110 pieds. Le père Feuillé dit que, suivant sa mesure, le Pic de Ténériffe a 13178 pieds de hauteur ; celle du Chimboraco, la partie la plus élevée des Andes, est de 20208 pieds. La seule partie du Chimboraco, qui est toujours couverte de neiges, a 800 toises de hauteur perpendiculaire. *Hist. de l'Amér. de Robertson, Tom. II, pag. 146, & not. 27.*

La hauteur à laquelle les vapeurs se glacent est d'environ 2400 toises sous la Zone Torride, & en France de 1500 toises de hauteur. (*Elle doit ainsi aller en diminuant à mesure qu'on approche des Pôles.*) Les cîmes des hautes montagnes surpassent quelquefois cette ligne de 8 à 900 toises, & toute cette hauteur est couverte de neiges qui ne fondent jamais. Les nuages qui s'élèvent le plus haut

ſoleil ; & conſéquemment les rayons qui nous l'apportent ont dû l'acquérir en paſſant dans l'atmoſphère ; mais comment cela ſe peut-il faire ? eſt-ce par le frottement & la réſiſtance qu'ils éprouvent dans leur paſſage avec les parties denſes de l'air ?

M. le comte de Buffon l'a dit, & je veux le croire avec la ſoumiſſion & le reſpect que je dois aux idées ſublimes de ce nouvel Ariſtote ; cependant cette raiſon eſt ſi abſtraite, ſi ſubtile, ſi peu

---

ne les ſurpaſſent enſuite que de 3 à 400 toiſes, & n'excèdent par conſéquent le niveau de la mer que d'environ 3600 toiſes. Ainſi, s'il y avoit des montagnes plus hautes encore, on leur verroit ſous la Zone Torride une ceinture de neige à 2400 toiſes au deſſus de la mer, qui finiroit à 3500 ou 3600 toiſes, non par la ceſſation du froid, qui devient toujours plus vif à meſure qu'on s'élève, mais parce que les vapeurs n'iroient pas plus haut. *Buffon, Epoques de la Nature, pag. 303.*

Dans une montagne du Pérou, où l'on tire le vif-argent, à 13 ou 14 degrés de latitude, le mercure ſe ſoutient, à l'endroit où des coquilles furent trouvées, à 17 pouces 1 ligne $\frac{1}{4}$, ce qui répond à 2222 toiſes $\frac{1}{3}$ de hauteur au deſſus du niveau de la mer. Au plus haut de la montagne, qui n'eſt pas à beaucoup près la plus élevée de ce canton, le mercure ſe ſoutient à 16 pouces 6 lignes, ce qui répond à 2337 toiſes. A la ville d'Ouanca-Vélica le mercure ſe ſoutient à 18 pouces 1 ligne $\frac{1}{2}$, qui répondent à 1947 toiſes. Enfin, ſur le Chimboraco, le mercure doit au moins deſcendre à 15 pouces.

ſenſible pour moi, que je ſerois tenté de penſer qu'elle n'eſt admiſe qu'en attendant mieux. Il ſemble vraiment que, pour favoriſer cette théorie, on ait affecté d'oublier que les fluides ne ſont pas exactement ſoumis aux lois qui ſont faites pour les ſolides. Enfin, je ne puis concevoir que les rayons ſolaires, partant d'un braſier enflammé comme une maſſe de lumière propre à remplir l'eſpace, aient, malgré l'accélération de leur marche, leur projection continue, leur rapprochement extrême, pu perdre, avec tant de moyens de la conſerver, leur chaleur originelle, & qu'ils puiſſent, par le frottement ſeul, en reprendre une nouvelle dans le court trajet de l'atmoſphère (1). Conſidérez qu'ils y arrivent en

---

(1) La diſtance du ſoleil à la terre eſt de 33 millions de lieues, & ſes rayons franchiſſent cet eſpace en 7 minutes $\frac{1}{2}$. La célérité de cette marche me rappelle la promptitude avec laquelle le fluide électrique attaque à-la-fois, au moyen d'un conducteur qui le guide, pluſieurs objets aſſez diſtans l'un de l'autre; promptitude telle que l'œil ne peut appercevoir par où l'effet a commencé. Il n'y a perſonne qui ne ſoit étonné de ce phénomène; mais l'on doit voir qu'il eſt en rapport avec celui que nous offre la lumière dans la rapidité de ſa marche, & qu'ainſi le temps qu'il faut au fluide électrique, pour parcourir un eſpace borné, doit être inappréciable, relativement au peu de temps qu'il faut aux rayons ſolaires pour franchir 33 millions de lieues. Si l'on vouloit ſoumettre ce rapport

colonne, & que le paſſage une fois frayé par les premières particules, celles qui ſuccèdent doivent trouver moins d'embarras dans la route. D'ailleurs les parties aqueuſes dont l'air eſt toujours chargé, ſont plus propres à les refroidir par leur approche, qu'à les réchauffer par le frottement. Enfin, les temps où la chaleur ſe fait le plus ſentir, ſont préciſément ceux où l'air eſt plus raréfié ; ainſi la réſiſtance étant plus foible, la chaleur devroit être moins grande, ſi elle étoit due au frottement des rayons ſolaires entre les molécules de l'atmoſphère.

Dira-t-on, lorſqu'on verſe de l'acide vitriolique ſur de l'eau, que le frottement réciproque de leurs molécules ſoit la cauſe de la chaleur vive qui réſulte de ce mélange ? Non ſans doute, ou l'aſſertion ſeroit haſardée ; car, ſi cela étoit, pourquoi le frottement ne produiroit-il pas le même effet dans la diſſolution des ſels ammoniacaux (1) ?

Le vaiſſeau qu'on lance à la mer peut, j'en conviens, en s'échappant, & par le frottement

---

au calcul, le produit ſeroit à peu près zéro ; on peut par conſéquent mettre ce produit au rang des incommenſubles.

(1) Un mélange, en volume égal, d'huile de vitriol & d'eau, produit une chaleur capable de faire monter le thermomètre à 105 degrés de Réaumur. Le ſel ammoniac refroidit l'eau de 9 degrés. La différence eſt de 114 degrés.

ſeul, prendre feu, & brûler en même temps le chantier qui le portoit ; mais, arrivé ſur cet élément fluide, il y perd auſſitôt la chaleur qu'il avoit acquiſe ; & quel que ſoit ſon volume, quelque viteſſe que les vents puiſſent lui donner enſuite ſur la mer, il n'eſt plus capable d'en recevoir & d'en communiquer par le frottement qu'il éprouve contre les parties de l'eau. Les mers ſont également ſoulevées par les vents, & les flots ſans ceſſe pouſſés & repouſſés contre les rochers & contre eux-mêmes, ſans qu'il réſulte aucune chaleur de cette agitation extrême & long-temps continuée. Un boulet chaſſé dans l'air, retombe par ſon poids ſur la terre ; &, malgré la viteſſe de la chaſſe & de la chute, il ſe refroidit au lieu de s'échauffer. D'où vient cette différence dans les effets du frottement ? C'eſt que les fluides ſemblent par leur nature devoir ſe gliſſer doucement les uns entre les autres, plutôt que de ſe frotter vivement, & s'arranger dans l'eſpace plutôt que de ſe réſiſter. Le frottement n'a donc pas ſur eux le même pouvoir qu'il a ſur les ſolides (1)? Il y a

(1) Et ſi le même effet, dit M. de Buffon, n'arrive pas dans les fluides, c'eſt parce que leurs parties ne ſe touchent pas d'aſſez près pour pouvoir être frottées les unes contre les autres ; & qu'ayant peu d'adhérence entre elles, leur réſiſtance au choc des autres corps eſt trop foible, pour que la chaleur puiſſe naître ou ſe manifeſter

plus : je crois, & en cela je me trouve parfaitement d'accord avec M. Marat, qu'au lieu de rien devoir au frottement, les solides eux-mêmes ne s'échauffent par lui qu'à cause des principes ignés qu'ils possèdent, & qui se développent alors par l'action qu'ils éprouvent ; ensorte que, s'ils en étoient privés, on auroit beau les frotter, il ne s'y produiroit aucune chaleur, & jamais l'on ne parviendroit à les échauffer réellement, qu'en y introduisant ces mêmes principes pris dans le feu ou dans quelque matière étrangère échauffée : de-là vient que l'eau, comme étant moins pourvue de ces principes qu'aucun autre corps, ne peut, dans le fait, s'échauffer autrement que par l'introduction de ceux qu'elle emprunte de la sorte ; de-là vient aussi que les solides, de quelque manière qu'ils s'échauffent, ou par le frottement ou à l'aide du feu, n'acquièrent point le même degré de chaleur. Les uns en prennent plus & les autres moins ; & l'on sent que, la cause étant égale, la différence de l'effet ne peut venir que de la quantité respective des principes de feu que les

---

à un degré sensible ; mais dans ce cas on voit souvent de la lumière produite par le frottement d'un fluide, sans sentir de la chaleur. *Ceci n'arrive que parce que la matière de la lumière qui peut s'y trouver, est beaucoup plus expansible que celle de la chaleur.* Buffon, Introd. à l'Hist. des Minéraux, première Partie, pag. 23.

uns & les autres posſèdent. Si l'on frotte enſemble deux pièces de métal, elles s'échaufferont beaucoup plus & bien plus promptement que ne feroient deux morceaux de bois ou de pierre. Que l'on plonge dans de l'eau bouillante une lame d'acier, d'or ou d'argent, elle s'échauffera en très-peu de temps, au point que l'on auroit peine à la toucher, tandis que le bois ou la pierre n'auront acquis qu'un degré de chaleur médiocre. Les corps ne ſont donc ſuſceptibles de s'échauffer extraordinairement, qu'à cauſe de la matière du feu qu'ils posſèdent, & qui ſe développe en eux pour augmenter l'effet de celle qu'ils reçoivent d'ailleurs : le plus ou moins de chaleur qui ſe manifeſte alors ne provient par conſéquent que de la quantité plus ou moins grande des principes ignés qui réſident dans les ſubſtances. Il s'enſuit de-là que les métaux, comme étant & plus prompts à s'échauffer, & capables d'acquérir un degré de chaleur plus conſidérable, doivent contenir beaucoup plus de principes de feu que le bois & les pierres ; & l'on ne peut pas dire ici que c'eſt parce qu'ils ont plus de parties matérielles qui s'échauffent en même temps, que l'effet ſe produit ; car, étant moins poreux, il ſemble que le feu qui les attaque, doit s'y introduire moins aiſément que dans le bois ou la pierre qu'il pénètre à l'inſtant. L'on peut, en ſuivant l'expérience précédente, juger comparativement de la quantité des principes ignés qui se trouvent dans les différentes substances, & même dans les pierres, qui, suivant leur nature, doivent offrir quelque différence : celles qui, comme les pierres calcaires, recèlent, ainsi que le bois, beaucoup d'eau entre leurs parties, ne peuvent contenir autant de principes de feu que les pierres vitrescibles, & doivent dès-lors s'échauffer beaucoup moins.

Ce n'est donc pas au frottement des rayons solaires contre les parties denses & fluides de l'air, qu'il faut attribuer la chaleur qu'ils nous apportent (1). Cependant il faut une cause à cette chaleur; & si nous rejetons celle qui nous est fournie ou par l'action directe du soleil, ou par le frottement de ses rayons, comment y suppléerons-nous? Comment! Le voici : le moyen s'en présente de lui-même.

Nous avons vu que les corps n'étoient vraiment capables de s'échauffer que par l'action de la matière du feu qui s'y introduit ou qui se développe en eux; & nous ne pouvons douter que

---

(1) Malgré la mobilité & le déplacement facile des molécules fluides de l'air, on ne peut nier qu'il n'y ait quelque frottement; mais comme la résistance est foible, ce frottement est peu considérable, & la petite chaleur qui en doit résulter, supposé même qu'elle ne s'éteigne pas dans les parties aqueuses de l'air, ne peut expliquer l'intensité de celle que nous éprouvons dans la présence des rayons solaires.

cette matière, principe de toute chaleur, ne réside essentiellement dans les rayons solaires ; elle s'y trouve même dans un état préparatoire de division bien propre à faciliter son action. Il n'est donc question que de lui fournir le moyen de se développer : il n'est besoin que de présenter à cette matière, pour ainsi dire engourdie, un principe quelconque capable de la tirer de l'état de condensation & de refroidissement où elle se trouve. En refusant aux rayons solaires, répandus dans le fluide de l'air, le pouvoir de produire de la chaleur par le seul frottement contre ses parties, je n'ai pas prétendu leur refuser celui d'y former des combinaisons avec les parties de ce fluide qui leur conviennent ; & c'est-là, c'est dans les combinaisons qu'ils y forment réellement, que j'espère trouver, non le principe de la chaleur, puisqu'il réside en eux, mais la cause de son développement. Cependant, pour mieux entendre cette théorie, il paroît à propos, avant d'aller plus loin, de dire ici quelque chose des acides : il nous importe d'autant plus de connoître cette substance, qu'elle peut devenir une des causes de l'effet qui nous occupe.

Des Acides.

La substance connue sous le nom d'acide, se distingue par une saveur piquante, & des qualités

qualités qui lui ſont propres, elle eſt ſimple, ſuſceptible d'être combinée, mais jamais d'être composée ni décompoſée (1) : caractère diſtinctif & ſuffiſant pour l'admettre au rang des ſubſtances élémentaires ; & dans le fait, nous ne pouvons guère nous diſpenſer de lui donner une place parmi ces premiers principes de la Nature.

Quoique cette ſubſtance ne s'obtienne ordinairement que ſous forme liquide, & qu'elle ne ſoit le plus ſouvent dans les matières minérales & végétales dont on l'extrait, & où elle ſe trouve fixée & combinée avec d'autres principes, que ſous forme concrète, on ne doit cependant pas croire qu'elle ſoit dans l'un & l'autre cas ſous ſa forme primitive ; & quoiqu'on ne l'ait guère conſidérée juſqu'à préſent que dans ces deux états de concrétion & de liquidité, nous devons la regarder comme étant originairement fluide,

---

(1) On a long-temps penſé que l'acide étoit composé de terre & d'eau ; mais jamais l'on n'a retiré de ce mélange le moindre atôme de cette ſubſtance, à moins qu'elle ne fût déja contenue dans l'une ou l'autre de ces matières. Suivant M. de Buffon, l'eau, la terre, l'air & le feu s'uniſſent pour former les acides & les ſels ; mais la terre ne ſe trouve point dans les acides, l'eau n'y eſt que par adjonction, & pour les rendre liquides ; l'air n'eſt, comme nous l'avons vu, qu'un composé lui-même, où l'acide s'annonce comme un de ſes principes. Il ne reſte donc que le feu où nous puiſſions trouver la ſource des acides.

volatile & expanſible ; c'eſt dans cet état qu'elle exiſte dans le feu, dans les rayons ſolaires, dans l'air, dans les émanations méphitiques ; c'eſt-là qu'elle ſe découvre ſous ſa forme élémentaire : c'eſt-là, c'eſt dans cet état d'expanſion qu'elle nous montre ſa ſimplicité & la ténuité de ſes parties, dont on ne peut juger, lorſqu'elle eſt mêlée & confondue dans les corps avec d'autres principes. Souvent, il eſt vrai, elle ſe trouve dans cet état d'expanſion encore unie au principe inflammable, dont on a peine à la ſéparer ; mais quelquefois auſſi elle y paroît nue & dépouillée de tout principe étranger, & c'eſt alors qu'on reconnoît en elle l'élément de la Nature.

Ce n'eſt point de l'état concret & acquis où nous la voyons, que cette ſubſtance eſt d'abord parvenue à la liquidité, & de-là à la volatilité ; c'eſt au contraire de cet état de volatilité qu'elle avoit originairement, qu'elle eſt, en ſe condenſant, inſenſiblement parvenue à ſe liquéfier & à ſe ſolidifier dans les corps, en ſe combinant avec les baſes fixes qu'elle y trouve ; c'eſt même à cauſe de cette volatilité primitive, qu'elle devient enſuite, à l'aide de la chaleur, capable de ſe ſéparer de ces baſes, pour ſe volatiliſer de nouveau, & reprendre ſon premier état : car les principes vraiment fixes par eux-mêmes, tels que la terre, ne ſe volatiliſent point ; & tandis que l'acide & le phlogiſtique ſe dégagent des corps, cette terre, malgré le feu le plus violent, reſte conſtamment fixe au fond des creuſets où ſe fait cette ſéparation. L'eau pourroit même ici, quant à la fixité, être en quelque ſorte aſſimilée à la terre ; car, quoiqu'elle paroiſſe capable d'une certaine volatilité, on ſent qu'elle n'y eſt point portée par elle-même ; & l'eau, ainſi que les atômes terreſtres, qui peuvent s'élever par l'action du feu, ſemblent ne devoir cette ſublimation qu'aux principes mêmes volatils, c'eſt-à-dire à l'acide & au phlogiſtique, qui ſe trouvent avec eux contenus dans les corps, & qui les enlèvent en ſe volatiliſant ; auſſi voit-on ces ſubſtances retomber enſuite ſur la terre, en raiſon de leur poids, lorſque par la raréfaction de l'air leur ſupport eſt affoibli. Et ſi la terre eſt ſuſceptible de ſe liquéfier au feu, ce qu'on pourroit regarder comme un commencement de volatiliſation, ce n'eſt également, & comme nous l'avons déja vu, qu'à cauſe de ces mêmes principes volatils fixés qui réſident avec elle dans les ſubſtances fuſibles, qu'elle peut, étant alors très-diviſée, ſe joindre à ces matières fondues, ou pour ſe fondre avec elles, ou pour reſter ſimplement interpoſée & ſuſpendue dans ce liquide opaque & brûlant. Auſſi la terre pure ne peut-elle ſe fondre ſans l'addition de ces principes ou des matières qui les contiennent, tandis que la terre des végétaux, & en général celle des ſubſtances où ces principes ſe trouvent, devient fusible sans aucune addition. Nous ne voyons donc dans la Nature que l'acide & le phlogistique qui soient essentiellement & originairement fluides, & qui puissent par cette raison passer alternativement de l'état de volatilité à l'état de solidité, & de l'état de solidité à l'état de volatilité : ainsi, lorsqu'on voit des corps durs & compactes, tels que le diamant, se volatiliser au feu, & s'évaporer en totalité, on doit croire que cela n'arrive que parce qu'ils sont entièrement, ou presque entièrement composés de ces principes volatils fixés, lesquels se trouvent alors réunis en assez grande quantité pour former seuls & par eux-mêmes des masses dures & solides.

Dès que nous regardons l'acide comme un élément, nous devons sentir que ce principe n'est qu'un dans son espèce, de même que le phlogistique n'est qu'un, qu'il ne peut être qu'un, & que partout où il se trouve, & avec quelque matière qu'il soit combiné, c'est toujours le même principe, c'est toujours le même élément qui s'y rencontre. En vain l'on a multiplié le nombre des acides & leurs dénominations ; on voit, malgré ces dénominations, que ces acides doivent tous se rapporter à un point & se confondre, comme les fleuves dans la mer, dans cet acide universel. Ces distinctions ne servent donc qu'à jeter de l'obscurité sur la nature de ce principe. Faites pour énoncer l'espèce de combinaison où il se trouve, elles pourroient quelquefois nous faire regarder ces acides particuliers comme autant de ſubſtances différentes. Le ſeul avantage qu'elles puiſſent nous procurer, c'eſt de nous faire connoître combien ce principe eſt abondant par-tout, & avec quelle profuſion la Nature l'a employé dans tous ſes mélanges, puiſqu'il a fallu recourir à des termes différens pour exprimer l'étonnante variété de ſes combinaiſons ; & c'eſt une raiſon qui doit nous engager encore à le regarder comme un élément. Nous n'admettrons donc qu'un ſeul & unique acide, principe de tous les autres, lequel, ſuivant les baſes qu'il rencontre, la quantité de parties qu'il y dépoſe, la qualité des principes auxquels il s'attache, les degrés de concentration qu'il préſente, l'état d'expanſion ou de fixité auquel il ſe trouve, prend, relativement à toutes ces circonſtances, différens caractères, & donne par-là naiſſance aux différens acides que nous connoiſſons.

Cela poſé, quoique l'acide ne ſoit originairement qu'un, & que cette ſubſtance n'ait pas beſoin d'être diſtinguée par aucune autre dénomination, nous pouvons cependant, pour nous prêter aux acceptions reçues, & ne pas trop nous éloigner d'une méthode généralement adoptée ; nous pouvons, dis-je, regarder ces acides émanés de l'acide univerſel, comme des branches différentes qui partent d'une tige commune, comme des ſubſtances qui, par leur état actuel, & la nature de leurs combinaiſons, ſont vraiment ſuſceptibles de quelque diſtinction entre elles ; ainſi nous pouvons leur laiſſer les dénominations qu'on eſt dans l'uſage de leur donner. Mais quel ſera, parmi les acides connus, cet acide primitif, univerſel, capable de donner naiſſance à tous les autres ? En eſt-il quelqu'un qui ait aſſez conſervé le caractère élémentaire, pour en faire le chef de cette filiation ?

L'acide vitriolique a long-temps joui de cet avantage ; on le voyoit répandu par-tout, on le croyoit exiſtant dans l'air même ; quelques faits ſembloient indiquer que les acides nitreux & marin pouvoient provenir de lui ; &, quel que fût ſon état de concentration, on le jugeoit le plus ſimple des acides : tels étoient, & tels ſont encore, pour obtenir ou conſerver le rang qu'on lui a donné, les titres précaires de cet acide. Mais depuis peu des Chimiſtes éclairés ont cru devoir lui ſubſtituer l'acide phoſphorique, qui, ſe trouvant également répandu dans les trois règnes, & ſe préſentant tantôt dans un état d'expanſion, & tantôt dans un état de fixité, paroît réunir plus complétement les qualités néceſſaires pour devenir le principe générateur des acides. Cependant, quoique l'opinion de ces derniers paroiſſe mieux fondée, il n'y a, malgré cela, d'autre différence entre ceux qui tiennent pour l'acide vitriolique, & ceux qui adoptent l'acide phoſphorique, qu'en ce que, dans le tableau généalogique des acides qu'ils nous présentent, les uns ont pris le dernier point de la ligne pour en faire le premier principe de leur filiation, tandis qu'en partant du point opposé les autres saisissent, pour ainsi dire, l'acide dans son état élémentaire, le suivent dans ses modifications ultérieures, & le font ainsi descendre par degrés insensibles de l'état d'expansion où ils le trouvent, à l'état de fixité que présente l'acide vitriolique : néanmoins, toutes choses égales d'ailleurs, il paroît plus facile par ce dernier moyen, c'est-à-dire en descendant du principe même de la chose, jusqu'à ses produits les plus éloignés, en faisant passer l'acide de la volatilité à la fixité, d'arriver à la connoissance de l'acide primitif, qu'il ne l'est, en suivant la méthode opposée, c'est-à-dire en faisant remonter l'acide de l'état concret à la volatilité. Il étoit par-là d'autant plus difficile de parvenir au but, & d'obtenir une théorie saine au sujet des acides, qu'à peine soupçonnoit-on jusqu'à présent, que cette substance pût exister dans un état d'expansion, & fût présente dans le feu ; aussi ceux qui regardoient l'acide vitriolique comme l'acide universel, n'ont-ils pu nous donner que quelques notions imparfaites sur la formation des acides nitreux & marin. Arrêtés là dans leur marche rétrograde, & ne trouvant plus les traces du principe qui les guidoit, ils n'ont osé ou n'ont pu s'élancer plus loin, pour ſuivre la filiation des acides, tant végétaux que phoſphoriques & autres.

Mais quoique l'acide phoſphorique puiſſe véritablement, & beaucoup mieux que l'acide vitriolique, repréſenter l'acide univerſel, ſur-tout ſi l'on comprend ſous cette dénomination phoſphorique, bornée juſqu'à préſent à énoncer l'acide provenant des matières animales, tout acide capable de produire de la lumière, de la flamme & du feu, lorſqu'il eſt uni au principe inflammable; comme cette dénomination pourroit encore, à cauſe de ſa ſignification particulière, jeter quelque confuſion dans les idées, nous croyons devoir ici ſubſtituer l'acide igné à l'acide phoſphorique; & nous adoptons d'autant plus volontiers cet acide igné pour l'acide univerſel, qu'il y a lieu de croire que l'acide n'eſt lui-même qu'un produit ou un principe du feu. Mais nous prévenons en même temps que c'eſt improprement, & pour nous prêter à un uſage reçu, que nous employons une dénomination particulière pour énoncer une ſubſtance qui, en qualité d'élément, ne peut être déſignée que par une dénomination générique.

Dès que nous prenons l'acide du feu pour le principe primitif des acides, nous ſentons que c'eſt de lui ſeul que tous les autres doivent deſcendre: alors nous ne pouvons regarder ces différens acides que comme des réſultats particuliers de ſes modifications ultérieures, & leurs dénominations comme des termes propres à les énoncer. Le feu eſt donc comme le berceau de l'acide : c'eſt là qu'il ſe montre dans ſa ſimplicité, dans ſa ténuité, dans toute ſon expanſion ; en un mot, dans ſon état élémentaire. C'eſt de-là, c'eſt de ce foyer brûlant, d'où, par une ſuite de ſon expanſion, il part, encore chaud & fluide, pour conſtituer ou l'acide des rayons ſolaires, ou cet acide particulier, que la chaleur porte inviſiblement avec elle dans les corps qu'elle pénètre. De l'acide des rayons ſolaires naît l'acide de l'air, & de ces deux acides, tant de l'air que des rayons ſolaires, ſe forme, par leur introduction dans les ſubſtances vivantes & organiſées, cet acide fluide méphitique qui circule dans leurs veines, s'en exhale ſans ceſſe par la tranſpiration, & ſe diſſipe à leur mort, par la la diſſolution des parties. C'eſt à l'époque préciſe de ſon introduction dans les corps que l'acide commence, en s'uniſſant aux différentes ſubſtances qu'il y rencontre, à ſe modifier d'une manière plus marquée ; ainſi de cet acide volatil méphitique proviennent par la circulation, & les combinaiſons qui ſe forment entre lui, l'eau, le phlogiſtique & les terres, les acides végétaux & animaux ; & par la fixation de ces mêmes acides, ceux qu'on extrait des matières ligneuſes & oſſeuſes conſolidées.

Ainſi déja ſe déduiſent d'un ſeul & unique principe les différens acides, qui ſe tirent tant du règne végétal que du règne animal ; & quant aux acides minéraux, quoiqu'il ſoit moins facile de découvrir comment ils peuvent deſcendre du même principe, nous trouvons cependant, ſoit dans les dégradations que cet acide primitif eſt ſuſceptible d'éprouver pour paſſer de la volatilité à la fixité, ſoit dans les reſtes de volatilité que nous préſentent ces acides minéraux, des renſeignemens capables de nous éclairer ſur leur origine. Auſſi, pour peu qu'on faſſe attention à la qualité des acides nitreux & marin, on ſentira que ces acides doivent, de même que ceux dont nous venons de parler, provenir de quelque acide volatil, & qu'ils ne ſont peut-être encore que des produits de cet acide volatil méphitique, beaucoup plus rapproché, mais non encore fixé ; lequel, ſe combinant avec le phlogiſtique, conſtitue ou l'acide nitreux, ou l'acide marin, ſuivant l'état de putréfaction où ſe trouvent les ſubſtances qui lui fourniſſent ce phlogiſtique, ſuivant même le degré de fixité où ce principe peut ſe trouver ; car il eſt à remarquer que le phlogiſtique eſt, ainſi que l'acide, ſuſceptible de perdre ſa volatilité, & de ſe fixer lui-même dans les corps ; de ſorte que ſans changer de dénomination, il peut offrir les mêmes variétés dans ſes paſſages & dans ſes modifications, ce qui doit produire quelque différence dans les combinaiſons ultérieures qu'il forme avec les acides ; & de-là provient ſans doute celle qui exiſte entre les acides nitreux & marin, avec lesquels ce principe est constamment uni.

Conduits par l'acide méphitique jusqu'aux acides nitreux & marin, nous n'avons de-là qu'un pas à faire pour arriver à l'acide vitriolique, qui, comme le plus fixe des acides, se trouve plus éloigné de son état originel ; mais ici le fil nous échappe, & ce point de correspondance devient pour nous le plus difficile à démontrer dans la filiation des acides. Cependant, quoique nous ne puissions découvrir comment l'acide nitreux ou marin peut se convertir en acide vitriolique, ce qui ne provient peut-être que de la foiblesse de nos lumières & de l'insuffisance de nos recherches ; il ne faut pas croire pour cela que la Nature se soit, dans cette occasion particulière, écartée de son plan, ni qu'elle ait suivi, pour former l'acide vitriolique, une autre marche que celle qu'elle paroît avoir adoptée pour les autres acides : les traces effacées de son passage n'empêchent pas qu'on ne puisse sur ce fait rassembler encore des indices suffisans, pour nous convaincre ici de l'uniformité de ses procédés. D'ailleurs, comme la fixité qui caractérise l'acide vitriolique n'est, à proprement parler, qu'un effet du temps, on sent qu'il doit être plus aisé de rendre de la volatilité à un acide fixe, pour le faire retourner à l'état dont il est descendu, que de donner à un acide volatil quelconque une fixité anticipée, pour le faire prématurément descendre à l'état où le temps ſeul pouvoit l'amener par degrés ; de-là vient qu'on a moins de peine de faire ſortir l'acide nitreux de l'acide vitriolique, que l'acide vitriolique de l'acide nitreux. On ne trouve au-delà de cet acide vitriolique aucun autre acide plus fixe, dont on puiſſe, en l'aſſociant à l'acide nitreux pour lui rendre de la volatilité, former de l'acide vitriolique, de la même manière qu'avec de l'acide vitriolique & de l'urine, ou l'acide phoſphorique de l'urine, on parvient à former de l'acide nitreux. En effet, ſi on imbibe une pierre calcaire d'urine & d'acide vitriolique, on trouve peu de temps après ſa ſurface couverte de criſtaux de nitre.

Le docteur Pietſch, à qui l'on doit cette expérience, s'eſt ſervi de ce moyen pour établir que l'acide nitreux s'engendroit de l'acide vitriolique. Mais, quoique fondée ſur un fait inconteſtable, cette aſſertion me paroît haſardée ; je crois du moins qu'on auroit dû faire entrer le principe de l'urine pour quelque choſe dans cette formation du nitre, car ſans elle l'acide vitriolique ſeul n'eût point produit cet effet. Dès-lors l'expérience précédente ne prouve point que l'acide nitreux ſe forme de l'acide vitriolique ; mais que l'acide vitriolique peut, comme nous l'avons dit plus haut, retourner à l'état d'acide nitreux toutes les fois qu'on le combinera avec des matières capables de lui rendre quelque volatilité, ou qu'on l'aſſociera à quelque acide qui puiſſe, comme plus volatil, diminuer ſa fixité. C'eſt ainſi qu'en l'uniſſant au phlogiſtique on peut l'amener à l'état d'acide ſulfureux, & le rapprocher par-là de l'acide nitreux; de même qu'en dépouillant celui-ci de ſon phlogiſtique, on doit le rapprocher à ſon tour de l'acide vitriolique. C'eſt ainſi qu'en combinant ce même acide avec l'alkali minéral, qui, par la matière graſſe qu'il contient en plus grande quantité que l'alkali végétal, paroît capable de lui donner quelque volatilité, on obtient des criſtaux qui, par leur forme, ſont en rapport avec ceux du nitre à baſe d'alkali végétal. Enfin, c'eſt ainſi qu'en combinant l'acide vitriolique avec de l'urine, il réſulte, comme nous l'avons vu, de ce mélange, un acide en quelque ſorte intermédiaire, qui, ſe plaçant entre l'acide phoſphorique & l'acide vitriolique, ſemble nous indiquer qu'il doit, s'il la reçoit de l'un, donner naiſſance à l'autre; & cet acide, c'eſt l'acide nitreux. Si d'un côté, c'eſt-à-dire ſur ſa converſion en acide vitriolique, nous nous trouvons encore réduits à des ſuppoſitions, & bornés à des probabilités; cet acide nous annonce, d'ailleurs, par les lieux où il ſe forme, & les matières dont il ſe tire (1),

(1) Le nitre ſe produit ſur la ſuperficie de la terre, dans les granges, les caves, les étables, & ſur les vieux murs; il ſe forme aux dépens des matières végétales & animales

contenant presque toutes de l'acide phosporique ; il annonce, dis-je, d'une manière non équivoque, qu'il doit son origine ou à cet acide, ou à l'acide méphitique dont l'acide phosphorique lui-même paroît être formé.

Ainsi l'acide méphitique, que nous regardons comme une émanation de l'acide du feu, devient pour ainsi dire la base & le principe des acides, qui se trouvent sous différentes dénominations distribués dans les trois règnes de la nature ; & dès-lors il n'est pas étonnant que dans les fermentations, dans les dissolutions des sels, & dans les combinaisons des acides avec les alkalis ou les terres, cet acide retenu, mais non encore fixé dans les substances, puisse à cette occasion s'en échapper en assez grande quantité. L'on voit même comment, se dégageant des substances minérales dans lesquelles il semble résider comme un acide libre, surabondant & non combiné, il peut se rencontrer encore dans les profondeurs

---

décomposées, & avec les principes qui s'en dégagent. On s'en procure en Allemagne en faisant des couches alternatives de sels ou de terres vitrioliques, & de matières végétales & animales putréfiées ; on couvre le tout d'un lit de paille, & on l'entoure d'un petit mur, où l'on laisse des jours pour faciliter la circulation de l'air : en quelques endroits on arrose les nitriaires avec de l'urine qu'on va chercher dans les maisons, & bientôt après on y trouve du nitre tout formé.

de la terre, & y développer ſon énergie meurtrière (1).

Enfin, s'il étoit permis de tirer quelque induction de la forme que les ſels nous préſentent dans leurs criſtalliſations, nous pourrions y découvrir encore un rapport bien marqué entre cet acide & les acides minéraux. Il y a, en effet, tant d'analogie, ou ſi peu de différence entre la forme cubique, légérement obliquangle, des ſels produits par l'acide volatil méphitique, combiné avec l'alkali fixe du tartre (2), & les for-

---

(1) Il ne faut pas regarder ici cette énergie meurtrière comme une qualité excluſivement affectée à l'acide méphitique, comme une propriété capable de le diſtinguer des autres acides : non, c'eſt, comme nous l'avons déja vu, une propriété générale que tout acide peut développer, lorſqu'il ſe trouve réduit à lui-même, dépouillé de ſon eau, & porté à l'état d'expanſion ; de ſorte que plus un acide ſera concentré, plus il deviendra, par l'émiſſion d'un plus grand nombre de parties fluides, mal-faiſant & dangereux. Ainſi les acides ſulfureux, nitreux & marin, ſont, lorſqu'ils ſont en expanſion, beaucoup plus à craindre encore que l'acide méphitique, & n'en diffèrent guères dans cet état.

(2) Cet acide volatil, dit ſi improprement air fixe, eſt le menſtrue d'un grand nombre de ſubſtances ; c'eſt ſouvent lui qui tient en diſſolution les terres & les métaux que l'on trouve dans les eaux minérales & thermales ; mais nous ne connoiſſons guère ces ſels, & leur criſtalliſation n'a point encore été obſervée : je ne parlerai donc

mes quadrangulaires, cubiques & rhomboïdales, que prennent les sels nitreux, marin & vitriolique, qu'on pourroit les rapporter toutes au même principe, & regarder celle qu'affecte le tartre méphitique, comme le modèle, le germe & le principe des autres.

Pour mieux saisir ce que nous venons de dire au sujet des acides, il faudroit connoître & avoir

---

que du tartre méphitique, & du sel ammoniac méphitique.

Le premier résulte de la combinaison de l'acide volatil dont nous parlons, avec l'alkali fixe; il cristallise *en cubes légérement obliquangles*, & par conséquent en rhomboïdes. Ce sel que M. Sage a nommé *tartre lumineux*, lorsque l'acide méphitique est retiré de la matière lumineuse du phosphore ou des rayons du soleil, est aussi appelé tartre électrique, quand on le produit en neutralisant l'alkali au moyen de l'acide qui émane du fluide électrique. *Voyez le premier Vol. de la Minéralogie de M. Sage, p. 4, 13; & Vol. II, p. 11 & 12.*

Le deuxième est le sel ammoniac méphitique, que l'on produit en unissant l'alkali volatil avec l'acide méphitique; il cristallise en prismes trièdres tronqués aux deux extrémités, ou sous la forme de deux pyramides jointes base à base & tronquées très-près de leur base. *Cristall. Pl. VII, fig. 7 & 8.*

Les parties constituantes de ces deux sels ne sont pas bien intimement combinées: on y distingue en quelque sorte la saveur acide, & ensuite l'alkaline; ils ressemblent en cela à la terre foliée de tartre & à l'esprit de mendererе, &c. *Lettres du docteur Demeste au docteur Bernard, Tome premier, p. 68.*

observé

observé tous les rapports qu'ils peuvent avoir les uns avec les autres, & qui s'annoncent, soit dans leurs propriétés respectives, soit dans les résultats de leurs combinaisons, soit enfin dans les formes qu'ils affectent dans la cristallisation des sels ; alors on auroit moins de peine à se persuader qu'ils doivent tous se confondre dans un seul ; l'on découvriroit les voies que cet acide élémentaire a prises pour passer d'un état à un autre, & l'on verroit enfin que c'est, ou à la nature des matières avec lesquelles cet acide s'est combiné, ou bien au degré de volatilité ou de fixité qu'il peut avoir, qu'il faut rapporter toutes les différences qui existent entre les acides.

Quoique nous regardions l'acide vitriolique comme le plus fixe ou le moins volatil des acides, on ne doit cependant pas croire que cette qualité qui le distingue, représente le dernier terme de fixité où l'acide puisse arriver ; l'état où ce principe se trouve dans les corps durs & compactes, & il en est peu où il n'existe pas, nous prouve assez qu'il peut, avec la solidité, acquérir la plus grande fixité. Mais sans étendre, pour le présent, nos vues jusques-là, il n'est besoin que de faire attention à la nature des sels qu'on retire des substances par leur incinération, pour trouver dans les principes qui les composent un acide infiniment plus fixe que l'acide vitriolique, c'est le lieu de dire quelque chose de ces sels qui ne doivent rien à l'art, & qui ſe trouvent dans les ſubſtances formés par la Nature même.

Quoiqu'ainſi formés, les alkalis ne ſont que des produits réſultans du mélange de pluſieurs principes ; moins ſimples que les acides, ils ne peuvent être comme eux, mis au rang des êtres primitifs, des ſubſtances élémentaires. Cependant, comme l'acide paroît être la baſe & le principe dominant de ces compoſés, on peut en quelque ſorte les confondre enſemble & les comprendre dans la même claſſe ; ainſi les alkalis ne ſeroient, malgré leurs dénominations différentes, & l'oppoſition apparente de leurs propriétés, que des acides déguiſés, altérés par leur alliage, & dénaturés par leur fixité même. Ces ſubſtances ne repréſentent en effet qu'une modification particulière & ultérieure de cet acide volatil méphitique, qui, circulant dans les corps, s'y combine avec leur terre, s'y fixe avec elle, & forme de la ſorte ces ſels alkalins, qui ſont ou fixes ou volatils ; fixes, lorſque cet acide ainſi combiné s'y conſolide à meſure ; volatils, lorſqu'il trouve, fluide encore & avant d'être fixé, le moyen de s'en échapper. Ainſi, faute de ce moyen, tout alkali volatil pourroit à la longue ſe convertir en alkali fixe, & de même l'alkali fixe pourroit par d'autres voies ſe reporter à l'état d'alkali volatil ; car la plus grande différence qui ſe trouve entr'eux vient principalement de l'état d'expanſion ou de fixité où ils ſe trouvent : la matière en eſt à peu près la même.

Ceux de ces ſels qui ſont déſignés ſous le nom d'alkali fixe, paroiſſent compoſés d'acide & de terre abſorbante, unis à une petite quantité de phlogiſtique. (1) Ces ſels ſe produiſent, dit-on, de trois manières, ou par le mouvement organique, ou par la fermentation, ou par la combuſtion portée juſqu'à l'incinération. Mais de ces trois moyens nous n'adopterons que le premier, auquel nous rapporterons excluſivement la formation des alkalis; car le tartre qui ſe produit enſuite de la fermentation que les ſubſtances éprouvent, annonce moins une formation nouvelle, qu'un dépôt actuel d'un ſel déja formé. Cependant, comme les matières

(1) Les alkalis ſont des ſels compoſés d'une petite quantité d'acide phoſphorique & de terre abſorbante : l'acide qui les conſtitue eſt modifié de manière qu'il approche beaucoup de la nature de l'acide igné, & la terre abſorbante y eſt en excès. Les alkalis ne ſont pas des êtres élémentaires ; ils ne ſont pas primitifs ; il s'en produit toutes les fois que la terre abſorbante ſe combine intimement avec une petite quantité d'acide phoſphorique, analogue à l'acide du feu, ce qui eſt un effet de l'affinité de la terre élémentaire avec les acides. Mais ces ſels ne ſont jamais privés de phlogiſtique, & les différences qui exiſtent entre les trois eſpèces d'alkalis que nous connoiſſons, paroiſſent dépendre de la quantité de matière graſſe & de phlogiſtique qu'ils contiennent. *Lettres du docteur Demeſte au docteur Bernard, Tom. I, p. 71.*

qui exiſtoient dans les ſubſtances vivantes, exiſtent encore dans les liqueurs fermenteſcibles, il ſe pourroit que le tartre qui ſe produit à la longue dans les liqueurs, provînt en partie d'une combinaiſon nouvelle entre l'acide & la terre qui s'y trouvent, & qu'indépendamment du ſel obtenu par le mouvement organique, l'alkali continuât de la ſorte à ſe former dans ces liquides.

Quant au moyen d'obtenir ces ſels par l'incinération des ſubſtances, il n'eſt aucunement probable que le feu, capable de les ſéparer de tous les principes volatils contenus dans les matières combuſtibles, puiſſe jamais les y produire; car l'acide volatil actif du feu ne feroit par lui-même propre qu'à les décompoſer pour entraîner avec lui l'acide qui conſtitue les alkalis, ſi cet acide n'avoit précédemment acquis, par le mouvement organique, un degré de fixité que le feu ne pourroit donner, & qu'il feroit au contraire, s'il étoit violent, uniquement capable de détruire. Le feu par conſéquent ne paroît propre qu'à rapprocher ces ſels, qu'à les ſéparer des autres matières, & non à les former.

Nous ne pouvons donc rapporter la formation des alkalis qu'au ſeul mouvement organique; & nous concevons comment l'acide igné, pris dans les rayons ſolaires, dans l'air, & même dans la terre, où il ſe trouve dépoſé, peut, en s'introduiſant dans les corps, & s'y convertiſſant en acide méphitique circulant dans leurs veines, perdre insensiblement de sa volatilité, & acquérir assez promptement, par l'union qu'il y contracte avec la terre des substances végétales & animales, cette fixité qui distingue les sels qui en proviennent. La preuve que ces sels se produisent de la sorte, & non par l'incinération des substances, c'est qu'ils se trouvent tout formés dans plusieurs plantes, & particulièrement dans les borraginées, & dans les soleils appelés tournesols ; & s'ils ne s'annoncent pas dans les autres plantes d'une manière aussi sensible, ce n'est pas qu'ils n'y existent de même, mais ils y sont, plus qu'ici, enveloppés dans d'autres matières qui les masquent, & dont il faut, à l'aide du feu, les séparer, pour pouvoir les obtenir sous forme de sels. Les anneaux circulaires qui se forment annuellement dans les plantes ligneuses & vivaces, & où ces sels se trouvent déposés, nous prouvent encore que, lorsque l'acide ou tout autre principe volatil se combine particulièrement avec la terre, qui est le plus fixe des élémens, il peut en très-peu de temps acquérir avec la solidité la plus grande fixité ; & nous remarquerons ici que, si les alkalis sont, comme on n'en peut guère douter, formés de cet acide volatil méphitique qui circule dans les substances, on ne doit plus regarder la fixité qui caractérise l'acide vitriolique comme une raison suffisante pour le distinguer des autres acides, & lui suppose une origine différente, puisque l'acide volatil méphitique est, dans cette occasion, susceptible d'acquérir un degré de fixité bien supérieur à celui dont jouit l'acide vitriolique.

Assimilé aux sels fixes dont nous venons de parler, par des propriétés communes, l'alkali volatil n'en diffère essentiellement que par son expansibilité. Tout par conséquent nous invite à croire que cette substance se compose à peu près de la même manière & avec les mêmes principes ; & c'est à l'état seul où se trouvent ces principes constituans, qu'il faut rapporter la volatilité qui la distingue. L'alkali volatil peut donc encore être regardé comme un produit particulier de cet acide méphitique, circulant & non fixé dans les substances, lequel s'unissant à leur terre, ainsi qu'au phlogistique des matières qui se putréfient, se convertit de la sorte en alkali volatil.

Ce sel volatil se produit particulièrement dans les substances animales ; & je pense que cela n'est en partie occasionné que par la chaleur que possèdent les animaux, parce qu'en facilitant la circulation des fluides volatils qui y résident, cette chaleur nécessairement retarde leur fixation : delà vient qu'arrivant la décomposition des substances animales, ces principes, suffisamment combinés mais non encore fixés, s'en dégagent avec tant d'abondance sous forme d'alkali volatil. Cependant les substances précédentes ne sont pas les ſeules qui en fourniſſent ; il ſe rencontre auſſi dans quelques plantes, & notammment dans celles qui fleuriſſent en croix. Ici la production de l'alkali volatil paroît, ainſi que ſon émiſſion, favoriſée par quelque diſpoſition de la nature dans les organes ſécrétoires de ces plantes ; d'ailleurs, il faut croire que le phlogiſtiſtique qui s'unit alors à l'acide méphitique, pour le produire, s'y trouve dans le même état que dans les matières animales putréfiées ; cependant l'alkali qui en réſulte, quoique auſſi pénétrant, ne développe point une odeur auſſi déſagréable que celui qui provient de ces matières.

Il y a ici quelque lieu de préſumer que ſi l'acide méphitique, qui, ſuivant qu'il eſt modifié, conſtitue ou l'alkali fixe, ou l'alkali volatil, ne trouvoit, lorſqu'il eſt encore ſous cette dernière forme, aucun jour pour s'échapper des ſubſtances, ſoit par les organes de la ſecrétion dans les végétaux, ſoit par la diſſolution des parties dans les animaux ; il y a, dis-je, lieu de préſumer qu'alors toute la matière propre à donner de l'alkali volatil, ſe feroit inſenſiblement convertie en alkali fixe ; & ce qui le prouve, c'eſt que, plus on retire d'alkali volatil d'une ſubſtance par l'analyſe, moins on obtient d'alkali fixe par ſon incinération ; & au contraire, ce ſel fixe ſera d'autant plus abondant, que la ſubſtance aura moins fourni d'alkali volatil : d'où il s'enſuit que la matière de ces fels eft la même, & qu'elle peut, lorfqu'elle n'a pas été épuifée pour la production de l'un, s'employer pour la formation de l'autre.

Enfin, dès que nous avons reconnu dans les moufettes fouterraines l'exiftence d'un acide volatil méphitique, comme les moufettes annoncent auffi quelquefois la préfence du phlogiftique, puifqu'elles font tantôt acides & tantôt inflammables, on ne doit plus être étonné de rencontrer dans les entrailles de la terre de l'alkali volatil formé par la combinaifon de ces deux principes ; & de-là viennent ces odeurs infupportables de foie de foufre volatil qui fe dégagent quelquefois de plufieurs fubftances minérales, tant pierreufes que métalliques. Le foie de foufre volatil eft le réfultat de la combinaifon du foufre avec l'alkali volatil, formé par la rencontre de l'acide méphitique & du principe inflammable (1).

(1) Lorfqu'on triture du fer ou du mercure, avec parties égales de foufre, bientôt il fe dégage une odeur de foie de foufre volatil, qui prouve très-parfaitement qu'il s'eft produit de l'alkali volatil. Le même phénomène a lieu, lorfque, pour former un volcan artificiel, on mêle enfemble parties égales de limaille d'acier, de fleurs de foufre & d'eau ; la même odeur fe manifefte encore lorfqu'on met un acide fur du foie de foufre non odorant ; la décompofition & l'inflammation fpontanée des pyrites produifent auffi des vapeurs de foie de foufre volatil, quoiqu'il n'y ait peut-être pas un atôme d'alkali volatil dans

Je trouverai, je crois, les esprits peu disposés à accueillir la théorie que je viens de présenter au sujet des alkalis; l'on aura sur-tout, vu l'habitude où l'on est de regarder les sels alkalins comme des substances tout-à-fait opposées aux acides, peine à se figurer qu'ils puissent, comme identiques, se confondre dans la même classe: pour peu cependant qu'on veuille se dépouiller d'un préjugé factice & mal fondé, on sentira que

---

les parties constituantes des pyrites (*a*) : il faut donc en conclure que l'alkali volatil qui se dégage alors est une production nouvelle; il paroît même qu'il se forme le plus souvent aux dépens de l'alkali fixe, c'est à-dire qu'il n'est qu'une modification de cet alkali, puisque les substances nous fournissent d'autant plus d'alkali fixe, lorsque nous les analysons, qu'elles nous ont donné moins d'alkali volatil durant cette analyse. *Lettres du docteur Demeste au docteur Bernard, Tom. I, p. 81.*

(*a*) L'alkali volatil qui se produit ici, n'existe, il est vrai, dans aucune des matières précédentes, sous forme d'alkali; cependant ne pourroit-on pas dire qu'il y existe en substance, puisque les principes propres à le former y résident? Mais comment se produit-il? Je pense que c'est uniquement par la rencontre de quelques parties d'acide & de phlogistique, rendues volatiles par l'action même que ces principes éprouvent ou exercent l'un contre l'autre à l'occasion des mélanges précédens. Supposé même que l'acide méphitique, que nous regardons comme un principe nécessaire pour la formation de l'alkali volatil, n'existe point en nature dans les matières susdites, ne suffit-il pas de rendre de la volatilité à un acide quelconque, pour l'amener à cet état, & le convertir lui-même en acide méphitique? Il n'est point d'acide, si fixe qu'il soit, qui ne puisse, suivant les circonstances, se vaporiser plus ou moins; il n'est besoin que de joindre cet acide avec de l'eau pour lui donner une sorte d'expansion annoncée par la chaleur qu'il y produit.

les légères différences qui subsistent entre les alkalis & les acides, & qui semblent former une ligne de séparation entr'eux, ne viennent que des modifications que l'acide est susceptible d'acquérir, & qui varient suivant la nature des substances auxquelles il s'unit. Quant aux effervescences, aux neutralisations, aux précipitations qui se produisent lorsque ces principes se rencontrent, & se font avec effort s'il s'y trouve des obstacles, on doit voir que ces effets, loin d'annoncer de l'opposition dans les principes, ne supposent au contraire qu'une grande affinité ; & nous verrons incessamment que l'affinité même ne s'exerce qu'en raison de l'homogénéité des principes.

Après avoir parlé de la nature des acides & de leurs modifications, il est temps de dire un mot de leurs propriétés. Les acides se distinguent particulièrement par la vertu qu'ils ont de colorer en rouge la teinture bleue des végétaux, ce qui sert à les faire reconnoître par-tout où ils peuvent se trouver. Ils ont une très-grande tendance à s'unir avec presque tous les corps de la Nature, & singulièrement avec ceux qui sont ou simples ou peu composés, tels que le phlogistique, les alkalis tant fixes que volatils, les terres, les substances métalliques, l'eau, l'esprit de vin & l'huile ; ils font effervescence avec la plupart de ces substances, lorsqu'on les unit ensemble ; & ils donnent alors, en se confondant avec elles, naissance à différens sels neutres. L'acide est un des plus puissans dissolvans de la Nature ; mais il est à remarquer que cette vertu dissolvante n'est qu'une conséquence de son affinité avec différens principes dont il ne peut se saisir qu'en détruisant les corps dans lesquels ils se trouvent fixés ; de sorte que la dissolution de ces composés ne semble qu'un résultat de l'action combinée de ces principes, les uns s'exerçant sur ceux qui y restent dans l'inertie, & les autres tendant à en sortir à cette occasion : l'acide attaque particulièrement les substances animales dont il détruit le tissu ; enfin, il présente des caractères différens, suivant les différentes combinaisons qu'il forme avec les autres principes de la Nature, & en même temps suivant le degré de volatilité ou de fixité où il peut se trouver.

Les acides ont, comme les autres substances, une certaine pesanteur, mais elle varie suivant leur état & leur concentration ; néanmoins, quoique indéterminée, cette pesanteur a paru assez considérable pour être jugée supérieure à celle de l'eau même.

Soit donné un flacon qui contienne une once d'eau distillée, le thermomètre de Réaumur étant à 8 degrés au dessus de zéro.

		once.	gros.	grains.
Ont pesé	L'acide phosphorique étendu de deux parties d'eau . .	1	4	36
	L'acide vitriolique . . .	1	7	
	L'acide nitreux	1	4	
	L'acide marin	1	1	36
	Le vinaigre	1	0	24
	L'huile de tartre	1	4	

Cependant, quoiqu'on puiſſe, d'après ces eſtimations comparées, aſſurer que tel ou tel acide eſt, ſuivant l'état où il ſe trouve ici, plus peſant que l'eau, on ne peut en dire autant à l'égard de l'acide en général; & dans le fait, nous n'avons aucune meſure ſur laquelle nous puiſſions comparer la peſanteur d'un élément incompreſſible avec celle d'un élément condenſable, & par conſéquent la peſanteur de l'eau avec celle de l'acide. L'eau doit, ainſi que la terre, avoir une peſanteur déterminée & invariable, tandis que celle de l'acide doit varier à l'infini; ainſi l'acide des rayons ſolaires, l'acide de l'air, & tous les acides vaporiſés ſont, comme plus volatils & plus ténus, infiniment plus légers que l'eau; cependant ils peuvent en ſe condenſant, acquérir par la cumulation des parties une peſanteur bien ſupérieure à la ſienne Or, pour juger de la peſanteur d'une ſubſtance que nous admettons au rang des élémens, & la comparer à celle d'un autre élément, il faut, autant qu'il eſt poſſible, les prendre l'une & l'autre dans leur état élémentaire, & non dans les états ultérieurs qu'elles peuvent avoir acquis; ainſi, pour juger de la peſanteur de l'acide comparée à celle de l'eau, il faut prendre cet acide, non dans l'état de concentration où il peut être parvenu, mais dans l'état d'expanſion d'où il eſt deſcendu, & tel qu'il ſe trouve dans le feu ou dans les rayons ſolaires, parce que c'eſt-là vraiment qu'il ſe montre dans la plus grande ténuité, & dans son état élémentaire, comparable alors à celui de l'eau. En faisant autrement, nous serions à chaque instant exposés à nous tromper, rien ne pourroit fixer nos idées, & l'acide nous offriroit autant de variations dans les degrés de sa pesanteur, qu'il peut y en avoir dans ceux de sa condensation, ce qui va à l'infini : ainsi, loin d'estimer l'acide plus pesant que l'eau, nous le regardons au contraire comme étant beaucoup plus léger qu'elle ; & si par fois il s'annonce autrement, c'est alors à la cumulation seule de ses parties réunies dans le même espace donné, qu'il doit cette pesanteur extraordinaire. Enfin, tel seroit, d'après nos idées, l'ordre qu'il convient d'établir entre les substances élémentaires, par rapport à leur pesanteur ; la terre, comme fixe & solide, doit être la plus pesante ; l'eau vient ensuite ; puis l'acide ; & le plhogistique, comme le plus expansible & le plus ténu, seroit le plus léger de tous.

Mais ce qui doit, relativement à notre objet, fixer le plus notre attention dans les propriétés que possèdent les acides, c'est celle qu'ils ont d'attirer d'autant plus fortement l'humidité de l'air qu'ils sont plus concentrés, ce qui fait qu'ils sont toujours unis à quelques parties d'eau qui leur donnent de la liquidité. Ils ont également beaucoup d'affinité avec le phlogistique ; ils sont même si étroitement liés avec cette substance, qu'ils semblent identifiés avec elle, & l'on ne peut qu'avec peine les en séparer : ils doivent à cette combinaison intime avec le phlogistique plusieurs de leurs propriétés, & de-là proviennent tous les phosphores tant fluides que concrets, qui se trouvent beaucoup plus répandus dans la Nature qu'on ne l'avoit imaginé : je crois du moins que l'on peut regarder comme tels toutes les substances qui sont, ainsi que le phosphore même, capables de produire de la flamme & du feu ; elles n'en diffèrent qu'en ce que les principes phosphoriques n'y sont ni aussi dépouillés ni aussi rassemblés.

Nous avons déja vu que l'acide étoit, en s'unissant à l'eau, capable d'y produire à l'instant une chaleur très-considérable ; quoique familiarisés avec cet effet, nous ne sommes pas moins dans le cas d'en être toujours étonnés, & nous ne devons point le perdre de vue. Mais ce qui n'est pas moins surprenant pour nous, c'est que si on joint l'acide avec un principe qui puisse de son côté produire de la lumière, tel que le phlogistique, l'effet alors n'est pas, comme avec l'eau, borné à développer de la chaleur, il se produit en outre de la flamme & du feu : c'est ainsi qu'en versant de l'acide vitriolique ou nitreux sur de l'huile, on l'enflamme aussitôt : c'est ainsi de même qu'en versant de l'acide nitreux sur de la poudre de charbon tant soit peu échauffée, on y met le feu. Nous ne tarderons pas à tirer de ce phénomène les conséquences dont il est susceptible.

On obſerve que l'acide, étant concentré, a quelquefois moins d'action ſur les corps, & ſurtout ſur les ſubſtances métalliques, que lorſqu'il eſt étendu de quelques parties d'eau ; il faut croire qu'alors il acquiert, par la chaleur qui réſulte de cette union, une ſorte d'expanſion & d'activité néceſſaire pour la diſſolution de ces ſubſtances. Il en eſt de l'acide comme de l'air : ce fluide condenſable n'acquiert vraiment de la force que par ſa compreſſion ; mais cette force il ne la développe qu'en ſe dilatant : ici de même, c'eſt dans la concentration de l'acide que repoſe ſon énergie, & c'eſt en l'étendant de quelques parties d'eau qu'on lui fournit le moyen de la développer. Cette obſervation eſt importante, & doit ſervir à expliquer quelques contradictions apparentes qui pourroient ſe rencontrer dans le cours de cet ouvrage, où l'on dit quelquefois que c'eſt à leur concentration que les acides doivent leur énergie, & tantôt que c'eſt dans cet état même qu'ils en préſentent le moins.

Après avoir parlé de l'air & de la chaleur, ce ſeroit ici le lieu de nous entretenir des évaporations de la terre & des cauſes qui les produiſent ; mais, avant d'entamer cette matière, il convient encore d'examiner ce que c'eſt que le feu & quels en ſont les principes.

P. S. Si je l'oſois, je demanderois une grace au Lecteur : ce ſeroit de reprendre la lecture des

Lettres qui précèdent, lorſqu'il aura lu celle qui ſuit, & de ſuſpendre juſqu'alors ſon jugement ſur elles ; là ſe trouvent, ſur différens objets que je n'ai pu toucher qu'en paſſant, des éclairciſſemens capables de leur prêter quelque appui. Ainſi les choſes qui juſqu'à préſent peut-être ne lui ſemblent que haſardées, pourront alors lui paroître ou probables, ou prouvées.

LETTRE TROISIÈME.

Des Principes du Feu.

APRÈS vous avoir entretenu, Madame, de l'air, des acides, & des causes générales de la chaleur, je m'étois proposé de rechercher avec vous d'où provient définitivement cette chaleur que nous éprouvons à la surface du globe, chaleur qui anime & féconde la terre, & qui devient pour les êtres organisés une seconde source de vie; mais avant de rien décider sur cet objet, & pour nous éclairer davantage sur une matière fort obscure en elle-même, je crois qu'il est à propos de nous occuper un moment de la nature du feu qui en est le principe, qu'au moins l'on regarde comme tel, & qui paroît en même temps un des élémens les plus difficiles à saisir. Quelle que soit la légéreté de l'air, nous avons trouvé le moyen de le soumettre à nos expériences, de le comprimer, de le dilater, de le décomposer, & nous sommes ainsi parvenus à connoître ses parties constituantes. Mais le feu dévorant ce qui le touche, nous présente de loin une barrière impénétrable qui nous défend d'en approcher : dès-lors il est difficile d'acquérir des connoissances certaines sur sa nature; on ne peut en donner que des apperçus ; on ne peut le juger que par la propriété qu'il a d'éclairer, d'échauffer, de diviser & de détruire lorsqu'il est en activité ; mais ses principes, les lois par lesquelles il agit, restent pour nous dans l'obscurité.

Tous les Philosophes, tant anciens que modernes, se sont tour-à-tour exercés sur cette matière, & ne l'ont point éclaircie ; la variété même de leurs opinions, que je crois inutile d'exposer ici, n'a peut-être servi qu'à jeter plus de confusion dans nos idées & d'incertitude dans nos connoissances. M. le comte de Buffon est le seul qui paroisse, dans son admirable Introduction à l'Histoire des Minéraux, avoir de près observé cet élément & reconnu ses principes ; je ne puis donc mieux faire que de vous présenter le tableau raccourci de ses idées ; & de crainte d'en altérer la force & la beauté, je veux, autant qu'il me sera possible, me servir de ses propres expressions (1) : je compte ici m'en faire un mérite réel vis-à-vis du Lecteur.

(1) Malgré cela, je ne puis trop exhorter le Lecteur d'avoir recours à l'ouvrage même, il en sentira mieux la valeur ; l'on ne peut tout dire dans un extrait, & cet ouvrage ne permet pas qu'on en retranche un mot.

Expoſition du ſyſtême de M. de Buffon ſur le feu.

Cet illuſtre Savant n'admet que deux forces dans la nature, qui ſont la force attractive & la force expanſive ; celle-ci même ne lui paroît qu'un dérivé de la première, à cauſe de la répulſion que les molécules matérielles, ſuppoſées jouir d'un reſſort parfait, éprouvent lorſqu'elles s'approchent en vertu de leur attraction ; ce ſont, dit-il, pour la nature deux inſtrumens de même eſpèce, ou plutôt ce n'eſt que le même inſtrument qu'elle manie dans deux ſens oppoſés.

La chaleur, la lumière & le feu, qui ſont les grands effets de la force expanſive, ſont produits toutes les fois qu'artificiellement ou naturellement les corps ſe trouvent diviſés en parties très-petites, & qu'ils ſe rencontrent dans des directions oppoſées ; & la chaleur ſera d'autant plus ſenſible, la lumière d'autant plus vive, le feu d'autant plus violent, que les molécules ſe ſeront précipitées les unes contre les autres avec plus de viteſſe par leur force d'attraction mutuelle.

Il s'enſuit que toute matière peut devenir lumière, chaleur, feu ; leſquels, loin d'être une matière différente, conſervent au contraire toutes les qualites eſſentielles, & même la plupart des attributs de la matière commune, la diviſibilité, la peſanteur, &c.

Et de même que toute matière peut ſe convertir en lumière par la diviſion & la répulſion de ſes parties exceſſivement diviſées ; la lumière peut auſſi ſe convertir en toute autre matière par l'addition de ſes propres parties accumulées par l'attraction des autres corps, & ſe fixer de la ſorte dans les ſubſtances. L'on peut, je crois, en dire autant de la chaleur & du feu, parce que tous les élémens ſont convertibles ; & il y a lieu de croire que le changement de la matière fixe en lumière & de la lumière en matière fixe, eſt une des plus fréquentes opérations de la nature (1).

---

(1) Ceci demande une explication. Je ne ſais ſi, en diſant que tous les élémens ſont convertibles, M. de Buffon a penſé qu'ils changeoient de nature ou de forme ſeulement : on peut croire, d'après les principes qu'il ſuppoſe, cette converſion totale ; & j'ai long-temps cru comme lui que les élémens étoient vraiment ſuſceptibles de ſe convertir & de ſe métamorphoſer l'un dans l'autre, qu'ainſi l'eau pouvoit devenir de l'air, & que l'air pouvoit ſe changer en eau ; mais les choſes mieux obſervées, je me ſuis enfin convaincu que les principes élémentaires, variables ſeulement dans la forme, reſtent inaltérables dans leur nature : ainſi l'eau, l'air & le feu ſe retrouvent, au ſortir des corps où ils étoient fixés, auſſi purs, & doués des mêmes qualités qu'ils avoient lorſqu'ils y ont été introduits. Leur prétendue converſion ſe réduit donc à changer de forme & d'état, & non pas de nature. Ils peuvent ſans doute en perdant leur action, & par l'addition de leurs parties accumulées, paſſer inſenſiblement

En examinant les choſes ſous un point de vue général, la lumière, la chaleur & le feu ne ſont

---

de l'état d'expanſion à l'état de fixité, de la volatilité à la ſolidité, de l'énergie à l'inertie, du mouvement au repos, & retourner alternativement de ces états acquis à leur état naturel, le tout ſans rien perdre de leur nature, de leur caractère & de leurs propriétés : encore ceci ne regarde-t-il que les élémens vraiment actifs de la lumière, de la chaleur & du feu : un tel pouvoir ne s'étend pas juſques ſur la terre, qui paroît abſolument fixe dans ſon état; elle ne peut par elle-même acquérir aucune volatilité, ni paſſer accidentellement à cet état, qu'autant qu'elle s'y trouveroit, étant très-diviſée, portée & ſoutenue par les principes mêmes du feu, tandis que le fluide le plus ténu, le plus volatil & le plus expanſible peut de lui-même paſſer à l'état d'un corps compacte & ſolide. L'on ne peut donc pas dire que toute matière puiſſe ſe convertir en lumière, ni que la lumière puiſſe ſe convertir en toute autre matière, mais ſeulement que la lumière peut en prendre la forme, & qu'il n'exiſte aucune matière où ces principes de lumière ne ſe trouvent dans cet état, avec la faculté de redevenir lumineux, lorſqu'ils ſeront mis en expanſion. Loin même que la lumière puiſſe ſe convertir en terre & en eau, elle ne pourroit ſe convertir en matière de chaleur, de même que celle-ci ne pourroit ſe convertir en lumière. Ces deux matières ne peuvent, étant ſéparées, produire l'une que de la lumière & l'autre de la chaleur, & doivent ſe réunir pour produire du feu; ainſi toute matière ne paroît ſuſceptible de devenir chaude, lumineuſe ou combuſtible, qu'autant que les principes de la lumière, de la chaleur & du feu, qui peuvent, en s'accumulant, prendre une forme ſolide, s'y

qu'un ſeul objet ; mais en les conſidérant ſous un point de vue particulier, ce ſont trois objets diſtincts, trois choſes qui, quoique ſe reſſemblant par un grand nombre de propriétés, diffèrent néanmoins par un petit nombre d'autres propriétés aſſez eſſentielles, pour qu'on puiſſe les regarder comme trois choſes différentes, & qu'on doive les comparer une à une.

La lumière & le feu, quoique de même nature en apparence, ſont au contraire deux choſes différentes, deux ſubſtances diſtinctes & compoſées différemment. Le feu eſt à la vérité très-ſouvent lumineux, mais quelquefois auſſi le feu exiſte ſans aucune apparence de lumière. Le feu, ſoit lumineux, ſoit obſcur, n'exiſte jamais ſans une grande chaleur, tandis que la lumière brille ſouvent avec éclat ſans la moindre chaleur ſenſible. La lumière paroît être l'ouvrage de la Nature : le feu n'eſt

---

trouvent réellement fixés. Ces principes par conſéquent peuvent alors ſe rencontrer dans les corps mêlés & confondus avec d'autres matières réduites au même état, & ſe joindre à ces matières, mais ſans uſurper leur nature, ni perdre celle qui les diſtingue ; de-là ces différens principes qui compoſent les ſubſtances, de-là cette variété dans les eſpèces, produits & par la différence des principes, & par l'inégalité de leurs mélanges. Si ce n'eſt pas là l'opinion de M. de Buffon, je penſe au moins qu'il n'aura pas de peine à s'y réduire, d'autant mieux qu'elle ſe trouve d'accord avec ſa théorie de la terre.

que le produit de l'induſtrie de l'homme (1). La lumière ſubſiſte pour ainſi dire par elle-même, & ſe trouve répandue dans les eſpaces de l'univers : le feu ne peut ſubſiſter qu'avec des alimens, & ne ſe trouve qu'en quelques points de l'eſpace (2). La lumière, condenſée & réunie par l'art de l'homme, peut produire du feu (3) ; mais ce

(1) M. de Buffon n'a certainement voulu parler ici que du feu que l'homme a rendu ſenſible, en le tirant des matières où il étoit contenu ; car le feu ſolaire étant, dans ſon ſyſtême, le principe primitif & de la lumière dont nous jouiſſons, & de la chaleur qui réſide dans le globe, il n'a pu, ſous ce point de vue, regarder cette matière du feu, répandue par-tout, comme un produit de l'induſtrie humaine. Le feu pour l'ordinaire ne ſe conçoit qu'accompagné de chaleur & de lumière ; ſans lumière il ne préſente que l'idée de la chaleur. Le feu par conſéquent ne ſemble qu'un réſultat de l'action combinée de ces deux matières de la lumière & de la chaleur ; & l'on ne peut, ſi l'on veut s'entendre, le conſidérer autrement.

(2) Le feu ſuppoſé en action n'exiſte, il eſt vrai, que dans quelques points de l'eſpace, & ne peut en cet état ſubſiſter ſans aliment : mais cet aliment néceſſaire, cette matière du feu, ces principes de la chaleur ſe trouvent répandus par-tout, & peuvent comme la lumière ſubſiſter par eux-mêmes.

(3) Non, la lumière condenſée ne peut produire du feu qu'autant qu'elle eſt accompagnée de la matière même de la chaleur ; & ſi les rayons ſolaires ſont, étant raſſemblés, capables de brûler & de conſumer les corps, c'eſt que cette matière de la chaleur s'y trouve réellement unie à la matière de la lumière.

n'eſt qu'autant qu'elle tombe ſur des matières combuſtibles. La lumière n'eſt donc tout au plus, & dans ce ſeul cas, que le principe du feu & non pas le feu : ce principe même n'eſt pas immédiat; il en ſuppoſe un intermédiaire, & c'eſt celui de la chaleur qui paroît tenir encore de plus près que la lumière à l'eſſence du feu : or, la chaleur exiſte tout auſſi ſouvent ſans lumière, que la lumière exiſte ſans chaleur. Ces deux principes ne paroiſſent donc pas néceſſairement liés enſemble; leurs effets ne ſont ni ſimultanés ni contemporains, puiſque dans de certaines circonſtances on ſent de la chaleur long-temps avant que la lumière paroiſſe, & que dans d'autres circonſtances on voit de la lumière long-temps avant de ſentir de la chaleur, & même ſans en ſentir aucune.

La chaleur ſemble donc une autre manière-d'être, une modification de la matière, qui diffère à la vérité moins que toute autre de celle de la lumière, mais qu'on peut néanmoins conſidérer à part (1).

La première choſe qui doit nous frapper, c'eſt

(1) Il ſemble que M. de Buffon ne regarde ici la chaleur & la lumière que comme des modifications de la matière ; cependant, quoiqu'on puiſſe quelquefois les envisager ſous ce point de vue, l'on peut auſſi les regarder comme deux matières diſtinctes & ſéparées, comme deux principes élémentaires, dont le feu lui-même ne ſeroit qu'une modification.

que le siège de la chaleur est tout différent de celui de la lumière : celle-ci occupe & parcourt les espaces vides de l'univers ; la chaleur au contraire se trouve généralement répandue dans toute la matière solide. Le globe de la terre a un degré de chaleur considérable ; l'eau a son degré de chaleur ; l'air a aussi sa chaleur, que nous appelons sa température ; le feu a ses différens degrés de chaleur, qui paroissent moins dépendre de sa nature propre, que de celle des alimens qui le nourrissent : ainsi toute la matière connue est chaude, & dès-lors la chaleur est une affection bien plus générale que celle de la lumière.

La chaleur pénètre tous les corps qui lui sont exposés, sans aucune exception ; tandis qu'il n'y a que les corps transparens qui laissent passer la lumière, qu'elle est arrêtée & en partie repoussée par tous les corps opaques.

La chaleur semble donc agir d'une manière bien plus générale & plus palpable que n'agit la lumière ; & quoique les molécules de la chaleur soient excessivement petites, puisqu'elles pénètrent les corps les plus compactes, on peut néanmoins démontrer qu'elles sont bien plus grosses que celles de la lumière, car on fait de la chaleur avec la lumière, en la réunissant en grande quantité (1) :

---

(1) Voyez plus haut ce que nous avons dit à cette occasion.

d'ailleurs, la chaleur agiſſant ſur le ſens du toucher, il eſt néceſſaire que ſon action ſoit proportionnée à la groſſiéreté de ce ſens, comme la délicateſſe des organes de la vue paroît l'être à l'extrême fineſſe des parties de la lumière : celles-ci ſe meuvent avec la plus grande viteſſe, agiſſent dans l'inſtant à des diſtances immenſes; tandis que celles de la chaleur n'ont qu'un mouvement progreſſif aſſez lent, qui ne paroît s'étendre qu'à de petits intervalles du corps dont elles émanent.

Le principe de toute chaleur paroît être l'attrition des corps. Tout frottement, c'eſt-à-dire toute mouvement en ſens contraire, entre des matières ſolides, produit de la chaleur. La chaleur eſt donc produite par le mouvement de toute matière palpable & d'un volume quelconque (1); au lieu que

(1) Voyez auſſi ce que nous avons dit à ce ſujet dans la Lettre précédente: ceci d'ailleurs ne peut ſe prendre que ſous un point de vue particulier; car le feu du ſoleil, ce principe primitif de tout feu, ne paroît pas devoir être produit de la ſorte; & quoique nous ne puiſſions concevoir la chaleur qu'accompagnée du mouvement, quoique leur exiſtence paroiſſe même contemporaine, on ſent cependant qu'en vertu de la force expanſive dont la Nature eſt douée, la chaleur peut & doit avoir précédé le mouvement. Pour nous en convaincre, ſuppoſons cette force expanſive anéantie, & toute chaleur éteinte ; à l'inſtant tout mouvement ceſſera, tout ſera mort dans la Nature; ſans le feu même dont brûle l'aſtre qui régit notre ſyſtê-

la production de la lumière, qui se fait aussi par le mouvement en sens contraire, suppose de plus la division de la matière en parties très-petites ; & comme cette opération de la Nature est la même pour la production de la chaleur & celle de la lumière, on doit en conclure que les atômes de la lumière sont solides par eux-mêmes, & qu'ils sont chauds au moment de leur naissance ; mais on ne peut pas également assurer qu'ils conservent leur chaleur au même degré que leur lumière, ni qu'ils ne cessent pas d'être chauds avant de cesser d'être lumineux.

L'on ne doit pas inférer de-là que la lumière puisse exister sans aucune chaleur, mais seulement que les degrés de cette chaleur sont très-différens selon les différentes circonstances, & toujours

---

me, qui sait quelle seroit sa force attractive ? qui sait si cette force ne vient pas du mouvement qui lui est imprimé par sa chaleur, & si de-là ne dépend pas tout le systême planétaire ? Il est certain qu'en supposant un froid absolu, toute action, toute attraction doit cesser dans les petites masses par la cessation du mouvement ; dès-lors, comment subsisteroit-elle dans les grandes masses si le soleil étoit refroidi ? Lorsque le principe du mouvement est arrêté au centre de la roue, l'immobilité s'étend à tous les points de la circonférence. Enfin, si cette idée n'est pas contradictoire avec les grands principes, ne s'ensuivroit-il pas que la force expansive auroit dans la Nature une action plus étendue & prédominante sur la force attractive ?

insensibles, lorsque la lumière est très-foible : la chaleur au contraire paroît exister habituellement, & même se faire sentir vivement sans lumière ; ce n'est ordinairement que quand elle devient excessive que la lumière l'accompagne (1).

Une autre différence encore bien essentielle entre ces deux modifications, c'est que la chaleur, qui pénètre tous les corps, ne paroît se fixer dans aucun, & ne s'y arrêter que peu de temps ; au lieu que la lumière s'incorpore, s'amortit & s'éteint dans tous ceux qui ne la réfléchissent pas, ou qui ne la laissent pas passer librement : cette lumière une fois absorbée, reste fixe & demeure dans les corps qui l'ont admise ; elle ne reparoît plus, elle n'en sort pas comme le fait la chaleur : d'où l'on devroit conclure que les atômes de la lumière peuvent devenir parties constituantes des corps, en s'unissant à la matière qui les compose, au lieu que la chaleur ne se fixant pas, semble empêcher au contraire l'union de toutes les parties de la matière, & n'agir que pour les tenir séparées (2).

---

(1) Si la chaleur existe sans lumière, la lumière peut également exister sans chaleur : la lumière n'est chaude qu'autant qu'elle est jointe à la matière de la chaleur ; & de même la chaleur ne devient lumineuse que parce qu'elle se trouve unie à la matière de la lumière. Tout cela se trouve suffisamment expliqué dans les notes précédentes.

(2) Je suis d'autant plus étonné de la distinction que M. de Buffon fait ici entre la lumière & la chaleur, qu'ad-

Cependant il y a des cas où la chaleur se fixe à demeure dans les corps, & d'autres cas où la lumière qu'ils ont absorbée reparoît, & en sort comme la première : quoi qu'il en soit, il paroît que l'on doit reconnoître deux sortes de chaleur, l'une lumineuse, dont le soleil est le foyer im-

---

mettant par la suite que le feu est, ainsi que la lumière, capable de se fixer dans les corps, il a pu penser que les molécules matérielles qui constituent la chaleur sont des parties nécessaires du feu ; que c'est par elles seules que le feu est capable de pénétrer les corps & de s'y fixer ; que ces parties étant plus massives & plus lentes à s'y introduire, elles sont par cette raison plus disposées à y séjourner & à s'y fixer, que les particules mêmes de la lumière qui sont plus volatiles & plus ténues. Le froid qui dans les corps succède à la chaleur qu'ils ont éprouvée, & qui fait sur eux l'effet que produit l'ombre sur les corps éclairés, n'est point une preuve que cette chaleur se soit retirée ; ou du moins si elle n'y est plus sensible, comme elle est, indépendamment de toute modification, quelque chose par elle-même, qu'elle n'y ait pas laissé, ainsi que fait la lumière, une partie de ses principes, des dépôts de sa substance : l'altération insensible qu'elle y occasionne, même après le refroidissement, en est une preuve convaincante. L'on voit d'ailleurs que tous les corps échauffés perdent d'une part & acquièrent de l'autre : l'ocre jaune exposée au feu y devient rouge ; les exemples ne manqueroient pas s'il étoit nécessaire de les multiplier. L'eau ne paroît elle-même devoir sa fluidité qu'aux parties de la chaleur qui s'y sont introduites, ainsi que sa transparence à celle de la lumière.

menſe, & l'autre obſcure, dont le grand réſervoir eſt le globe terreſtre. Notre corps, comme faiſant partie du globe, participe à cette chaleur obſcure; & c'eſt par cette raiſon qu'étant obſcure par elle-même, c'eſt-à-dire ſans lumière, elle eſt encore obſcure pour nous, parce que nous ne nous en appercevons par aucun de nos ſens. Il en eſt de cette chaleur du globe comme de ſon mouvement, nous y participons ſans le ſentir & ſans nous en douter.

Cette chaleur qui, en s'éloignant perpendiculairement de la ſurface de la terre, paroît avoir la principale influence ſur la perpendicularité de la tige des plantes, ſur les phénomènes de l'électricité & les effets du magnétiſme, doit avoir été originairement bien plus grande qu'elle ne l'eſt aujourd'hui; ainſi on doit lui rapporter, comme à la cauſe première, toutes les ſublimations, précipitations, aggrégations, ſéparations. en un mot, tous les mouvemens qui ſe ſont faits & ſe font chaque jour dans l'intérieur de la terre.

Le feu, qui ne paroît être à la première vue qu'un compoſé de chaleur & de lumière, ne ſeroit-il pas encore une modification de la matière que l'on doive conſidérer à part, quoiqu'elle ne diffère pas eſſentiellement de l'une ou de l'autre, & encore moins des deux priſes enſemble? Le feu n'exiſte jamais ſans chaleur, mais il peut exiſter ſans lumière ; pluſieurs expériences démontrent que la chaleur ſeule, & dénuée de toute apparence de lumière, peut produire les mêmes effets que le feu le plus violent. On voit de même que la lumière ſeule, lorſqu'elle eſt réunie, produit les mêmes effets ; elle ſemble porter en elle-même une ſubſtance qui n'a pas beſoin d'aliment : le feu ne peut ſubſiſter au contraire qu'en abſorbant de l'air ; & il devient d'autant plus violent qu'il en abſorbe davantage, tandis que la lumière concentrée, & reçue dans un vaſe purgé d'air, agit comme le feu dans l'air, & que la chaleur reſſerrée, retenue dans un eſpace clos, ſubſiſte, & même augmente avec une très-petite quantité d'alimens. La différence la plus générale entre le feu, la chaleur & la lumière, paroît donc conſiſter dans la quantité, & peut-être dans la qualité de leurs alimens.

L'air eſt le premier aliment du feu ; les matières combuſtibles ne ſont que le ſecond, & ne peuvent en ſervir que par la médiation de cet élément.

L'air eſt de toutes les matières connues celle que la chaleur diviſe le plus facilement, celle dont les parties, moins adhérentes entre elles, lui obéiſſent avec moins de réſiſtance, celle qu'on met le plus aiſement en mouvement expanſif : ainſi l'air eſt tout près de la nature du feu, dont la principale propriété conſiſte dans le mouvement expanſif ; & quoique l'air ne l'ait pas par lui-même, la plus petite particule de chaleur ou de feu ſuffiſent pour le lui communiquer : ainſi l'on ne doit pas être étonné de ce que l'air augmente ſi fort ſon activité, de ce qu'il eſt ſi néceſſaire à ſa ſubſiſtance ; c'eſt qu'il eſt de toutes les ſubſtances celle que le feu s'approprie le plus intimement, comme étant de la nature la plus voiſine de la ſienne (1).

A l'égard des ſubſtances combuſtibles, il faut obſerver que la matière en général eſt compoſée de quatre ſubſtances principales qu'on appelle élémens, la terre, l'eau, l'air & le feu (2) ; ils entrent tous quatre en plus ou moins grande

(1) L'on trouve ici la preuve de ce que nous avons dit ailleurs au ſujet de l'air ; & l'on peut, en y recourant, trouver l'explication des effets ci-deſſus énoncés. Cependant il ne faut pas oublier ici que ſi le feu eſt capable d'abſorber une grande quantité d'air, il s'éteint auſſi lorſque ce fluide péche, ſoit par la quantité, ſoit par la qualité de ſes parties ; & cette qualité me paroît dépendre eſſentiellement, comme nous l'avons déja vu, & comme nous le verrons encore, des parties aqueuſes qui entrent dans ſa compoſition, & qui contribuent, je ne dirai pas à l'aliment du feu, mais à ſon développement & à ſon action.

(2) Nous admettrons de même quatre élémens ; mais nous ſommes forcés d'en changer les dénominations, & de ſubſtituer deux élémens nouveaux aux élémens de l'air & du feu.

quantité

quantité dans la composition de toutes les matières particulières ; celles où la terre & l'eau dominent seront fixes, & ne pourront devenir que volatiles par l'action de la chaleur ; celles au contraire qui contiennent beaucoup d'air & de feu, seront les seules vraiment combustibles : la difficulté est de concevoir nettement comment l'air & le feu, tous deux si volatils, peuvent se fixer, & devenir parties constituantes de tous les corps.

Le feu, en absorbant de l'air, en détruit le ressort, ce qui ne se peut faire qu'en comprimant ou en étendant ce ressort, & c'est de cette manière seule qu'il peut être détruit, puisque la moindre chaleur est capable de raréfier l'air : c'est dans cet état que son ressort étant très-foible il peut devenir fixe, & s'unir sans résistance, sous cette nouvelle forme, avec les autres corps. On entend bien que cet air transformé & fixé, n'est point du tout le même que celui qui se trouve dispersé, disséminé, sans union, sans adhérence dans la plupart des matières : celui-ci leur est si étroitement attaché, si intimement incorporé, que souvent on ne peut l'en séparer.

Nous voyons de même que la lumière, en tombant sur les corps, n'est pas à beaucoup près entièrement réfléchie ; il en reste en grande quantité dans la petite épaisseur de la surface qu'elle frappe ; elle y perd son mouvement, s'y éteint, s'y fixe, & devient dès-lors partie conſtituante de tout ce qu'elle pénètre (1). Ajoutez à cet air, à cette lumière, transformés & fixés dans les corps, ajoutez-y, dis-je, la quantité conſtante du feu que toutes les matières de quelque eſpèce que ce ſoit poſsèdent également, vous trouverez tous les élémens réunis & fixés concourir à leur conſtitution.

Cette quantité conſtante de feu ou de chaleur actuelle du globe de la terre, dont la ſomme eſt bien plus grande que celle qui nous vient du ſoleil, paroît être non-ſeulement un des grands reſſorts du mécaniſme de la Nature, mais en même temps un élément dont toute la matière du globe eſt pénétrée; c'eſt le feu élémentaire qui, quoique toujours en mouvement expanſif, doit par ſa longue réſidence dans la matière, & par ſon choc contre ſes parties fixes, s'unir, s'incorporer avec elles, & s'éteindre par parties comme le fait la lumière.

Arrêtons-nous, Madame; ceci ſuffit à l'objet que je me propoſe; laiſſons M. de Buffon pour-

(1) L'on en peut dire autant de la chaleur ou de la matière de la chaleur; & c'eſt préciſément parce qu'elle eſt, comme la lumière qui s'éteint, capable, en ſe refroidiſſant, en perdant ſon mouvement, de ſe fixer dans les corps, qu'on y retrouve enſuite ces principes de chaleur qui y réſident, & qui, joints aux principes fixés de la lumière, produiſent du feu.

ſuivant ſes recherches, & contemplons ſon ouvrage.

DES MATIÈRES

DE LA LUMIÈRE ET DE LA CHALEUR.

Enfin, nous commençons à connoître la nature du feu, & c'eſt à M. de Buffon ſeul à qui nous en avons l'obligation ; c'eſt lui qui, s'approchant de cet élément inacceſſible, a d'une main hardie ſoulevé le voile qui le cachoit à nos yeux. Les grandes & ſublimes idées qu'il vient de nous préſenter nous étonnent & nous éclairent ; mais il faudroit, pour en tirer le parti qu'il convient, que ces idées puſſent, comme le fait la lumière en ſe fixant dans les corps, laiſſer dans nos eſprits quelques dépôts du génie qui les a produites. Non, il n'y a que l'œil perçant de l'aigle qui puiſſe arrêter ſes regards ſur l'aſtre éblouiſſant de la lumière. J'ai cru, en liſant cet écrit, voir Empedocle lui-même, environné de flammes & de fumée, s'élancer des cavernes de l'Etna, pour nous apporter le fruit de deux mille ans d'obſervations, recueillies dans ces gouffres de feu. Cependant cet Auteur ſublime ſemble n'avoir pas profité de tous ſes avantages, ni déployé tous ſes moyens; il nous a laiſſé des regrets, il n'a pas tout révélé. Il ſeroit ſans doute à ſouhaiter qu'au lieu de déprimer la chimie, il n'eût pas dédaigné de faire uſage des lumières que cette ſcience nous a procurées, pour les joindre à celles que la phyſique lui a fournies. Tout porte à croire qu'alors ſon génie l'eût conduit beaucoup plus loin, & qu'aidé de ce double ſecours il eût ſatisfait à tout, & rendu ſa théorie plus complette. Au lieu des idées vagues & incertaines qu'il a ſemées ſur la nature & la formation des ſels, des acides & des ſoufres, il auroit reconnu que les acides, quoiqu'ils ſoient retirés des ſels & des ſoufres, ne ſont réellement pas pour cela des produits de l'art : il auroit vu que la Nature elle-même avoit, pour former les ſels, qui ſont des ſubſtances compoſées, beſoin des acides qui en ſont les principes élémentaires ; qu'ainſi elle a dû, ou les créer avant tout, ou les trouver tout formés ſous ſa main, puiſqu'ils entrent dans toutes ſes combinaiſons : enfin, il eût, comme nous peut-être, admis cette ſubſtance au rang des élémens ; car, pourquoi borner les reſſources de la Nature, qui, pour ſes opérations, demande elle-même le concours de pluſieurs principes (1) ? Il me ſemble qu'en éten-

(1) Vouloir que tout ſe réduiſe & ſe rapporte à un ſeul principe matériel, c'eſt vouloir une choſe impoſſible & abſurde : que faire avec une ſeule donnée? Réduite alors à l'impuiſſance, la Nature ſe trouveroit plongée dans un ſommeil ſtupide, & la matière n'offriroit qu'une maſſe uniforme & ſtérile ; ſa ſurface ne ſeroit couverte d'aucun

dant cette dénomination élémentaire ſur un principe nouveau, on peut de la ſorte augmenter & l'eſſor de nos idées, & les moyens mêmes de la Nature. Qui nous empêche donc de reconnoître dans l'acide qu'elle emploie à tout, dans l'acide qui exiſte dans preſque toutes les ſubſtances, & qui n'y prend différens caractères qu'à cauſe des modifications qu'il y éprouve; dans l'acide, enfin, que l'homme peut extraire des matières où il eſt contenu, mais qu'il ne peut compoſer ni décompoſer, un cinquième élément, le plus puiſſant peut-être & le plus énergique de tous (1)? Les autres élémens, dont quelques-uns

---

être végétant ou ſenſible; il n'y auroit enfin aucun changement dans ſes parties, aucune variété dans ſes produits. Cette variété ſuppoſe donc la pluralité des principes, ainſi qu'un livre quelconque ſuppoſe la pluralité des caractères. Si notre alphabet étoit réduit à un ſeul de ces caractères, il nous ſeroit par ce moyen auſſi impoſſible d'exprimer nos penſées, qu'à la Nature d'exécuter ſes deſſeins avec un ſeul principe; & ſi nous faiſons attention à la prodigieuſe diverſité de ſes combinaiſons & de ſes produits, nous ſerons encore étonnés qu'avec quatre élémens elle en puiſſe faire autant.

(1) Non, malgré cela nous n'en admettrons que quatre, qui ſeront la terre, l'eau; & puiſqu'il faut enfin nous expliquer ſur les deux autres, nous prendrons, pour ſuppléer aux élémens de l'air & du feu que nous ſupprimons, les matières de la chaleur & de la lumière, qui ſeront inceſſamment repréſentées, l'une par l'acide, & l'autre par le

ſont déja reconnus composés, ne paroiſſent pas mériter davantage la dénomination dont ils jouiſſent, & qu'ils ne doivent peut-être qu'à la foibleſſe de nos lumières, & à l'obſcurité dans laquelle leurs principes reſtent cachés.

En liſant le diſcours de M. de Buffon, je l'admire ſans doute; mais en l'admirant je voudrois pouvoir en effacer quelques traits; je voudrois même, s'il m'étoit permis, ajouter quelques lignes ſur ce canevas tracé par la main du génie. Vous avez, lui dirois-je volontiers, par votre hypothèſe ſur la formation de la terre, comme un nouveau Prométhée, introduit le feu céleſte dans ſon ſein, & avec lui le principe des combinaiſons dont la

---

phlogiſtique: dès-lors nous ne regarderons le feu que comme un composé de ces deux matières; & l'air ne ſera plus, comme nous l'avons déja dit, qu'un fluide pareillement composé de ces deux ſubſtances, plus, de quelques parties d'eau, priſes dans les évaporations de la terre, en quoi ſeul il diffère, ainſi que par ſon état actuel, de la matière même du feu. L'on voit par-là comment ce fluide, d'ailleurs très-voiſin de cet élément prétendu, peut d'un côté, c'eſt-à-dire par le concours de ſes premiers principes, ſervir à ſon aliment, & par l'autre à ſon développement. A l'égard des quatre élémens que nous adoptons, les deux premiers ne ſeront regardés que comme des élémens paſſifs, propres à recevoir l'impreſſion qui peut leur être donnée; & les deux autres ſeront, comme fluides, volatils, condenſables, expanſibles, & ſuſceptibles de changer d'état & de forme, les ſeuls élémens actifs de la Nature.

matière eſt ſuſceptible ; par là vous l'avez animée, cette matière, vous l'avez fécondée : vous avez plus fait encore, vous nous avez développé le mécaniſme ſecret de la Nature ; vous avez enfin conduit la ſcience ſur la route de la vérité, mais vous avez laiſſé des ronces ſur ſon paſſage ; permettez-moi de les arracher à la lueur même de vos idées ; j'embraſſe vos principes, j'adopte vos conſéquences ; mais j'en dois excepter quelques points. Pardonnez-le-moi ; je ne puis admettre que les ſels, plus compoſés ſans doute que les acides, aient été, avant eux, formés par la Nature. Je ne puis concevoir que les ſoufres, dont on tire quinze parties d'acide contre une de phlogiſtique, ſoient uniquement compoſés de parties fixes d'air & de feu : ce qui ne peut être, à moins qu'on ne regarde avec nous l'air & le feu comme deux compoſés, & l'acide comme un principe eſſentiel de l'un & de l'autre. Enfin, je ne puis conſentir que le phlogiſtique, loin *d'être un principe ſimple & identique, ne ſoit lui-même qu'un compoſé, un produit de l'alliage, un réſultat de la combinaiſon des deux élémens de l'air & du feu fixés dans les corps*, &c.

Non, mon maître, ce n'eſt pas tout cela ; vous vous êtes écarté de la voie même que vous nous avez frayée ; mais ſi vous daignez porter vos regards ſur ce que vous avez dit plus haut à l'occaſion du feu, & vous rappeler la diſtinction infiniment ingénieuſe que vous avez établie entre les matières de la lumière & de la chaleur, qui, quoique de même nature en apparence, diffèrent néanmoins beaucoup entre elles, vous y retrouverez le fil capable de nous conduire au but que nous cherchons, & les moyens de ſatisfaire à tout.

Vous y verrez 1°. que ces molécules exceſſivement petites, qui, quoique maſſives & peſantes, pénètrent les corps les plus compactes, qui s'éloignent moins que la lumière des corps embraſés, qui paroiſſent tenir encore de plus près que cette lumière à l'eſſence du feu, qui affectent dans le toucher, le plus groſſier de nos ſens; qui ſont répandues dans toute la matière ſolide, & réſident dans l'intérieur du globe; qui s'introduiſent enfin dans tous les corps ſans aucune exception, & peuvent y fixer la chaleur, ou les principes qui l'occaſionnent, par les dépôts qu'elles y laiſſent: vous verrez, dis-je, en y faiſant attention, que ces particules conſtitutives de la chaleur appartiennent eſſentiellement à un principe acide, & ne ſont en effet que des émanations de cet élément expanſif & développé qui fait partie du feu, & auquel on doit rapporter excluſivement la chaleur qu'il poſsède & répand, d'autant mieux que l'acide peut, comme on ſait, de lui-même & ſans feu, à l'aide d'un peu d'eau ſeulement, engendrer la plus vive chaleur.

Si de-là nous jetons les yeux ſur ces particules

infiniment petites, qui constituent la lumière, qui ne se laissent appercevoir que par le sens de la vue, qui sont répandues dans les espaces immenses de l'univers, qui se meuvent avec la plus grande vitesse, & agissent à l'instant à des distances immenses, qui supposent la division de la matière en parties très-petites, qui s'incorporent, s'amortissent & s'éteignent dans tous les corps qui ne les réfléchissent pas; qui, étant ainsi absorbées, se fixent & demeurent dans ceux qui les ont admises : nous verrons, à n'en pouvoir douter, que ces particules n'appartiennent à leur tour qu'à cette matière inflammable que nous appelons phlogistique, & qui se trouve, comme l'acide, plus ou moins répandue dans les substances. Par-là nous apprenons enfin ce que c'est que le phlogistique, & nous voyons que ce principe inconnu, & tant cherché des Physiciens & des Chimistes, invisible lorsqu'il est fixé, insaisissable lorsqu'il se développe, n'est dans le fait autre chose que cette matière de la lumière fixée dans les corps, laquelle y devient, en raison de sa ténuité & de sa volatilité, le principe des odeurs, des couleurs; & forme, étant unie à l'acide, c'est-à-dire à la matière de la chaleur, le feu lumineux que nous tirons des matières combustibles.

Voilà donc les deux principes, les deux élémens du feu, bien reconnus dans les matières de la chaleur & de la lumière, & vraiment repréſentés par l'acide & le phlogiſtique ; car je ne regarde le feu que comme un compoſé de ces deux matières développées, comme un réſultat de leur action combinée. Cependant, quoiqu'il ne ſoit dans le fait rien autre choſe, on pourroit, ſur-tout en ne conſidérant la lumière & la chaleur que comme des modifications, le préſenter lui-même comme un principe, & lui donner alors, ne fût-ce que pour ſe prêter à l'uſage, la double dénomination de cauſe & d'effet.

D'un autre côté, le feu ſolaire ſubſiſtant par lui-même, ſembleroit, tant à cauſe de la chaleur & de la lumière qu'il nous diſpenſe journellement, qu'en raiſon des dépôts qu'il en laiſſe dans la terre, mériter, indépendamment de toute autre ſuppoſition, d'en être regardé comme le principe primitif. Quoi qu'il en ſoit, le feu terreſtre, dépourvu de pareils titres, ne ſera jamais qu'un réſultat dépendant de la préſence & du développement de ces deux matières ; car ce feu ne pourroit exiſter ſi ces principes n'exiſtoient & n'avoient été préalablement dépoſés dans les corps combuſtibles. La chaleur & la lumière que ces corps répandent en brûlant, n'expriment que le développement actuel des matières préexiſtantes, & non leur formation. Le feu qu'alors on communique à ces corps, pour faciliter leur combuſtion, ne peut de ſon côté être l'auteur de cette chaleur & de cette lumière nouvelle qui en réſultent ; il n'eſt lui-même qu'un principe d'action, qu'un moyen auxiliaire, favorable & nécessaire au développement de ces matières.

Les principes de la lumière & de la chaleur étant, en qualité d'élémens, indestructibles par eux-mêmes, ils doivent se représenter sous leur nature & avec leur caractère, toutes les fois qu'en leur donnant de l'expansion, on leur fournit le moyen de se réunir, & de se débarrasser des liens qui les tenoient enchaînés dans les substances : cela se passe ainsi dans l'acte de la combustion ; là, chacun de ces principes se réintégrant dans son état élémentaire, se développe & s'explique d'une manière caractérisée & parfaitement analogue à sa nature. D'un côté, le phlogistique, comme plus ténu, reprend dans la flamme qu'il constitue, & où il s'établit principalement, sa forme, sa volatilité, son éclat ; & la lumière se ressuscite de la sorte constamment parée de la couleur du soleil, dont elle semble primitivement émanée. Cependant l'acide, ou la matière de la chaleur, paroît d'un autre côté, comme étant moins volatile, se concentrer dans le charbon, qu'elle colore en rouge, & se porter de-là, par une progression plus lente, sur les corps qui l'environnent, pour leur communiquer, à une distance limitée, une sensation douce & agréable ; ou de près exercer sur eux, par le moyen de ses pointes incisives & pénétrantes, ses effets caustiques & déchirans.

C'eſt donc dans le charbon principalement que réſide la chaleur ; & ſi la flamme eſt capable de brûler comme lui, ce n'eſt point que la matière de la lumière qui la compoſe ait cette propriété par elle-même : cela n'arrive que parce qu'elle a été échauffée par l'acide igné, & qu'elle contient des parties de cet acide qui ſe trouvent engagées avec le phlogiſtique ; de ſorte qu'étant chargée de ces principes de chaleur, la flamme paroît, en raiſon de ſa plus grande volatilité, plus propre à la communication & à l'extenſion du feu que le charbon lui-même, quoique d'ailleurs il y ait beaucoup moins d'intenſité dans la chaleur qu'elle poſsède. Enfin, puiſque les rayons du ſoleil nous éclairent & nous échauffent en même temps, il s'enſuit que ces rayons doivent, outre la lumière qu'ils répandent, contenir néceſſairement le principe de la chaleur, & porter un acide qui paroît, comme dans le charbon, particuliérement attaché au rayon rouge, lequel étant plus maſſif, plus peſant & plus chaud, ſemble participer davantage à la chaleur & à la couleur foncière du corps brûlant de l'aſtre qui l'envoie.

Il ſuffit, pour ſe convaincre de tout cela, de ſe rappeler ici l'expérience infiniment ſimple, que nous avons déja citée en parlant des acides. Si nous verſons quelques gouttes de cette ſubſtance dans de l'eau, il s'y produit à l'inſtant une chaleur vive & ſenſible, & l'on ne peut dans cette occaſion en méconnoître le principe. L'on ne peut vraiment rapporter cette chaleur obſcure, ſubitement répandue dans l'eau, à d'autre cauſe matérielle qu'à l'acide lui-même : ici donc l'acide s'annonce d'une manière bien préciſe & bien claire, non-ſeulement comme le principe de la chaleur, mais comme le repréſentant unique de la matière de la chaleur. Ce n'eſt pas tout ; ſi après cela nous verſons cet acide ſur de l'huile ou du charbon en poudre, il ſe produit dans ce cas, en outre de la chaleur, de la flamme & du feu. A cet effet différent, à cette flamme produite, on ne peut ici douter de la préſence & du concours d'un principe nouveau, du principe de la lumière ; & nous ne pouvons également rapporter cette converſion de la chaleur obſcure en chaleur lumineuſe, qu'au phlogiſtique contenu dans l'huile & le charbon : ainſi le phlogiſtique devient à ſon tour, & le principe de la lumière, & le repréſentant de cette matière. L'effet néceſſaire de l'acide eſt donc de produire de la chaleur, comme celui du phlogiſtique eſt de produire de la lumière ; & de ces deux produits réunis ſe compoſe le feu lumineux, qui dès-lors n'eſt plus qu'un réſultat dépendant de l'union & de la rencontre de ces deux matières de la lumière & de la chaleur.

Ces principes établis, & cette diſtinction entre

la lumière & la chaleur étant une fois admiſe, il n'y a plus d'équivoque entre ces deux ſubſtances; & malgré la multiplicité de leurs rapports & la connexité de leurs effets, il nous ſera facile de rapporter à l'une & à l'autre de ces matières ce qui leur appartient; alors le voile ſe lève, & tout s'explique dans la Nature : on ne ſera plus étonné de rencontrer dans l'intérieur du globe, jadis embraſé ou du feu du ſoleil, ou de ſon propre feu (1), ces principes de la lumière & de la chaleur, fixés dans la matière, & ſervir, ſous la dénomination d'acide & de phlogiſtique, aux combinaiſons ſalines, pierreuſes & métalliques. On doit ſans doute les retrouver, ces principes, en plus grande abondance ſur la ſuperficie du globe (2), ou du moins

(1) Je n'examinerai pas ſi la terre, détachée du ſoleil par le choc d'une comète, fut autrefois, comme le prétend M. de Buffon, brûlée de ce feu emprunté; ou ſi, comme le penſe Leibnitz, cette terre a pu dans l'origine s'enflammer d'elle-même. Cette diſcuſſion eſt étrangère à mon objet. D'ailleurs il ne me convient point de me rendre juge entre ces deux grands hommes; il me ſuffit d'être aſſuré, tant par l'autorité reſpectable de ces Philoſophes, que par les témoignages authentiques qui en ſubſiſtent dans la Nature, que la terre a dû éprouver le plus grand feu; c'eſt une vérité dont il me paroît difficile de douter : du reſte, il m'importe fort peu de ſavoir comment cela s'eſt paſſé; je crois qu'on y rêvera long-temps encore avant de le découvrir.

(2) L'expoſition apparente de ces principes ſur la ſur-

ils doivent s'y annoncer d'une manière plus marquée, tant à cause des sublimations qui se sont faites & qui s'y font encore, qu'à cause des dépôts journaliers que le soleil y ajoute, au profit de la végétation & de la décoration extérieure de la terre. Il n'est donc pas étonnant que l'homme, soit hasard, soit industrie, ait pu, par le frottement ou d'autres voies, extraire ces principes des corps combustibles, & ressusciter de la sorte dans ses foyers le feu du soleil, éteint & incorporé dans ces substances. Il y a plus, dès que ces

---

face de la terre, la facilité de les extraire des substances qui la couvrent, les phénomènes visibles auxquels leur présence donne lieu, la quantité qu'il en faut pour fournir tant aux produits immenses de la végétation, qu'à la formation des animaux; enfin, le peu de connoissances que nous avons d'ailleurs des matières renfermées dans l'intérieur du globe, tout a dû nous faire juger que ces principes étoient plus abondans à sa superficie; cependant si l'on fait attention aux masses dures & compactes, tant pierreuses que métalliques, qui sont enfouies dans son sein, & dans lesquelles ces principes se trouvent, non comme à la surface de la terre dans un état de dispersion, mais dans l'état de la plus grande agrégation; & que l'on pense en même temps à la quantité nécessaire de parties qui doivent se réunir pour former la moindre masse solide, l'on aura bien de la peine à se persuader que les principes dont il s'agit soient moins abondans ici qu'à la superficie du globe; &, quoi que j'en aie dit, je suis fortement tenté de croire le contraire.

ſubſtances produiſent du feu, elles contiennent de l'acide ; & l'on peut également en retirer cet acide, puiſqu'il y exiſte comme principe néceſſaire du feu : il n'eſt alors, pour l'obtenir ſéparément, beſoin que de le débarraſſer des matières étrangères avec leſquelles il ſe trouve mêlé & confondu. Mais de quelque matière qu'on le retire, ſoit des ſubſtances végétales & animales, ſoit des ſels ou des ſoufres, il ne doit rien au feu qui a ſervi à l'extraire, il porte en lui le principe du feu.

S'il faut, quant au phoſphore & au ſoufre, compoſés l'un & l'autre d'acide & de phlogiſtique, un feu ſi violent pour les obtenir, ce n'eſt point que ces principes n'exiſtent également dans les matières dont on cherche à les extraire ; cela vient uniquement de la double difficulté qu'il y a de les dépouiller d'abord de toutes parties étrangères, & de les forcer enſuite, ainſi purifiés, à ſe réunir en un point, de manière que ces principes fugaces ne puiſſent échapper des mains de l'homme.

Le phoſphore & le ſoufre ſe reſſemblent à mille égards, & ſont deux ſubſtances analogues, également compoſées d'acide & de phlogiſtique ; cependant elles préſentent quelque différence : l'une s'enflamme d'elle-même ; & l'autre a, pour brûler, beſoin du contact du feu. Mais cette circonſtance, peu eſſentielle au fond, ne peut ſeule militer contre les rapports multipliés qui ſe trouvent entre le phoſphore & le ſoufre, & former une

une objection contre leur identité. Leur disposition, plus ou moins grande à s'enflammer, ne doit, à ce qu'il me semble, se rapporter qu'à l'époque différente de leur formation, de sorte que les principes qui composent le phosphore, auroient, comme étant plus récemment déposés sur la superficie du globe, & se trouvant plus voisins de l'état d'expansion où ils étoient avant, moins perdu de leur expansibilité, de leur volatilité, & seroient ainsi plus disposés à s'enflammer; tandis que dans le soufre ces mêmes principes se seroient, par un plus long séjour dans la matière, d'autant plus éloignés de cet état originel, & rapprochés par-là de la fixité de la terre (1); de-là vient que pour les enflammer il faut ici employer le secours même du feu, au lieu que pour la déflagration du phosphore, il suffit d'un léger frottement, ou d'une chaleur de 20 degrés.

Quoique les élémens de la Nature soient indestructibles par eux-mêmes, on ne peut leur refuser le pouvoir de changer de forme & d'état; tout nous force à croire à ces transformations passagères. Nous ne pouvons douter que les particules de la lumière & de la chaleur *ne s'incorporent elles-mêmes dans la matière*, qu'elles n'y soient *ainsi* retenues & enchaînées jusqu'à ce qu'elles puissent *s'en dégager*,

(1) De-là dépend aussi, comme nous l'avons vu, la fixité qui distingue l'acide vitriolique des autres acides.

& qu'alors elles ne ſoient capables de reproduire de la chaleur, de la lumière & du feu ; ainſi ſe forment par l'union de ces deux ſubſtances, dépouillées à certains points de matières étrangères, les phoſphores de toute eſpèce que l'art ou la Nature nous préſente; je le répète, ſous cette dénomination, je comprends non-ſeulement cette matière phoſphorique, retirée par le feu de l'urine putréfiée, ou des os calcinés, mais encore toute matière, tant fluide que concrète, où je trouve l'acide & le phlogiſtique réunis en abondance ; & je regarde toutes les ſubſtances végétales & animales, qui ſont les ſeuls alimens du feu, comme autant de phoſphores commencés, ébauchés par la Nature : il pourroit même s'en trouver juſques dans les ſubſtances métalliques ; & le zinc en eſt un exemple.

Dès que nous regardons l'air comme un fluide compoſé d'eau, d'acide & de phlogiſtique, nous ne pouvons nier qu'il ne ſoit, ainſi que les matières de la lumière & de la chaleur, capable de s'incorporer & de ſe fixer dans les ſubſtances ; mais alors nous n'annonçons rien autre choſe que ce que nous venons d'établir ; & dire que l'air peut ſe fixer, c'eſt répéter aſſez inutilement que ces matières conſtitutives de l'air peuvent, ſous cette dénomination empruntée, paſſer de l'état aériforme à l'état de ſolidité dans les corps. Si à cela nous ajoutons que l'air peut dans cet état de fixité jouer encore un rôle intéreſſant dans la Nature, & développer, en reprenant ſa volatilité, des propriétés nouvelles ; tout cela ne préſente également que des effets réſultans de la préſence & de l'énergie de ſes principes élémentaires ; & c'eſt, comme nous l'avons vu, de leurs propriétés mêmes que dérivent les propriétés de l'air, tant celles qu'il poſsède dans l'état de fluidité, que celles qu'il acquiert dans l'état de fixité. Cela poſé, que l'air puiſſe ſe fixer, j'y conſens, pourvu toutefois qu'on ne le regarde plus comme un élément indépendant, & qu'on ceſſe de lui attribuer, en cette qualité, des vertus & des effets qui n'appartiennent excluſivement qu'à l'acide & au phlogiſtique dont il eſt composé. Ne voyons-nous pas que cet air fixe, tantôt inflammable & tantôt méphitique, ne peut, dans le premier cas, vu ſon inflammabilité, & ſa légéreté ſix fois plus grande que celle de l'air atmoſphérique, repréſenter autre choſe que la matière même de la lumière qui ſe développe alors ? Quant à l'air méphitique, il ſemble également démontré, tant par ſes propriétés que par ſa peſanteur preſque deux fois plus grande que celle de l'air atmoſphérique (1), qu'il n'eſt lui-même qu'un acide volatil, dégagé des ſubſtances dans leſquelles il réſide : les expériences du docteur Ingen-

(1) Suivant l'ordre de peſanteur que nous avons ci-devant établi entre les élémens, le phlogiſtique, comme plus léger, ſe place le premier, & ſe trouve immédiate-

Housz ne laiſſent là-deſſus aucune incertitude. L'air fixe n'ayant aucun rapport avec l'air atmoſphérique, ne peut donc être pris pour de l'air; & c'eſt mal-à-propos qu'il en porte le nom: cette dénomination d'air fut ainſi, ſur l'apparence ſeule, donnée par erreur à tout fluide aériforme.

L'eau ſeroit-elle ſeule privée du pouvoir de ſe fixer? Non: la Nature agit d'une manière plus égale, ſes lois ſont générales; cet élément jouit donc de la même propriété, avec d'autant plus de droit, qu'il eſt par lui-même beaucoup plus fixe que les matières dont nous venons de parler: cette fixation de l'eau s'annonce dans les pétrifications, dans les criſtalliſations, & ſon effet ne peut s'aſſimiler à celui de la congélation: la ſolidité conſtante que l'eau prend en ſe fixant, ne reſſemble en rien à la ſolidité précaire qu'elle acquiert en ſe congelant. L'eau ſe trouve ainſi fixée dans les gypſes, les pierres calcaires, les coquillages & les ſpaths; d'ailleurs il ne paroît pas qu'elle

ment ſuivi par l'acide; cependant ſi l'air eût été compris dans ce tableau, il eût précédé ce dernier, parce qu'étant compoſé d'acide & de phlogiſtique, il doit néceſſairement ſe trouver plus léger que l'un & plus peſant que l'autre: ceci peut expliquer la prépondérance de l'acide méphitique ſur l'air. Au ſurplus, nous remarquerons ici que la peſanteur comparée de cet acide fluide peut, ſuivant qu'il eſt plus ou moins denſe, varier en quelque choſe.

puisse se rencontrer sous cette forme, ni d'aucune autre manière, si ce n'est par accident, dans les pierres vitrescibles (1); du moins je le pense ainsi.

Tous les élémens sont donc susceptibles de se fixer, de se solidifier, & de passer alternativement de la solidité à la fluidité, & de la fluidité à la solidité. Nous pouvons même regarder ces métamorphoses étonnantes de la matière, comme l'opération la plus ordinaire de la Nature; mais si elles

(1) L'eau qui se retire par la distillation de certaines hématites, & celle que l'on rencontre quelquefois dans des pierres de nature vitrifiable, ne peuvent infirmer cette assertion. L'on conçoit sans peine que le fer & la pierre, étant, l'un réduit en rouille, & l'autre en poudre, à l'occasion de quelque frottement, auront été dans cet état délayés ou chariés par les eaux; & qu'en se rapprochant ensuite, ces matières auront pu retenir quelques parties du liquide dans lequel elles sont restées suspendues, ainsi qu'on le remarque dans les dissolutions artificielles qui se font dans nos laboratoires. L'eau qui s'y trouve contenue n'y est donc que par adjonction; & elle ne sert ici qu'à nous prouver que ces pierres & ces mines de fer ne sont pas, comme on dit, d'ancienne formation; mais ceci ne regarde que la forme, & ne peut s'appliquer à la matière première qui les constitue: cela ne fait pas que cette matière ne soit elle-même d'une formation antérieure à l'arrangement que ces molécules ferrugineuses ou pierreuses ont prises ensuite par le concours de l'eau, & que cette formation ne puisse alors se rapporter à une autre cause.

ſont pour elle un moyen de diverſifier ſes ouvrages, elles ſont en même temps pour l'obſervateur attentif une ſource féconde de lumière & d'inſtruction. Déja nous remarquons que la fixité où parviennent les fluides, n'eſt à leur égard qu'une qualité relative, qui doit, indépendamment de toute autre circonſtance, augmenter en proportion du temps qu'elle aura été à s'opérer : dès-lors ne pourroit-on pas regarder la métalléité même comme le premier effet, comme le produit le plus frappant de cette opération ? Pourquoi non ? Quelque ſingulière qu'elle paroiſſe, j'embraſſe cette idée ; & de ce moment je n'enviſage les métaux que comme des ſubſtances compoſées d'élemens volatils fixés, ſolidifiés, & portés par la ſublimation vers la ſuperficie de la terre, lors de l'incendie primitif du globe, dont la métalliſation eſt l'effet & la preuve (1).

De la Métalléité.

Il ſeroit, indépendamment de toute hypothèſe,

---

(1) A l'aide de la végétation, les matières de la lumière & de la chaleur s'incorporent dans le bois, & deviennent les principes de la combuſtibilité : en ſéjournant dans l'eau, ces mêmes matières contenues dans le bois s'y pétrifient avec lui. Cela étant, pourquoi ne pourroient-elles pas, avec des moyens convenables, ſe métalliſer auſſi ?

difficile de concevoir que les métaux, tels que nous les annonçons, & même tels qu'ils se présentent dans la terre, eussent été produits autrement que par le feu, & par un feu très-violent, ou, pour mieux dire, par le refroidissement ensuite d'un très-grand feu. Sans ce feu préliminaire, comment les principes métalliques, épars de tous côtés, auroient-ils pu se séparer des autres matières, & se réunir ensemble pour composer ces masses dures & compactes qui en diffèrent? Comment se trouveroient-ils, dans leur constitution, dépouillés de terre & d'eau? comment, sans le véhicule du feu, auroient-ils pu d'eux-mêmes se porter du centre vers la circonférence où ils se trouvent réunis & recelés? Je dirai plus, comment s'y seroient-ils formés, si le feu lui-même n'en avoit ou fourni ou porté la matière? La métallisation suppose donc l'action nécessaire du feu. Mais en admettant cette action, il faut en même temps regarder les principes métalliques, non-seulement comme volatils, mais comme jouissant, avant leur fixité, de la plus grande volatilité; autrement il seroit difficile d'expliquer comment les métaux, ayant sur toutes les autres substances une prépondérance marquée, auroient pû surnager la matière & se placer sur le globe avant elle. Tout cela, je l'avoue, ne paroît pas s'accorder avec la consistance actuelle des substances métalliques: néanmoins, vu la solidité que les fluides volatils sont, en se fixant, susceptibles d'acquérir, il est aisé de concevoir que les matières de la lumière & de la chaleur, mises en expansion par le feu, & cherchant alors à se porter du centre à la circonférence, ont pu, lorsque la terre commençoit à se refroidir, s'arrêter ou sur la superficie du globe, ou dans les fentes des roches vitrescibles : là, ces matières vaporisées se seront, en se condensant, en s'accumulant, en s'appliquant comme la suie dans nos cheminées (1), aux faces latérales de ces fentes, ces matières, dis-je, se seront attachées à des gangues ; & remplissant peu à peu ces cavités de leur substance, elles auront de la sorte formé ces filons métalliques qui s'y trouvent : enfin, elles auront, par le laps des années, acquis cette consistance que l'on remarque dans les métaux ; & c'est à la concentration extrême de ces matières, & à l'agrégation intime de

(1) Cette comparaison, tirée de la suie des cheminées, est infiniment propre à nous donner une idée juste & précise de la manière dont les mines ont pu s'établir en filons dans les crevasses de la terre ; cette suie est vraiment une preuve sensible que les matières les plus volatiles peuvent se condenser & se réunir, car elle n'est elle-même composée que des parties les plus volatiles des matières combustibles ; & cependant elle est en peu de temps capable d'acquérir la solidité même de la pierre. Je n'imagine pas que les métaux aient pu autrement se former en rameaux & filons dans les fentes des montagnes.

leurs parties, que ces métaux doivent la ténacité & la pesanteur qui les caractérisent.

En vain l'on suppose que chaque métal a sa terre particulière qui le différencie : non, dans un embrâsement universel on ne peut admettre ni choix ni adoption ; d'ailleurs la terre élémentaire n'est qu'une : il est même à présumer qu'elle entre pour peu de chose, ou, pour mieux dire, pour rien, dans la composition des substances métalliques : la différence qui existe entre elles ne vient donc uniquement que d'un alliage inégal, & plus ou moins parfait dans leurs principes constitutifs (1).

Il semble qu'en passant de la terre dans une atmosphère nécessairement plus froide ou moins chaude, les matières de la lumière & de la chaleur ont dû se repercuter en partie vers la surface du globe, de sorte qu'en s'y arrêtant, en s'y refroidissant, en s'y fixant enfin, ces matières auroient pu d'abord y former le fer qui, comme le plus léger des métaux (2), a pris place avant

(1) Il ne faut pas comprendre dans ces principes la terre qui se trouve interposée entre leurs parties, & qui sert de gangue ou de matrice au minerai ; nous n'envisageons le métal que dans son état de pureté, dépouillé par conséquent de cette terre étrangère ; c'est par-là sur-tout, c'est-à-dire par l'exclusion de ce principe, que les substances métalliques se distinguent des pierres.

(2) Il faut cependant en excepter l'étain qui, dans le

tous. Il feroit donc poſſible d'enviſager le premier lit, le premier enduit de la terre, ſortie du ſein des flammes, comme une croûte ferrugineuſe ; mais le fer peu pourvu de phlogiſtique, ou trop abondant en acide, péchant enfin par quelque circonſtance, n'a point, dans ſon élaboration, reçu la perfection métallique ; étant par cela même ſujet à s'altérer à l'humidité, il a dû, lorſque les eaux du ciel ſont deſcendues ſur la terre, ſe convertir en rouille ; & cette rouille formée, & enſuite détachée par les eaux, a donné naiſſance aux ocres & aux terres martiales qui ſe trouvent répandues partout, & ſont ainſi devenues le premier élément de la terre végétale, ayant dès-lors, vu leur diviſion, & la chaleur & l'eau dont elles étoient pénétrées, les qualités convenables à la végétation (1).

---

fait, eſt moins peſant que le fer ; mais comme la mine d'étain eſt à ſon tour beaucoup plus peſante que celle du fer, cette exception n'empêche pas que l'on ne puiſſe regarder le fer comme le plus léger des métaux, au moins tant qu'ils ſont dans la terre. La légéreté de l'étain, comparée à la peſanteur extraordinaire de ſa mine, me feroit croire que ce métal a dû perdre dans la fuſion une partie de ſes principes, qui ſe feront alors ou diſſipés ou volatiliſés par l'action du feu.

(1) La quantité de fer qui ſe trouve, ſans y comprendre les mines, répandue non-ſeulement dans les terres, mais encore dans toutes les ſubſtances, tant végétales qu'animales, rend cette opinion aſſez probable ; d'ailleurs

En continuant d'exercer leur action ſur la ſurface terreſtre, les eaux ont entraîné, charié & dépoſé ces rouilles, qui s'étant alors ou formées en grains, ou raſſemblées en maſſes, ont ainſi donné lieu à la plupart de ces mines de fer qui ſont diſtribuées ſur la ſurface du globe; auſſi n'eſt-il pas étonnant que l'homme naiſſant ait trouvé ſous ſa main ce métal précieux, le plus utile de tous, & qu'il l'ait approprié à ſes beſoins.

Dût-on ſe refuſer à la ſuppoſition précédente, l'on ne peut au moins conteſter les principes que nous avons reconnus dans la compoſition du fer; leur préſence s'y démontre d'elle-même. Ce métal n'eſt-il pas, lorſqu'il eſt diviſé & mis en expanſion par un acide, capable de brûler & de s'enflammer à l'inſtant? Cette matière phoſphorique inflammable qui y réſide, & s'en échappe lorſqu'on la frappe ſous le marteau, n'en eſt-elle pas une autre preuve? Juſqu'à préſent, je l'avoue, on n'a regardé cette matière que comme une ſubſtance étrangère aſſociée au fer; mais pourquoi recourir à d'autres cauſes? Ne peut-on pas rapporter les effets qu'elle produit à quelques parties du métal,

---

je ne conçois pas comment cette terre végétale auroit pu ſe former, ſi la ſurface terreſtre eût été vitrifiée; car la pierre vitrifiable étant en quelque ſorte inaltérable par elle-même, l'eau ni l'air n'auroient pu mordre ſur elle.

ou, pour mieux dire, à quelques principes ferrugineux qui, n'ayant pas encore acquis toute leur fixité (1), seroient ainsi plus disposés à se volatiliser au feu ? Quoi qu'il en soit, l'union constante de cette matière avec le fer n'annonce-t-elle pas une analogie réelle, une sorte d'identité dans leurs principes respectifs ? Et ce qui confirme ce que nous disons ici, c'est que si par hasard le fer est trop chauffé, il brûle & se répand dans le feu; il perd alors son nerf, sa force, sa qualité; on ne peut plus le rassembler avec le ringard; & ce qu'on en porte en cet état au marteau, a peine à se souder, & ne prend point de consistance; le fer qui en résulte n'a point la dureté qui lui convient, de sorte qu'il faut le rapporter au fourneau pour qu'il puisse, en s'alliant avec la fonte qui continue d'y couler,

(1) L'existence réelle des fluides, tant électriques que magnétiques, qui circulent dans les solides, rend très-vraisemblable l'existence supposée de ces principes, peu ou point fixés dans le fer; nous remarquerons, même à l'égard du fluide magnétique, que c'est non-seulement dans les mines d'aimant, qui ne sont que des mines de fer, qu'il se trouve naturellement établi, mais encore que c'est dans le fer seul qu'on peut artificiellement l'introduire à demeure : qu'enfin c'est à l'encontre du fer, vers lequel il se porte de préférence, qu'il s'annonce d'une manière plus marquée; d'ailleurs nous observerons encore que les limailles de zinc & d'acier sont les seules qui puissent en différentes occasions s'enflammer avec les acides.

reprendre & les principes qui lui manquent & une meilleure qualité, ce qui forme une espèce de réduction (1) : ainsi l'on voit que le fer n'a, quoiqu'il soit le plus aigre & le moins fusible des métaux, besoin lui-même que d'être plus chauffé pour se dissoudre, se dissiper, se volatiliser & s'assimiler au zinc, dont alors il se rapproche autant par ses qualités acquises, que par la nature de ses principes : enfin, ils se présentent ces principes du fer d'une manière plus visible encore dans ces pyrites martiales, ou, sous une croûte ferrugineuse, ils se trouvent réunis & déposés comme témoins, n'attendant que le moment & le secours de l'eau pour s'entr'ouvrir un passage dans la terre, & lancer leurs feux dans les nues. L'extraordinaire multiplicité des volcans qui se sont produits par leur moyen, & dont il existe des témoignages par-tout, nous fournit exactement la preuve, & de l'abondance de ces pyrites entassées dans le sein de la terre, & de la formation du fer par le concours des mêmes principes phosphoriques inflam-

(1) Malgré cela il y a toujours, quand cela arrive, une diminution quelconque dans la matière, & par conséquent de la perte pour le maître de forge ; de-là vient que quelques-uns craignent encore, à cause de l'activité de son feu, d'employer dans leurs fourneaux le charbon de terre purifié. (Ce que j'ai dit à ce sujet m'a été communiqué par l'un d'eux.)

mables qui s'y rencontrent, ce qui ſuppoſe en même temps l'action d'un feu primitif; car, ſans cela, ces principes n'auroient pu, comme nous l'avons dit, ſe trouver réunis en pareille quantité, & portés de la ſorte vers la ſurface du globe (1).

---

(1) Toute matière, dit M. de Buffon, pourra devenir volatile, dès que l'homme pourra augmenter aſſez la force expanſive du feu, pour la rendre ſupérieure à la force attractive qui tient unies toutes les parties de la matière que nous appelons fixe; car, d'une part, il s'en faut bien que nous ayons un feu auſſi fort que nous pourrions l'avoir avec des miroirs mieux conçus que ceux dont on s'eſt ſervi juſqu'à ce jour; & d'un autre côté, nous ſommes aſſurés que la fixité n'eſt qu'une quantité relative, & qu'aucune matière n'eſt d'une fixité abſolue ou invincible, puiſque la chaleur dilate les corps les plus fixes: or, cette dilatation n'eſt-elle pas l'indice d'un commencement de ſéparation qu'on augmente avec le degré de chaleur convenable juſqu'à la fuſion, & qu'avec une chaleur encore plus grande, on augmenteroit juſqu'à la volatiliſation?

Je crois avec M. de Buffon cette volatiliſation poſſible; mais je regarde en même temps cette poſſibilité comme une conſéquence de la volatilité originaire des principes qui compoſent les corps, ſans quoi le feu le plus violent ne parviendroit point à les volatiliſer: ainſi, plus les principes des corps ſeront volatils par eux-mêmes, plus leur volatiliſation ſera poſſible; & plus ces principes volatils auront acquis de fixité, moins cette volatiliſation toujours poſſible ſera facile. La conſtitution des métaux, telle que nous la ſuppoſons, annonce la poſſibilité de leur volatili-

En étendant cette théorie aux autres métaux, & même aux demi-métaux qui ne paroiſſent que des ouvrages commencés après coup, & faute de moyens, peut-être délaiſſés par la Nature, on verra que ces métaux, tous compoſés des mêmes principes, & formés par le même moyen, ne diffèrent vraiment entre eux que par de légères différences de combinaiſons, & qu'ils ne ſont les uns & les autres, malgré le nom, la couleur & les qualités qui les diſtinguent, que des diviſions d'une même famille. L'on verra donc qu'imparfaits, la plupart dans leur conſtitution, les uns pécheront peut-être par la ſuppreſſion d'un des principes énoncés, ou par quelque circonſtance relative à leur fixité; que d'autres, comme le fer & le cuivre, excéderont en acide d'où proviendroit leur dureté, en ſorte qu'ils n'auroient, comme ce dernier, beſoin que d'une addition de phlogiſtique pour changer de couleur & acquérir du liant, ainſi qu'on y parvient en l'uniſſant au zinc; que d'autres enfin, comme le plomb & l'étain ſurabonderont en phlogiſti-

---

ſation; & cette volatiliſation, lorſqu'elle a lieu, devient à ſon tour l'indice & la preuve de la volatilité de leurs principes. Il ny a d'après tout cela que la terre ſeule que l'on puiſſe regarder comme réfractaire, & qui ſoit, à cauſe de ſa fixité naturelle, incapable de ſe volatiliſer, tandis que les autres élémens, fuſſent-ils fixés & ſolidifiés dans les corps, peuvent en raiſon de leur première volatilité, & à l'aide d'un feu ſuffiſant, parvenir à la volatiliſation.

que, d'où proviendroit auſſi leur liant, leur molleſſe & leur extrême ductilité. C'eſt en général à ces différens défauts de combinaiſons, que ces métaux doivent la dénomination qu'on leur a donnée de métaux imparfaits ; & cette dénomination ſe trouve juſtifiée par la rouille & les efflorefcences dont leur ſurface eſt ſujette à ſe couvrir ; car cette rouille & ces efflorefcences ne ſont autre choſe qu'un commencement de décompoſition, cauſée par les efforts que font les principes métalliques mal liés, mal combinés, pour ſe débarraſſer & ſe ſéparer l'un de l'autre, lorſqu'ils ſont aidés du concours de l'air & de l'eau (1). Et puiſqu'il ſuffit

(1) Ces particules métalliques, converties en rouille par le moyen de l'eau, & réductibles en métal par le moyen du phlogiſtique, confirment & démontrent ce que nous avons dit ſur la métalléité ; elles annoncent, ſoit dans leur formation, ſoit dans leur réduction, & juſque dans leurs effets, la préſence néceſſaire des principes que nous avons reconnus dans la conſtitution des métaux, & particulièrement celle de l'acide ou de la matière de la chaleur qui y réſide d'une manière moins explicite, & dont ces rouilles paroiſſent elles-mêmes uniquement compoſées. C'eſt en effet cette matière, ou ſurabondante dans le métal, ou mal liée avec les autres principes, qui peut ſeule, à l'aide de l'eau, & à cauſe de ſon affinité avec elle, ſe détacher du corps métallique pour conſtituer à part cette rouille qui s'établit à ſa ſurface ; cette efflorefcence annonce dans les principes métalliques une eſpèce de développement auquel le phlogiſtique ne peut participer, par la rai-

ſuffit de ces foibles intermèdes pour altérer ces ſubſtances, & les convertir en chaux, il n'eſt pas

---

ſon qu'il n'a de ſon côté aucun rapport avec l'eau ; il ſuffit d'ailleurs, pour s'aſſurer du principe conſtitutif de ces rouilles, d'enviſager les ravages qu'elles produiſent dans le corps des animaux, & de comparer leurs effets brûlans, cauſtiques & déchirans, avec ceux que préſentent les acides eux-mêmes, lorſqu'ils s'y introduiſent, n'importe par quelle voie, en quantité ſuffiſante, & dégagés de tout principe capable d'émouſſer leurs pointes aiguës, car il eſt à remarquer ici que leurs effets ne ſe produiſent qu'en raiſon de la forme inciſive & tranchante de leurs parties élémentaires, d'où provient leur ſaveur piquante. Mais laiſſant cette cauſe à part, revenons aux effets mêmes que produiſent les acides. Nous pouvons nous rappeler à cet égard que l'acide, lorſqu'il eſt réduit à lui-même, eſt, dans quelque état qu'il ſe rencontre, fût-il en expanſion, dangereux & nuiſible : ainſi nous voyons que l'acide du feu brûle & cautériſe les corps ſur leſquels il s'applique en certaine quantité ; que les vapeurs ſeules des acides nitreux, marin & ſulfureux, ſont, ainſi que l'acide méphitique, capables de donner la mort aux animaux ; qu'enfin ces mêmes acides, pris intérieurement, ſont des cauſtiques d'autant plus terribles qu'ils ſont plus concentrés, d'où l'on peut juger que dans l'état concret l'acide doit produire dans les corps des effets ſemblables, & plus terribles encore, parce que cet état ſuppoſe la réunion d'un plus grand nombre de parties. Si à ces effets conſtamment produits par l'acide, dans quelqu'état qu'il ſe trouve, nous joignons ceux des chaux métalliques artificiellement formées par le concours de ces mêmes acides, & que nous comparions le tout avec l'effet des rouilles,

étonnant que les autres diffolvans, & fur-tout les acides, aient autant d'action fur elles. Cette action,

---

ou chaux métalliques naturelles, nous les trouverons exactement en rapport. Alors il paroît démontré que l'acide eft non-feulement un des principes conftitutifs des métaux, mais encore que c'eft lui feul qui conftitue ces rouilles qui s'établiffent à leur furface ; qu'enfin, c'eft à l'acide, à cette matière de la chaleur, qu'il faut exclufivement rapporter tous les poifons métalliques, & peut-être tous les poifons connus, au moins ceux qui étant, d'une manière ou d'autre, introduits dans le corps des animaux, agiffent fur les folides en les brûlant, en les déchirant, & fur les liquides en les coagulant. D'ailleurs, quoique le phlogiftique foit, en raifon de la ténuité de fes parties, infiniment fubtil & pénétrant, je ne crois pas qu'il puiffe par lui-même offenfer l'économie animale, fi ce n'eft peut-être en agaçant les nerfs, en ébranlant trop vivement les fibres délicates & fenfibles du cerveau. Enfin, fi l'acide eft, comme on n'en peut douter, le principe unique & radical des poifons, n'y auroit-il pas lieu d'en conclure que les mines d'antimoine, & fur-tout celles d'arfenic, n'auroient été originairement compofées qu'avec cette matière feule, ou peut-être qu'elles ne feroient elles-mêmes, vu les poifons qu'elles recèlent, que des amas de rouilles métalliques formées dans le fein de la terre, & détachées des autres métaux, ainfi que la préfence de l'arfenic dans la plupart des mines pourroit le faire foupçonner ? Ces rouilles n'auroient ainfi pour fe réduire en régule, & prendre la forme métallique, befoin que de quelques parties de phlogiftique qu'alors elles emprunteroient ou du feu, ou des fondans qu'on leur fournit ; & ce même principe pourroit par fon union rendre ces régules d'arfenic & d'antimoine un

il eſt vrai, ſuppoſe un rapport décidé entre ces diſſolvans, & les principes de la métalléité; mais ſi l'effet peut augmenter en raiſon de cette affinité, c'eſt à l'occaſion ſeule des imperfections réſultantes de la conſtitution métallique qu'il s'opére: c'eſt par-là que l'acide trouve jour à ſe lier, à ſe combiner, à ſe neutraliſer avec ceux des principes métalliques qui ſeroient ou trop abondans, ou peu fixés, ou foiblement liés avec les autres; & ce qui le prouve, c'eſt qu'il a beaucoup moins d'effet ſur les métaux où ces principes ſe trouvent mieux

---

peu moins malfaiſans que leurs mines, leurs ſcories & leurs chaux: enfin, tandis que ces demi-métaux ne ſeroient ainſi compoſés que d'acide, il ſe pourroit que de ſon côté le mercure ne fût, vu ſes propriétés, compoſé que de phlogiſtique.

Il faut l'avouer, l'examen des rouilles métalliques nous préſente dans celle du fer, qui ſeroit plutôt ſalutaire que dangereuſe, une exception capable, non de détruire ce que nous avons dit à l'égard des autres, mais de nous embarraſſer juſqu'à ce que nous ayons découvert la cauſe de cette différence. D'où peut-elle venir? En ſe convertiſſant en rouille, l'acide du fer auroit-il dans cette occaſion ſeule retenu quelques parties de phlogiſtique qui empêcheroient ſon effet? Il y a tout lieu de le préſumer; mais je ne puis l'aſſurer, n'ayant compoſé cette note qu'au moment même où j'étois preſſé de fournir à l'impreſſion, je n'ai pu faire aucune recherche ultérieure ſur cet objet important: à mon défaut, j'invite les Chimiſtes à s'en occuper; la matière eſt digne de leur attention.

combinés, tels ſont l'or & l'argent, auxquels on a par cette raiſon donné la dénomination de métaux parfaits.

Quant aux demi-métaux, on voit clairement qu'ils ne ſont qu'un ébauche imparfaite, où, parmi la terre, ſe trouvent épars & ſans liaiſon quelques principes de minéraliſation, quelques parties fixées de ces matières de la lumière & de la chaleur, c'eſt-à-dire quelques dépôts d'acide & de phlogiſtique, qui ſont en même temps & la matière première des ſubſtances métalliques, & vraiment les ſeuls minéraliſateurs de ces ſubſtances. En vain l'on a, recourant à d'autres intermèdes, multiplié le nombre de ces principes minéraliſans; il étoit, avant de connoître la choſe même, difficile de diſtinguer les moyens de ſa formation, & peut-être inutile de s'en occuper. Quelle certitude pouvoit-on, ſans cette connoiſſance, acquérir ſur cet objet? Pouvoit-on apprécier l'effet de ces prétendus agens, & déterminer en quoi ils peuvent contribuer à la formation des ſubſtances métalliques, s'ils y ſont employés comme principes néceſſaires, ou ſeulement comme moyens auxiliaires? Sait-on même aujourd'hui ce qu'on exprime, & ce qu'il faut entendre, quand on dit que les métaux ſont, les uns minéraliſés par l'arſenic & le ſoufre, & les autres par l'alkali volatil ou l'acide marin? D'ailleurs ne voit-on pas qu'étant dépouillés de leurs acceſſoires, & réduits à leurs principes élémentaires, ces différens intermèdes ne répréſentent dans le fait que l'acide & le phlogiſtique dont ils ſont eux-mêmes compoſés, & qui ſont excluſivement les ſeuls principes conſtitutifs des métaux, nonobſtant les différences qui les diſtinguent, leſquelles doivent alors ſe rapporter, non au concours d'aucun autre principe, mais uniquement à l'état où ceux-ci ſe trouvent dans les mines, au degré de fixité qu'ils y ont acquis, & ſur-tout à la quantité reſpective de parties qu'ils ont fournies l'un & l'autre pour la formation d'un chacun de ces métaux (1)?

Cela poſé, ne ſeroit-on pas fondé à regarder les métaux comme de vrais phoſphores, comme des phoſphores ſolides, compoſés, de même que les phoſphores factices, d'acide & de phlogiſtique, réunis par le feu, mais fixés par le temps & diverſement combinés (2)? Dans cette claſſe ſingulière

---

(1) A préſent l'on découvre ſans peine d'où proviennent ces vapeurs méphitiques ou inflammables qui ſe rencontrent dans les mines; comment s'engendrent ces alkalis & foies de ſoufre volatils qui s'y annoncent par leurs effets & leurs odeurs; & pourquoi les métaux, tant fluides que ſolides, ſont ſuſceptibles de ſe retirer par le froid.

(2) Nous pouvons déja raſſembler à cet égard quelques faits juſtificatifs: le zinc, abſtraction faite de ce que nous en avons dit au ſujet du fer, nous fournit lui-même, en brûlant à la lumière comme un corps combuſtible, une preuve ſenſible de la nature phoſphorique des métaux,

de phosphores, l'or, sans doute, tiendra le premier rang comme le plus pur, le plus parfait de tous, & le chef-d'œuvre de la Nature en ce genre, comme le diamant dans un autre. Si le soleil est le premier des phosphores en déflagration, semblable à l'astre dont il porte le nom, l'or se trouve, à l'autre extrémité de la ligne, le premier de ces phosphores solides, dont les principes, quoique fixés, peuvent retourner de-là à la volatilité (1); ainsi

---

l'on vient d'ailleurs, à ce qu'on assure, de découvrir en Suède une mine de plomb qui, étant distillée avec du charbon, produit du phosphore.

(1) La fixité de l'or, dit M. Macquer, quoique très-grande, n'est pourtant point absolue, non plus que celle des autres corps regardés comme les plus fixes : ces fixités ne sont que relatives aux degrés de la chaleur à laquelle ces corps peuvent être exposés; ainsi l'or n'est véritablement fixe, & ne résiste sans perte qu'à la chaleur des feux dont je viens de parler; & si on l'expose, comme je l'ai fait, à une chaleur bien supérieure, telle que celle d'un grand & bon verre ardent de trois à quatre pieds de diamètre, il est constant qu'il éprouve, même en assez peu de temps, une perte sensible. J'ai tenu de l'or le plus fin au foyer du grand verre ardent de l'Académie à plusieurs reprises, & pendant environ une demi-heure chaque fois, soit dans un charbon creusé, soit dans des capsules de grès & de terre à porcelaine; & toutes les fois que l'air étoit bien pur & le soleil bien ardent, j'ai observé, ainsi que plusieurs de mes Confrères de l'Académie des Sciences, avec lesquels je faisois ces expériences, qu'il s'élevoit de l'or une fumée très-sensible, qui étoit quelquefois de la hauteur de trois

le ſoleil & l'or repréſentent les deux états oppoſés dans leſquels la même matière peut ſe trouver, & forment de la ſorte les deux extrêmes entre leſquels ſe placent tous les phoſphores poſſibles, tant fluides que concrets. Ceci, je l'avoue, n'a l'air que d'une conjecture haſardée ; la fixité conſtante des principes élémentaires de l'or nous cache les rapports qu'ils peuvent avoir avec les principes ſolaires ; & la ſolidité réelle que les uns nous préſentent, ſemble contradictoire avec l'activité brûlante des autres. Cependant, quoique l'or ſoit inaltérable par ſa nature, & capable de réſiſter à l'action de l'eau, de l'air & du feu, il va nous indiquer lui-même les principes de ſa conſtitution. 1°. Sa grande diviſibilité & ſon extrême extenſibilité annoncent une matière de la plus grande fineſſe, & des parties qui, par leur ténuité, ne peuvent appartenir qu'à la matière

---

à quatre pouces. Pour reconnoître de quelle nature étoit cette fumée, j'y ai expoſé une lame d'argent froide : une partie de la vapeur s'y eſt attachée ; elle n'etoit ſenſible ſur cet argent que comme une *terniſſure* d'un œil un peu moins blanc, & imperceptiblement jaunâtre ; mais ayant frotté cet endroit avec un bruniſſoir, il en a réſulté une dorure ſi ſenſible, qu'aucun de ceux qui étoient témoins de l'expérience n'a douté que la fumée de l'or, qui s'étoit ainſi attachée à l'argent, ne fût une portion de l'or lui-même réduit en vapeurs par la violence de la chaleur du foyer. *Dict. de Chimie*, art. *Or*.

même de la lumière dont il porte la couleur. 2°. Cette grande résistance que l'or oppose à tous les dissolvans, & qui paroît dépendre de l'union intime & de la combinaison parfaite de ses principes, suppose également la présence d'un acide très-puissant, très-concentré, très-uni au phlogistique, dont par cette raison tout autre acide a peine à le séparer (1); sans cela il n'en seroit

(1) Ainsi l'on voit, non sans étonnement, que le feu, capable de fondre l'or & de le volatiliser lorsque la chaleur est extrême, ne peut malgré cela le décomposer, séparer ses principes, & le réduire en chaux. Or, pour peu qu'on y fasse attention, l'on doit sentir que cette impuissance relative du feu, ne peut venir que de la constitution de l'or, de l'union de ses principes, & de ce que ses principes sont exactement, sauf la différence qui résulte de leur état actuel, les mêmes que ceux du feu; ensorte que ceux-ci auroient, étant en expansion, le pouvoir de pénetrer, d'atténuer, même, comme nous l'avons dit, de volatiliser cette substance, mais non de s'unir avec aucun de ses propres principes, à cause de leur combinaison même. D'ailleurs le feu n'étant, comme nous l'avons vu, qu'un résultat de la combinaison, de l'association intime des deux principes de la lumière & de la chaleur, il doit par la même raison, & quelle que soit son activité, avoir moins d'effet sur certaines substances, que n'en auroit l'un ou l'autre de ces principes s'ils étoient séparés: aussi voyons-nous, sans chercher des exemples bien loin, que l'acide seul a constamment plus d'effet sur le mercure, sur l'or, & généralement sur tous les métaux, lorsqu'il s'agit de les décomposer, que le feu

aucun qui n'eût, suivant les lois de l'affinité, le pouvoir de s'unir lui-même au phlogistique de l'or. D'un autre côté, quelle que soit l'inaltérabilité de cette substance, l'art vainqueur des obstacles, a trouvé quelques moyens de la dissoudre; & l'on peut par-là, par les chaux qui en résultent, & les revivifications de ces chaux, acquérir encore quelque connoissance sur la nature de ses principes.

Pour dissoudre l'or, il faut, ou l'unir à l'éther qui, quoique peu puissant en apparence, a cependant, en raison de son extrême expansibilité, une sorte d'effet sur lui, ou le soumettre à l'action combinée de plusieurs acides qu'on sait avoir le plus grand rapport avec le phlogistique : toutefois ces dissolutions aurifères ne recèlent souvent qu'une matière très-divisée & non décomposée; elles ne sont pour ainsi dire que des moyens préparatoires à la décomposition de l'or.

Pour séparer réellement le phlogistique de l'or

---

lui-même ; ce qui vient, indépendamment de ce que nous avons dit à l'égard de la constitution de ces substances, de ce que les principes du feu, étant en quelque sorte neutralisés, n'agissent pour ainsi dire alors qu'en vertu seule de leur expansion. Cependant, quoique leur action en soit affoiblie à l'égard des substances dont les principes sont étroitement unis & fixés, elle n'est pas moins violente à l'égard des corps dont les principes sont ou fluides, ou peu fixés, ou moins bien combinés.

d'avec l'acide qui lui eſt joint, & obtenir ce qu'on appelle une chaux d'or, il faut par différens intermèdes, tels que l'étain, le plomb, l'antimoine, le biſmuth & l'arſenic, précipiter l'or de ſa diſſolution dans l'eau régale, & ſoumettre ces précipités au plus grand feu dans les fourneaux de porcelaine ; ou bien l'on doit, après l'avoir précipité par les alkalis, le faire fulminer ſur les mêmes intermèdes ci-deſſus énoncés (1), ou faire enfin tomber ſur lui la foudre de l'électricité. Dans tous ces cas l'acide de l'or, dépouillé de ſon phlogiſtique, s'annonce, ſe découvre à nu, & s'incruſte dans le verre, le métal ou la terre, ſous une couleur rouge foncée qui indique ſa

(1) Les précipités que l'on obtient de la diſſolution de l'or dans l'eau régale, au moyen des régules d'argent, de cuivre, de fer, de cobalt & de zinc, ſont des molécules d'or revivifiées par la voie humide, au lieu que ſi l'on emploie l'étain, le plomb, l'antimoine, le biſmuth & l'arſenic, les réſultats de ces opérations ſont des chaux d'or ſuſceptibles de ſe vitrifier au moyen des ſubſtances vitreuſes que l'on y ajoûte, & qui en reçoivent une couleur pourpre ; l'on obtient encore une chaux analogue à ces précipités, lorſqu'on fait fulminer de l'or ſur ſur du papier, de l'étain, du plomb, de l'antimoine, du biſmuth & de l'arſenic ; au lieu que l'or, en fulminant ſur l'argent, le cuivre, le cobalt & le zinc, ſe revivifie & s'incruſte ſur ces régules métalliques. C'eſt à M. Sage à qui l'on doit ces expériences curieuſes. *Lettres du docteur Demeſte au docteur Bernard, Tome II, p. 461.*

concentration, & qui eſt la couleur de la matière de la chaleur dans ſon activité (1).

---

(1) L'on a coutume d'attribuer, ſoit à l'or, ſoit au fer, & ſur-tout à ce dernier, à cauſe de ſon abondance ſur la terre, les teintes rouges dont ſe colorent les ſubſtances : ainſi l'on aſſure que le fer eſt le principe de celle du ſang & du vin. A cet égard je ne nie point que la préſence de ces métaux ne puiſſe quelquefois contribuer à la production de cette couleur ; toutefois cela mérite une explication : ce n'eſt à proprement parler, ni à l'or, ni au fer, mais à l'acide ſeul qui y réſide & qui les conſtitue, que l'effet doit ſe rapporter, ou pour mieux dire, c'eſt à l'acide en général qu'il faut l'attribuer, comme au principe unique & primitif de toute couleur rouge ; enſorte qu'elle pourroit exiſter indépendamment de l'or & du fer, & s'établir dans les liquides, ou s'appliquer ſur les ſolides quelconques, ſans qu'il y eût pour cela un ſeul atôme d'or ou de fer en nature contenu dans ces ſubſtances. Ceci n'eſt à la vérité qu'une préſomption ; mais cette préſomption eſt fondée ſur ce que le rouge eſt conſtamment la couleur de la matière de la chaleur, lorſqu'étant en expanſion elle ſe trouve avoir aſſez d'intenſité ; c'eſt celle que préſente l'aſtre de la lumière, que porte particulièrement un de ſes rayons, & que prend tout corps combuſtible en brûlant : telle eſt d'ailleurs la couleur que l'acide lui-même répand ou applique ſur la teinture bleue des végétaux : c'eſt celle enfin que l'acide igné donne ou laiſſe à quelques ſubſtances métalliques, notamment au fer, en les dépouillant de leur phlogiſtique. Or, ſi le rouge eſt la couleur que l'acide peut donner, & qu'il préſente toujours dans ſon état élémentaire, n'eſt-il pas à croire que cette couleur

Quel que que soit l'effet des acides sur l'or, il suffit du coup d'œil que nous venons de jeter sur

---

est, par-tout où elle se rencontre, un effet nécessaire & dépendant de la présence de cette matière, qui, suivant les circonstances & les changemens qui arrivent dans ses combinaisons, peut, en s'isolant, en se rapprochant, en acquérant de l'intensité, conserver ou reprendre quoique inactive alors, sa couleur originelle, & la représenter alors dans les corps où elle se trouve, sans qu'on puisse en conclure pour cela qu'où le rouge ne paroît pas l'acide n'existe point ? D'ailleurs, s'il faut, comme on n'en peut douter, une forme quelconque, n'importe laquelle, à la matière étendue ; la couleur dont elle se pare, & sans laquelle elle ne peut, autrement que par abstraction, se représenter à l'esprit ; cette couleur, dis-je, quelle qu'elle soit, ne seroit-elle pas, comme la forme, un mode nécessaire attaché à l'existence de cette matière ? & comme les élémens, dont cette matière est elle-même composée, sont absolument différens & indépendans l'un de l'autre, ne s'ensuivroit-il pas que la Nature auroit conçu & créé pour chacun de ces élémens une forme & une couleur fixe & déterminée, avec lesquelles se composeroient, en raison seule du mélange de ces principes, ces formes & ces couleurs infiniment variées que la matière nous présente, & qu'elle reçoit indifféremment, les adoptant toutes, sans en exclure ni en conserver de préférence aucune ; tandis qu'au contraire chacun de ses élémens à part conserveroit invariablement la forme & la couleur qu'il auroit originairement reçue de la Nature ? Ainsi le rouge seroit exclusivement le partage de l'acide ou de la matière de la chaleur, comme le jaune paroît être celui du phlogistique ou de la matière de la

les principes conſtitutifs de cette ſubſtance, pour en découvrir la cauſe: elle s'annonce dans les rapports mêmes que ces diſſolvans préſentent avec l'un & l'autre de ces principes. Mais il eſt à remarquer ici, & l'expérience le confirme, que leur effet ſur l'or dépend moins de leur concentration que de leur volatilité, & de l'eſpèce d'expanſibilité dont jouiſſent habituellement quelques-uns d'eux. Ce n'eſt ainſi qu'à la plus grande ténuité de leurs parties qu'ils doivent leur action. Cette ténuité, énoncée par leur vaporiſation, favoriſe ſans doute leur introduction dans cette ſubſtance compacte; & de-là vient le pouvoir qu'ils ont d'en détacher, d'en enlever quelques parties.

Cela étant, il y a lieu de croire, & la ſolubilité de l'or dans l'éther nous y autoriſe, il y a, dis-je, lieu de croire que la diſſolution de cette ſubſtance dans les acides volatils, pourroit dépendre encore de la préſence & du concours du phlogiſtique qui ſe trouve toujours en certaine quantité uni à ces mêmes acides. Ce principe étant par ſa nature plus volatil, plus ténu, plus expanſible qu'eux, il doit avoir moins de peine à s'inſinuer dans les pores de l'or; de ſorte qu'il peut lui-même, en qualité de diſſolvant,

---

lumière. Mais c'eſt aſſez pour le préſent ſur cet objet; nous aurons, je crois, lieu d'y revenir par la ſuite.

produire ſur lui l'effet dont nous parlons, ou contribuer, comme auxiliaire, à celui des acides. Quoiqu'il en ſoit, il paroît au moins que ces acides ne peuvent avoir d'effet ſur l'or, qu'autant qu'ils ſont ou volatils ou ſurchargés de phlogiſtique (1).

L'on ne doit donc plus s'étonner qu'étant doué de ces deux qualités, l'acide nitreux puiſſe, ou comme volatil, ou comme chargé de phlogiſtique, détacher, diſſoudre & retenir quelques parties de l'or mis en digeſtion avec lui, ainſi que M. Sage l'a non-ſeulement reconnu, mais publiquement & itérativement démontré par le fait : il eſt même à préſumer que l'acide nitreux n'eſt pas ſeul capable de cet effet, & qu'ainſi que lui l'acide marin, & tous les acides volatils, ſont plus ou moins ſuſceptibles de le produire (2).

---

(1) Ainſi nous voyons que l'acide vitriolique, quoique le plus énergique des acides, n'a, à cauſe du rapprochement & de la fixité de ſes parties, aucun effet ſur l'or; tandis que l'éther, les foies de ſoufre, & d'autres acides moins puiſſans ont, à cauſe de leur volatilité, ou du phlogiſtique qui leur eſt joint, la propriété de le diſſoudre : par-là l'on explique encore pourquoi ce métal ne peut s'unir au ſoufre, tandis qu'il ſe revivifie par le phoſphore, ainſi que M. Sage vient de le faire voir à l'Académie.

(2) Tout acide qui ſe vaporiſe ſemble moins éloigné qu'un autre de ſon état élémentaire; & c'eſt parce qu'il eſt

Plus nous avançons, plus les faits s'accumulent, & paroissent s'accorder avec nos idées. D'abord nous avons, en soulevant le voile posé sur les principes des métaux, apperçu dans l'inégale répartition de ces principes, la cause de leurs variétés ; à présent nous découvrons dans l'identité même de ces principes la cause de ces mélanges métalliques qui se rencontrent dans les mines : ainsi l'on voit pourquoi, par exemple, il se trouve de l'argent dans le plomb & de l'or dans le fer. Pour peu, d'ailleurs, que l'on fasse attention à la nature de ces principes, l'on n'aura, quant à l'or même, aucune peine à concevoir qu'il puisse également se trouver en parcelles infiniment petites, ou disséminé sur la terre, ou recelé dans d'autres substances ; & l'on ne sera plus étonné qu'il se rencontre, ainsi que M. Sage l'a encore observé & publié, dans les cendres de certains végétaux, soit qu'il ait été nouvellement produit

---

ainsi dans toute son énergie naturelle, c'est parce que ses parties moins rapprochées, moins engagées les unes dans les autres sont comme plus ténues, plus susceptibles de se volatiliser, c'est peut-être encore parce qu'il contient moins d'eau, ou qu'il est, puisqu'il s'en dégage, moins uni, moins mêlé avec elle, qu'il peut avoir sur les matière dures & compactes, & particulièrement sur l'or, plus d'effet que les acides moins volatils & plus concentrés.

par le feu, lors de l'incinération de la ſubſtance, ſoit qu'il ait préexiſté dans la plante, & qu'il s'y ſoit à l'aide du mouvement organique formé aux dépens de ſes principes, ou qu'il ait été par elle puiſée en nature dans la terre végétale. Quoi qu'il en ſoit, ces molécules d'or, diſperſées de part & d'autre, ne peuvent être regardées comme des fragmens détachés de plus grandes maſſes, & accidentellement dépoſés ſur la terre : non, elles ont été, à la faveur de différentes circonſtances, ainſi formées à part ; & l'on conçoit encore que ſi la Nature eut, pour former l'or en maſſe dans le ſein de la terre, beſoin du plus grand feu, il ne lui faut ici que le feu du ſoleil ; elle trouve dans ſes rayons mêmes, lorſqu'étant dirigés ſur un point les circonſtances leur permettent de s'y réunir & de s'y fixer, elle y trouve, dis-je, la matière ſuffiſante pour produire ces parcelles d'or imperceptibles dont nous parlons. Ainſi les rayons du ſoleil repréſentent en quelque ſorte la matière de l'or dans l'état de la plus grande expanſion, & l'or repréſente à ſon tour la matière des rayons ſolaires dans l'état de la plus grande agrégation. L'on pourroît, je crois, rapporter à la même cauſe & au concours des mêmes principes à peu près, la formation de ces criſtaux quartzeux que l'on découvre à la loupe dans le terreau nouvellement formé ; mais ce n'eſt pas le lieu de nous

en

en occuper; nous obſerverons ailleurs les rapports qui peuvent ſe trouver entre les pierres & les ſubſtances métalliques, & particulièrement entre le diamant & l'or.

C'en eſt aſſez, Madame, ſur une matière qui m'éloigne de mon objet; je n'ai pas envie de vous apprendre à faire de l'or, je croirois même vous ſervir plus utilement ſi je pouvois vous apprendre le ſecret de s'en paſſer; car c'eſt-là vraiment que gît la pierre philoſophale, non moins difficile à trouver dans ce ſens inverſe, que la chimère dont s'occupent les Alchimiſtes.

En vous faiſant envisager la métalléité comme une conſéquence, comme un produit de la fixation des matières de la lumière & de la chaleur, j'aurois dû peut-être, pour vous rendre la choſe plus ſenſible, loin de les éviter, entrer dans tous les détails dont la matière paroît ſuſceptible; il eût fallu nous rapprocher de chaque objet, & en faire une étude particulière: par-là, ſans doute, nous nous ſerions procuré de nouveaux avantages; mais l'étendue d'un pareil plan ne pouvoit s'accorder avec les bornes que nous nous ſommes preſcrites dans cet ouvrage; un volume n'eût pas ſuffi pour le remplir. Attirés par d'autres objets, & forcés par conſéquent de nous arrêter à l'entrée du champ vaſte que la matière nous préſentoit ici, nous nous ſommes contentés de jeter de-là un coup d'œil général ſur l'enſemble de ſes produits ; nous n'avons pu dès-lors juger des choſes que dans l'éloignement; & s'il s'eſt gliſſé quelque erreur dans nos rapports, ou ſi dans nos recherches il nous eſt échappé quelque fait capable de ſeconder nos idées, c'eſt à la diſtance des objets, c'eſt à l'obſcurité qui les couvre, c'eſt enfin à la foibleſſe de la vue, qu'il faut rapporter ces fautes d'inadvertance & d'omiſſion. Quoi qu'il en ſoit, voyons à préſent ſi l'hypothèſe que nous avons adoptée ne nous fourniroit pas ſur d'autres phénomènes des ſolutions également ſatisfaiſantes. Déja les ſubſtances métalliques nous rappellent, & nous invitent, avant de nous éloigner d'elles, à rechercher ici la cauſe de la dureté & de la peſanteur qui les caractériſent ; tâchons donc de découvrir d'où leur viennent ces qualités, & quel en eſt, en général, le principe dans les corps.

De la Dureté & de la Peſanteur des Corps.

La dureté & la peſanteur des ſubſtances métalliques, comparées avec la légéreté & la ténuité des principes que nous leur ſuppoſons, ſemblent au premier coup d'œil mettre l'effet en oppoſition avec le principe, & former contre notre théorie une objection capable de la détruire de fond en comble. Veut-on même expliquer cette dureté &

cette pesanteur extraordinaire des métaux, ce n'est d'abord qu'à la grossiéreté & à la pesanteur des élémens, dont on les soupçonne composés, qu'on croit devoir rapporter ces qualités ; mais pour peu qu'on y fasse attention, on sentira bientôt que c'est au contraire dans la ténuité & la légéreté seules de leurs principes qu'il faut en chercher la cause ; que, loin d'être contradictoires avec ce systême, ces qualités en sont une conséquence naturelle & nécessaire ; & dès qu'elles peuvent s'expliquer par les moyens que nous fournit cette théorie, elles servent à leur tour à en démontrer la vérité. Telle est dans ses procédés la marche ordinaire de la Nature : c'est dans les contraires, c'est dans les disparates qu'elle choisit ses moyens ; elle aime, pour se rendre plus obscure, à faire contraster les effets avec les causes, nous l'avons déja observé dans plusieurs phénomènes ; tantôt c'est par l'intermède de l'eau mêlée avec un acide, qu'elle produit de la chaleur ; tantôt c'est par l'intermède même du principe de la chaleur versé sur de la glace, qu'elle augmente l'intensité du froid dont cette glace est pénétrée ; ici c'est avec les élémens les plus ténus & les plus légers qu'elle compose les corps les plus durs, les plus compactes & les plus pesans, & cela se conçoit sans peine ; cependant cette question est encore un problême pour les Physiciens.

Selon Mussenbroch c'est à la rareté des pores

pores qu'il faut attribuer la dureté & la pesanteur des corps (1) ; mais quoique cette moindre porosité puisse ultérieurement s'expliquer par une plus grande quantité de parties réunies dans le même espace, il reste toujours à découvrir comment ces parties ont pu s'accumuler ainsi, & s'arranger sans interstices dans cet espace donné ; & l'on sent, alors qu'on y réfléchit, que cet effet ne peut s'opérer avec des élémens grossiers, & qu'il faut, pour le produire, le concours des principes les plus ténus. Moins les parties intégrantes des corps seront massives, plus elles sont censées avoir de facilité pour s'insinuer par-tout, pour se rapprocher l'une de l'autre, & s'arranger dans l'espace de manière à ne laisser entre elles que le moindre vide possible. C'est donc à la plus grande ténuité des parties qu'il faut rapporter la moindre porosité des corps ; toutefois il semble né-

---

(1) Plus les pores disséminés entre les parties des corps sont en petite quantité, plus ces pores sont petits, plus les parties constituantes se touchent parfaitement, soit en plusieurs points, soit par des surfaces planes, plus aussi ces corps sont durs ; & on remarque constamment cette disposition dans ceux qui pèsent davantage : c'est pour cela aussi que les corps qui pèsent davantage sont plus durs que ceux qui pèsent moins ; que ceux qui sont plus denses sont plus durs que ceux qui sont moins denses : cela a lieu le plus souvent dans les métaux, les pierres, les os & les bois. *Mussenbroch*, *Tom. I*, *p. 306*.

ceſſaire auſſi que ces parties aient préexiſté dans un état d'expanſion : la ténuité qu'elles préſentent en cet état, l'eſpèce d'activité qu'elles annoncent, l'impulſion qui leur eſt donnée, la facilité qu'elles ont, au moyen de leur volatilité, de ſe porter par-tout, & s'y portant, d'y former des dépôts ſucceſſifs, tout, juſqu'à leur déſunion, favoriſe alors leur agrégation ultérieure.

L'on conçoit donc qu'il n'y ait que des principes extraordinairement volatils, expanſibles & ténus, qui puiſſent, en vertu de la réunion & du rapprochement de leurs parties, s'accumuler ſans interſtices dans un eſpace quelconque, & former, en s'y fixant, des corps moins poreux, & par conſéquent plus durs & plus peſans, ſuppléant par la quantité des parties à la peſanteur qui leur manque. Suppoſé même que le moyen ci-deſſus employé pour expliquer la moindre poroſité des corps, & rendre raiſon de leur dureté & de leur peſanteur, ne fût pas jugé ſuffiſant; à ſon défaut, la condenſabilité des principes nous en préſente un autre capable d'y ſuppléer & de ſatisfaire à tout; & l'on conçoit encore combien l'effet doit augmenter, alors que les principes joindront aux qualités ci-deſſus énoncées, la propriété d'être condenſables; & qu'en ſe réuniſſant, leurs parties pourront non-ſeulement ſe rapprocher l'une de l'autre auſſi près qu'il ſe peut, mais encore ſe ſerrer, ſe comprimer, & rentrant pour ainſi dire en elles-mêmes, se réduire à un moindre volume, pour n'occuper que le plus petit espace. L'espace qui ci-devant se trouvoit suffisamment rempli par une certaine quantité de parties, semble ici, quoiqu'il reste le même, s'agrandir pour les principes condensables, afin de les recueillir en plus grande quantité; & l'on peut juger de la quantité prodigieuse de parties qui peuvent alors, vu leur rappetissement, s'y réunir en surabondance, par l'espace immense qu'il leur faut, lorsqu'entrant en dilatation, elles sont, par le volume qu'elles reprennent, forcées de sortir du lieu trop étroit qui les contenoit. Cet espace, comme nous l'avons vu, excède souvent d'un nombre de fois très-considérable celui qu'elles occupoient; & si, par l'espace qu'elles exigent alors pour leur développement, l'on juge de leur quantité, l'on peut par cette quantité même surabondante, estimer combien ces parties entassées peuvent, quoique prises dans les élémens les plus ténus & les plus légers, contribuer à leur tour à la dureté & à la pesanteur des corps. C'est donc tant à la ténuité des parties, qu'à leur cumulation, & plus encore à la condensation des principes, que doivent se rapporter & la plus grande dureté & la plus grande pesanteur des corps.

Cela posé, cherchons parmi les principes de la Nature, quels sont les élémens capables de répondre à l'effet dont nous parlons. A nos regards s'offrent d'abord la terre & l'eau, qui les premiers réclament notre attention, & sembleroient, comme plus pesans, devoir plus qu'aucun autre contribuer à la chose ; mais, le tout mieux observé, nous voyons que, loin de s'accorder avec l'effet en question, & de servir à l'expliquer, ces élémens sont, nonobstant l'avantage ci-dessus énoncé, moins propres à l'augmenter qu'à l'affoiblir par leur présence. La fixité constante de la terre, & la volatilité bornée & dépendante de l'eau, n'annoncent de part & d'autre qu'une médiocre ténuité dans leurs parties individuelles ; & ce défaut de ténuité fait qu'ayant peine à s'arranger & à se rapprocher l'une de l'autre, ces parties ne peuvent, à cause des vides qui les séparent, se trouver dans le même espace en aussi grande quantité ; d'ailleurs, ces élémens passifs n'ayant par eux-mêmes aucune espèce d'énergie, & n'étant ni compressibles, ni condensables, ils sont dès-lors incapables de se serrer, de se comprimer, & d'agrandir, en se rappetissant, l'espace qu'ils occupent, de sorte qu'ils ne peuvent jamais, en s'y réunissant, acquérir par la cumulation des parties cette densité que certains élémens sont, en se condensant, susceptibles de prendre, & d'où proviennent particulièrement la dureté & la pesanteur des corps. Ce n'est donc ni à la terre ni à l'eau qu'il faut attribuer cette dureté & cette pesanteur, sur-tout lorsqu'elles excèdent dans les corps le degré de dureté & de pesanteur propres à chacun de ces élémens ; car, nonobstant ce que nous venons de dire, ils peuvent encore l'un & l'autre former, par la réunion de leurs parties, des corps doués d'une certaine pesanteur. Toutefois cette pesanteur, ainsi produite par le concours seul des parties terreuses ou aqueuses, ne peut être bien considérable ; l'on sait à peu près à quoi se réduit celle de l'eau, tant liquide que congelée ; & quant à la pesanteur précise de la terre, l'on sent qu'elle ne peut excéder de beaucoup celle de l'eau : elles ne peuvent l'une & l'autre, tant la pesanteur de l'eau que celle de la terre, se comparer à celle qui se trouve dans certaines substances, établie par le concours des autres élémens. Il est à croire que ces divers élémens, dont se compose la matière étendue, ont tous reçu de la Nature, avec les autres qualités qui les distinguent, un degré de pesanteur qui leur est propre, & dont la différence répond à celle qui se présente dans leur ténuité ; & s'il arrive quelquefois que la pesanteur des corps soit en contradiction avec celle des élémens qui les composent, c'est que dans les uns l'extraordinaire multiplicité des parties supplée avec avantage à la plus grande légéreté des principes, & que dans les autres la plus grande pesanteur des principes se trouve compensée & même effacée par la rareté des parties intégrantes qui constituent ces corps. L'on conçoit, par exemple, que 1000 parties d'un élément, dont chacune pèseroit 6, ne produiront au total qu'un poids de 6000; tandis que 10000 parties d'un élément plus ténu, dont chacune ne pèseroit que 1, pourront, quoique réduites au même volume, donner un poids excédent de 4000. Telles sont, ou à peu près, les proportions que la Nature observe dans ses procédés, & les moyens dont elle se sert pour donner aux matières qu'elle rassemble différens degrés de consistance & de pesanteur.

Comme la terre est en même temps & le plus fixe & le plus pesant des élémens, si l'on savoit au juste ce que pèse une quantité donnée de cette terre bien pure, bien lavée, bien dépouillée de tout autre principe; alors on auroit, en comparant son produit avec celui des autres corps, un moyen sûr de connoître l'excédent de pesanteur que des élémens plus ténus peuvent, en se condensant, en se rassemblant en plus grande quantité dans un volume égal, obtenir sur les produits de la terre : l'on pourroit même, à l'aide de cette donnée, distinguer parmi ces élémens ceux auxquels on doit rapporter cet excédent de pesanteur (1). Rendons par un exemple la chose plus

---

(1) Pour nous aider à faire ces distinctions, une table exacte de la pesanteur respective des corps nous seroit

ſenſible. Soit comparé avec un pied cube d'or, un pied cube de terre purgée, comme nous venons

---

ici d'un grand ſecours. En attendant celle que M. Briſſon nous a promiſe, en voici une qui pourra, quoique imparfaite, nous donner une idée des grandes différences qui ſe trouvent dans la peſanteur des ſubſtances ; il ſeroit à ſouhaiter qu'elle fût plus étendue, qu'au moins on n'eût pas négligé d'y faire connoître le poids des pierres, tant précieuſes que vitreſcibles : il y a ſur cet objet des omiſſions très-importantes. Quant à ſon exactitude, je ne puis la garantir ; je la donne telle qu'elle m'eſt tombée ſous la main.

TABLE indicative du Poids d'un pied cube des Subſtances qui ſuivent.

Or.	1368	Terre.	95
Vif Argent. .	977 $\frac{1}{7}$	Argile. . . .	135
Plomb. . . .	828	Mortier. . . .	120
Argent. . .	744	Sable de rivière.	132
Cuivre { Roſette.	648	Plâtre.	86
Cuivre { Laiton.	548	Bled froment. .	55
Fer.	579	Miel.	104 $\frac{2}{5}$
Etain. . . .	576	Cire.	68
Marbre. . .	252	Bois de chêne verd.	80
Pierre de Liais.	167	Bois de chêne ſec.	60
Pierre de St.-Leu.	115	Sel.	110 $\frac{2}{7}$
Ardoiſe. . .	156	Eau.	72
Tuile. . . .	127	Vin.	70
Brique. . . .	133	Eau-de-vie. . .	67
Grès (*a*). . .	120	Huile.	66
		Chaux vive. . .	59

Je joins à cette Table du poids relatif des corps, le

(*a*) Je doute que le grès pèſe auſſi peu ; qu'au moins il n'y ait pas des grès qui pèſent davantage.

de dire, de tout principe hétérogène, & comprimée autant que l'art peut le permettre : en rap-

---

tableau comparé de la pesanteur des élémens qui les composent ; on ne sera peut-être pas fâché de le retrouver ici. Tel est donc, suivant le degré de leur pesanteur, calculé sur celui de leur ténuité, l'ordre dans lequel ils doivent se présenter : viennent

{ La terre. { L'acide.
{ L'eau. { Le phlogistique.

Mais si tel est dans leur pesanteur l'ordre que suivent ces élémens, lorsque leurs parties se comparent une à une, il est à remarquer que cet ordre peut changer & devenir inverse, lorsqu'étant réunies, ces parties se présentent en masses à la comparaison, parce que, quoiqu'il y ait de l'égalité quant au volume, il n'y en a plus quant au nombre des parties qui s'y trouvent ; ensorte que les élémens plus légers peuvent alors, en raison de cette surabondance de parties, former des corps plus denses, & par conséquent plus pesans que ceux qui seroient formés par des élémens moins légers & moins ténus. Peut-être pensera-t-on que la plus grande quantité des parties fournies par un élément ténu, peut dans tous les cas être compensée par la moindre ténuité des autres principes ; & qu'ainsi le rapport qui existoit dans les parties séparées de ces différens élémens, doit, quant à la pesanteur, se retrouver le même dans les masses égales qui proviennent de la réunion de ces parties. Non, cela ne peut être ; ou du moins, s'il arrive quelquefois que les choses se rencontrent ainsi, comme cette juste compensation ne présente qu'une donnée dans le nombre des combinaisons possibles, cette rencontre ne peut être prise que pour un effet du hasard. Loin que les parties inté-

prochant leurs produits, nous y trouverons sans doute bien de la différence, ensorte que si l'un

---

grantes des corps soient constamment dans ce rapport exact, elles doivent le plus souvent se trouver, soit en plus, soit en moins, hors des proportions requises : les corps par conséquent ne peuvent, sauf le cas ci-dessus excepté, présenter dans leur pesanteur respective les mêmes rapports que présentent entr'eux les élémens dont ils sont formés. Jamais à cet égard les matières composées ne pourront s'assimiler aux principes simples : ces principes peuvent & doivent sans doute différer entr'eux; mais alors les différences qu'ils annoncent, tant dans leur pesanteur que dans leur ténuité, n'offrent à leur égard que des rapports fixes, déterminés, & à jamais invariables. Que l'un d'eux soit trois fois plus pesant qu'un autre, ce rapport établi restera toujours le même. Toutefois ces rapports fixes & constans qui subsistent entre les élémens, tant que leurs parties sont séparées, semblent disparoitre lorsqu'elles sont réunies : rarement ces principes peuvent les transmettre & les représenter dans les corps; ici tout change avec la cause, ou par l'adjonction d'une autre cause. Dans les corps ce n'est point comme dans les élémens la moindre ténuité, mais la quantité des parties qui règle leur pesanteur respective; ainsi, loin d'être fondée sur une loi stable, cette pesanteur ne pose que sur une base incertaine & infiniment variable : dès-lors les corps ne peuvent offrir entr'eux ces rapports fixes & constans que présentent les élémens qui les composent; il n'en subsiste même aucun entre leur pesanteur & celle de ces élémens. Devenue cause de cette pesanteur, la quantité des parties exclut tous ces rapports; elle n'est même propre qu'à invertir dans les corps l'ordre que la

donne 100, l'autre à ſon tour pourra monter à 1400; ainſi le pied cube d'or aura ſur le pied cube

---

Nature avoit établi pour les élémens : un exemple rendra cela plus ſenſible. Suppoſons que la peſanteur de l'acide, pris dans ſon état élémentaire, ſoit à la peſanteur de la terre comme 1 eſt à 10 : ce rapport accordé, l'on ſent d'abord qu'il ne peut plus varier entre ces élémens ; & que ſi leurs parties reſpectives ſe raſſemblent pour former des corps, il faudra, pour que ce rapport s'y conſerve le même, que ces parties ſoient toujours en nombre égal : toutefois, comme l'acide eſt cenſé dix fois plus ténu que la terre, le volume ſous lequel il ſe préſentera ne pourra point égaler le volume du corps terreux. Si donc on veut les préſenter en volume égal, & établir à leur égard une compenſation entre la quantité des parties & la moindre ténuité des principes, alors il faudra pour y parvenir qu'il y ait dans les corps qui en ſeront formés, 10 parties d'acide contre 1 de terre, au moyen de quoi le corps acide pourra, en volume égal, avoir la peſanteur du corps terreux; & tel ſera le cas ſeul où l'on puiſſe obtenir la compenſation deſirée. Mais cette combinaiſon unique de 10 contre 1 étant, ſoit en plus, ſoit en moins, combattue par toutes les combinaiſons poſſibles, dépendantes du nombre indéfini de parties qui peuvent ſe réunir, elle a peine à ſe rencontrer ; enſorte que ſi dans le cas préſent, au lieu de 10 il ſe trouvoit 20 parties d'acide réunies dans le même eſpace contre 1 de terre, alors le corps acide deviendroit, en volume égal, une fois plus peſant que le corps terreux, &c. Cela ſuffit pour ſentir quel doit être, ſur-tout ſi les principes ſont condenſables, l'avantage du nombre ſur la moindre ténuité des parties, & combien peu la quantité peut être compenſée par cette moindre ténuité.

de terre un avantage de 1300; & nous ſaurons par-là que les principes ténus qui conſtituent l'or peuvent, par la ſeule cumulation de leurs parties, procurer à la maſſe qui en réſulte un degré de peſanteur treize fois plus conſidérable que celui que la terre peut donner à ſes produits; d'où il s'enſuit évidemment que ce n'eſt point à la terre, quoique plus peſante, qu'il faut rapporter cete peſanteur extraordinaire de l'or : dès-là même qu'elle ne peut égaler cette peſanteur, elle ne doit point être comptée au nombre des principes conſtitutifs de cette ſubſtance ; elle ne feroit par ſa préſence dans l'or, & la place qu'elle y occuperoit, propre qu'à diminuer cette ſomme de peſanteur que lui donnent les autres principes dont il eſt compoſé. Pour nous en convaincre davantage, & afin d'acquérir de nouvelles preuves ſur cet objet, mettons cette terre en parallèle avec le diamant qui, dans une autre claſſe peut-être moins éloignée d'elle, ſe montre le plus peſant des corps qui la compoſent. Ici nous trouverons à peu près les mêmes différences dans les produits comparés de la peſanteur reſpective de ces ſubſtances; & comme la terre reſte, ainſi qu'avec l'or, à un degré bien inférieur à celui que préſente le diamant, nous aurons également lieu d'aſſurer que ce n'eſt point à la terre, mais à des élémens plus ténus, qu'il faut rapporter cette grande peſanteur du diamant : il n'eſt pas même probable que cet élément groſſier puiſſe entrer dans la compoſition de cette ſubſtance diſtinguée, & la propriété qu'elle a de s'évaporer au feu nous en fournit la démonſtration : ce phénomène, on le ſait, ne peut s'accorder avec la fixité de la terre.

La terre & l'eau étant, d'après ce qui précède, ou parce qu'elles manquent de ténuité dans leurs parties, ou parce qu'elles ne ſont l'une & l'autre ni compreſſibles, ni condenſables, jugées incapables de contribuer par elles-mêmes à la dureté & à la peſanteur extraordinaire que préſentent certains corps, il ne reſte alors parmi les élémens de la Nature, ou du moins parmi ceux que nous avons reconnus, que les matières de la lumière & de la chaleur, c'eſt-à-dire l'acide & le phlogiſtique, qui ſoient, en raiſon de leurs qualités, cenſés pouvoir répondre à cet effet, & auxquels on doive recourir pour en avoir l'explication. Non, il n'y a exactement que ces principes volatils, expanſibles & ténus, qui, pris dans l'état d'expanſion où ils peuvent ſe trouver, ſoient alors, en ſe réuniſſant, en s'accumulant, en ſe condenſant, enfin en ſe ſolidifiant, capables de donner aux corps qui réſultent de cet amas de parties agglutinées les unes aux autres, cette dureté & cette peſanteur qui les diſtinguent : l'on ne doit par conſéquent chercher la cauſe de ces qualités produites dans les corps, que dans la quantité de leurs parties, & dans la nature des principes qui les composent. Je joins ces deux moyens ensemble, quoique l'un d'eux paroisse nous suffire, parce que la quantité des parties, sur laquelle seule se fondent cette dureté & cette pesanteur des corps, n'est elle-même qu'un effet dépendant de la ténuité & de la condensabilité des principes. Ce n'est donc, malgré la légéreté qui leur est propre, qu'aux deux matières ci-dessus énoncées, parce qu'elles ont, comme ténues & condensables, le pouvoir de se réunir en plus grande quantité dans un espace donné ; ce n'est, dis-je, qu'à ces principes, tant acide qu'inflammable, que doivent se rapporter la dureté & la pesanteur qui se trouve outre mesure établie dans certaines substances : telles sont même, nonobstant toutes apparences contraires, les élémens dont sont exclusivement composées celles de ces substances où ces qualités se montrent dans le plus haut degré.

Cependant il ne faut pas croire que les élémens dont nous parlons, ne soient, par-tout où ils se trouvent, propres qu'à former des corps durs & pesans : non, l'effet doit varier suivant l'état infiniment variable de leur agrégation & de leur condensation ; de sorte que ces principes pourront, suivant les données, former tantôt des corps mous, peu compactes & légers, plus légers même que ceux qui proviendroient de parties terreuses ou aqueuses réunies, & tantôt des corps durs & pesans.

pesans : ainsi les corps seront peu compactes & légers, lorsque l'agrégation des matières sera contrariée par les circonstances ; que les principes seront ou peu abondans, ou nouvellement déposés, & peu distans de leur état originel ; que leurs parties seront mal arrangées, & qu'il y aura peu d'adhérence & beaucoup de vides entre elles : les corps au contraire seront durs & pesans, lorsque l'agrégation des matières se sera faite par des dépôts successifs & non interrompus ; lorsque les principes seront très-abondans, & leurs parties exactement rapprochées les unes des autres ; lorsqu'enfin ces parties auront, étant ainsi réunies, reçu le degré de consistance & de fixité que le temps peut leur donner (1). Ainsi se composent avec les

(1) L'on pourroit encore, sans avoir recours à l'action du temps, quoique la Nature paroisse s'en aider habituellement pour perfectionner ses ouvrages ; l'on pourroit, dis-je, expliquer la dureté des corps, & la fixité que les principes les plus volatils sont susceptibles d'acquérir, alors qu'ils sont ainsi réunis en quantité, par le rapprochement seul de leurs parties, qui fait qu'étant gênées, comprimées & enchaînées l'une dans l'autre, ces parties ne peuvent alors se dégager ni sortir de cet état de compression sans un moyen puissant. Nous observerons même à cet égard, que dans certaines productions artificielles, telles par exemple que les diamans factices, ces mêmes principes peuvent de cette manière, & sans le secours du temps, acquérir à l'instant une fixité peu différente de celle qu'ils ont dans les pierres naturelles.

mêmes principes, & ſuivant l'état de leur agrégation, tantôt des corps peſans, & tantôt des corps légers; il ſe pourroit même que les deux extrémités de la ligne dans laquelle ſe rangent tous les produits de la Nature, ſelon leur peſanteur, n'appartînſſent excluſivement qu'aux mêmes principes, à ceux préciſément que nous avons indiqués, tandis que les corps intermédiaires ſeroient ceux où les autres élémens, ſavoir la terre & l'eau, entreroient en plus grande quantité, ſervant par leur mélange à diminuer deçà & delà la peſanteur des uns & la légéreté des autres; de manière qu'il ſeroit poſſible d'eſtimer, par la grande légéreté ou l'extrême peſanteur de ces corps, quels doivent être les principes qui les compoſent. Et à l'égard des corps qui ſont de part & d'autre ou moins peſans, ou moins légers que les précédens, l'on pourroit encore, ſuivant les dégradations de cette légéreté & de cette peſanteur, apprécier en quelque ſorte la quantité de parties que les mêmes principes auroient fournies pour leur compoſition, ou, ce qui revient au même, la quantité de parties terreuſes ou aqueuſes, qui contribueroient avec les précédentes à la formation de ces corps.

Ici les corps ſemblent, quant à leur dureté & à leur peſanteur, ſe partager en deux claſſes différentes, dont l'une ſe compoſe des corps durs & peſants, & l'autre des corps ayant moins de confiftance & de pefanteur ; néanmoins, fans un terme moyen qui en marque la féparation, il feroit difficile de diftinguer dans laquelle de ces deux divifions doivent fe placer les différentes fubftances de la Nature : d'ailleurs, comme la dureté & la pefanteur ne font dans les corps que des quantités relatives, il faut, pour nous aider à juger des différences qui s'y trouvent, une mefure de comparaifon : or, ce point de féparation, & cette mefure de comparaifon, nous les trouvons dans la pefanteur de la terre, ou pour mieux dire dans la pefanteur des corps produits, ou fuppofés produits par la terre feule, & donnant 100 ou environ par pied cube ; ils formeront donc, au rang qu'ils occupent parmi les êtres de la Nature, le point d'interfection d'où naiffent de part & d'autre les deux divifions fuppofées. Ainfi tout ce qui excède cette mefure, tout ce qui eft en-delà de ce point intermédiaire donné, doit être rangé dans la claffe des corps durs & pefans ; & feront compris dans l'autre tous les corps qui s'éloigneront en fens contraire de ce point d'interfection : cela étant, la pefanteur que ces corps ont en partage, pourroit, fuivant la claffe qu'ils obtiennent, fe rapporter à des principes différens : & fi la pefanteur qui fe trouve en excès dans les uns, doit, par les raifons que nous avons dites, fe rapporter aux matières de la lumière & de la chaleur, comme étant un effet dépendant de leur agrégation & de l'abondance de leurs parties ; celle qui se trouve en diminution dans les corps de l'autre classe, semble au contraire ne pouvoir s'attribuer qu'à la terre & à l'eau, tant parce que ces élémens y dominent, que parce que les autres principes qui peuvent se joindre à eux, n'y sont ni en quantité suffisante, ni dans un état d'agrégation convenable (1). Ainsi, loin d'apporter par leur adjonction aucune augmentation dans la pesanteur

---

(1) Ceci néanmoins souffre des exceptions ; & quoique la terre & l'eau aient en général beaucoup de part à la plus grande pesanteur des corps compris dans cette classe, ce dont on peut juger par le poids que ces substances, ordinairement plus composées, perdent en se desséchant, & par l'extraction seule des parties aqueuses qu'elles contiennent, cela n'empêche pas qu'il ne s'en trouve, telles que les cires, les huiles & les graisses, qui, quoique douées d'une certaine pesanteur, n'en doivent rien à la terre ni à l'eau, par la raison que ces élémens n'entrent point dans leur composition ; & la preuve, c'est que d'un côté ces substances ne sont aucunement miscibles à l'eau, & que de l'autre elles ne laissent en brûlant aucuns résidus terreux ; d'où il s'ensuit, que les principes dont elles sont composées, & dont se composent pareillement les corps durs & pesans, lorsqu'ils sont réunis en quantité, pourroient, étant dans un état moyen d'agrégation, former par eux-mêmes des corps dont la pesanteur seroit en équilibre avec celle de la terre ou de l'eau, sans que ces élémens y participassent en rien.

de ces corps, ils ne ſervent le plus ſouvent, en empêchant que ces corps n'arrivent à la peſanteur de la meſure donnée, qu'à diminuer l'effet de leurs principes dominans, de même qu'à l'égard des corps durs & peſans, la terre & l'eau ne ſervent, en les rapprochant de leur peſanteur moyenne, qu'à diminuer par leur préſence l'effet que ces autres principes ſeroient, en s'y raſſemblant en plus grande quantité, ſuſceptibles de produire. Ces corps par conſéquent ſeront d'autant plus durs & d'autant plus peſans, que les principes condenſables & ténus dont ils ſont compoſés s'y trouveront réunis en plus grande abondance, que leurs parties ſeront plus rapprochées & moins mêlées avec d'autres principes hétérogènes; & plus il y aura de parties de terre & d'eau jointes à ces mêmes principes, moins ces corps auront de peſanteur en proportion. Or, comme les métaux & les pierres précieuſes, particulièrement l'or & le diamant, ſont les corps les plus peſans connus; il s'enſuit qu'ils ne peuvent être compoſés que des principes ci-deſſus énoncés, auxquels ſeuls ils doivent, les uns leur fuſibilité, les autres la propriété de ſe volatiliſer, & toute leur extrême peſanteur, ſans égard à la portion de terre qui pourroit ſe rencontrer dans quelques-uns de ces corps; car, dans le cas même où cette terre ſeroit partie néceſſaire dans leur compoſition, elle ne pourroit ici, vu ſa quantité, ſervir qu'à expliquer, non leur peſanteur, mais la dégradation qui ſe préſente dans leur peſanteur, en ſuppoſant encore que cette dégradation ne puiſſe s'expliquer par d'autres moyens, tirés, ou de la condenſation des autres principes, ou de la quantité de leurs parties, & de leur état d'agrégation.

Cependant ce n'eſt à l'égard des pierres vitreſcibles, qui ſont, après les précédentes, les ſubſtances de la Nature les plus compactes & les plus peſantes ; ce n'eſt, dis-je, qu'à la terre mêlée & confondue avec ces principes de la lumière & de la chaleur, qu'il faut attribuer la dégradation que l'on remarque dans leur peſanteur, ce qui n'empêche pas que celle dont elles reſtent chargées ne doive en même temps ſe rapporter à ces mêmes principes qui s'y trouvent en très-grande quantité, & dont ces ſubſtances ſont, malgré le concours de la terre, principalement compoſées. Mais du mélange de cet élément avec les autres, il réſulte que ces corps en ſont plus réfractaires, moins fuſibles, & ſans aucune ductilité : le peu d'affinité que ces principes ont avec la terre fait que leurs parties reſpectives, quoique très-rapprochées, ſont moins adhérentes les unes aux autres, & qu'au lieu de s'étendre ſous le marteau, elles s'égrugent lorſqu'elles en ſont frappées. L'on en peut dire autant des pierres calcaires qui ſe préſentent enſuite ; mais comme ces pierres, composées de toutes sortes de matières, n'ont été formées qu'après coup, & par l'intermède de l'eau, c'est non-seulement à la terre, mais encore à l'eau qui s'y trouve mêlée en surcroît avec les autres principes dont nous venons de parler, qu'il faut attribuer la plus grande dégradation qui s'annonce dans leur pesanteur; cependant la pesanteur considérable qui leur reste, n'en doit pas moins se rapporter encore à l'agrégation de ces autres principes condensés, lesquels, ayant originairement existé dans les matières dont ces pierres elles-mêmes sont formées, doivent, malgré ce double mélange de terre & d'eau, s'y retrouver en égale quantité. Les propriétés des pierres calcaires, & les qualités brûlantes de la chaux, ne laissent à cet égard aucune incertitude (1).

---

(1) Ce n'est d'ailleurs, à ce qu'il me semble, qu'à la moindre compacité de ces pierres, & sur-tout à l'eau qui s'y rencontre, qu'il faut attribuer la propriété qu'elles ont de faire effervescence avec les acides: l'affinité de ce principe avec l'eau, la chaleur qui s'excite lorsqu'on les unit ensemble, & le peu de chaleur qu'il faut à l'eau pour la rendre liquide, & par conséquent pour la faire sortir des corps qui la contiennent, font qu'à l'approche de l'acide elle tend, par-tout où elle se trouve, à se joindre avec lui; à l'effet de quoi elle soulève, au moyen de l'expansion qu'elle a reçue, les parties de terre qui l'en séparoient, & avec lesquelles elle restoit fixée dans ces corps: de-là l'effervescence qui se produit à cette occasion. La

A la suite des métaux & des pierres, dont se compose principalement la première des classes que nous avons établies, & dont l'extrême pesanteur ne peut, comme nous l'avons vu, se rapporter qu'aux matières de la lumière & de la chaleur qui s'y trouvent plus ou moins accumulées ; à la suite, dis-je, de ces corps durs & pesans, se présentent, pour former la seconde division, les os, les bois, & généralement toutes les substances végétales & animales. Mais, quoique l'acide & le phlogistique y résident également, & soient mê-

---

même chose n'arrive point dans les pierres vitrescibles, tant à cause de leur plus grande compacité, que parce qu'elles ne contiennent point d'eau, faute de quoi il ne peut y avoir d'effervescence ; il ne s'en fait même aucune dans celles de ces pierres qui, faisant exception, sont, comme ayant été formées des débris des autres par l'intermède de l'eau, censées en contenir quelques parties ; & cela vient alors 1°. de ce que leur extrême compacité les rend pour ainsi dire imperméables à l'acide : 2°. de ce que l'eau qui s'y trouve n'y est qu'interposée, & non combinée avec les autres principes dont ces pierres sont composées ; ensorte que cette eau, supposé que l'acide puisse pénétrer jusqu'à elle, n'a pas, comme ci-devant & lorsqu'elle fait corps avec la terre, besoin d'en écarter, d'en soulever les parties qui l'avoisinent, ce qui forme l'espèce d'effervescence dont il s'agit ; elle en auroit même d'autant moins le pouvoir, que les autres principes constitutifs de ces pierres paroissent très-étroitement liés ensemble & parfaitement neutralisés.

me la cauſe de leur combuſtibilité, comme ces principes y ſont plus diſperſés, moins rapprochés, moins fixés, & en général beaucoup plus mélangés avec la terre & l'eau, ils ne peuvent plus, comme ci-devant, contribuer par eux-mêmes à la peſanteur des corps qui tiennent ici les premiers rangs; de ſorte qu'excepté ceux qui en ſeroient excluſivement compoſés, tels que les cires & les huiles, ce n'eſt qu'à la terre & à l'eau qu'il faut, comme aux principes dominans, rapporter la peſanteur que les autres poſsèdent; & moins il y aura de terre & d'eau, moins ces corps ſeront peſants. Ainſi ſe réſout & s'explique le problême de la dureté & de la peſanteur, ſinon abſolue, au moins relative des corps; & par-là ſe démontre tout ce que nous avons dit ailleurs ſur la nature & les principes des ſubſtances métalliques.

Ce n'eſt pas tout, les mêmes moyens qui viennent d'être employés pour rendre raiſon de la dureté & de la peſanteur extraordinaire des corps, peuvent encore nous ſervir à expliquer les exploſions, les détonnations & les fulminations qui ſurviennent, tant celles qui ſe produiſent dans la Nature, que celles qui ſe font à volonté avec des mélanges appropriés; & ce n'eſt également que dans la condenſation des principes & le rapprochement de leurs parties, qu'il faut en chercher la cauſe. Ces effets n'arrivent que lorſque des principes condenſés paſſent ou retournent ſubitement de l'état d'agrégation où ils étoient, à l'état d'expanſion. Or, comme les matières de la lumière & de la chaleur ſont ſeules expanſibles, condenſables & compreſſibles, que de-là même vient toute leur énergie, ce n'eſt encore qu'à ces principes que doivent ſe rapporter les phénomènes étonnans dont nous parlons : & ſi l'air comprimé peut, par la force qu'il acquiert en ſe dilatant, produire un effet & un bruit conſidérable (1), il ne le doit qu'à ces principes

(1) Le bruit qui s'annonce dans les exploſions peut, ſuivant les circonſtances, ſe rapporter à des cauſes différentes ; il provient tantôt du coup que reçoit l'air extérieur de la matière qui détonnne, tantôt de celui dont, en s'y précipitant, cet air frappe les parois de l'inſtrument ou du vaſe dans lequel ſe fait la détonnation ; & c'eſt de-là que part le bruit, toutes les fois que l'exploſion peut être regardée comme un effet du vide qui ſe forme dans les vaiſſeaux, par la ſouſtraction ou la décompoſition de l'air qui y étoit contenu. Mais ſi l'exploſion eſt cauſée par une matière expanſible projetée en dehors, alors c'eſt à l'impulſion, c'eſt à la chaſſe donnée par cette matière à l'air extérieur, & non au coup que les parois du vaiſſeau pourroient recevoir de lui, qu'il faut attribuer le bruit qui ſe fait entendre : ſuppoſé même que la matière ſoit, par l'expanſion qu'elle acquiert, capable de remplir ſeule la capacité du vaſe qui la contient, & que le vide puiſſe réſulter de ſon émiſſion, néceſſairement l'air extérieur doit en être frappé & vivement repouſſé avant qu'il puiſſe ſe

dont il eſt lui-même compoſé, de ſorte qu'en toutes autres occaſions l'acide & le phlogiſtique, qui ſe trouvent fixés & condenſés dans les corps, peuvent, lorſqu'à l'aide de la chaleur ils ſortent de l'état de compreſſion où ils étoient réduits, cauſer des exploſions d'autant plus terribles que l'effet aura été moins préparé, que la condenſation des principes ſera plus forte, & qu'il leur faudra, ſuivant leur nature & la quantité de leurs parties, un eſpace plus conſidérable pour ſe déployer & s'étendre.

Mon but n'eſt pas d'entrer ici dans l'examen particulier des différentes exploſions qui ſe produiſent, il me ſuffit d'en indiquer la cauſe ; j'obſerverai ſeulement qu'elles peuvent, ſuivant la préparation & le mélange des matières, s'opérer diverſement ; ce qui ſe réduit preſque toujours à faire

---

placer au lieu qu'elle occupoit ; & dans ce cas encore, c'eſt du coup que l'air reçoit que le bruit part. L'on ſent, en tirant un coup de fuſil, que ce n'eſt point en dedans, mais en dehors du canon, que le bruit ſe fait entendre à la ſuite du coup dont l'air a été frappé. Le recul du fuſil ou du canon ne peut de même ſe rapporter à l'action de l'air qui ſe précipite ſur lui ; il vient de la réaction de la poudre & des efforts que font de tous côtés les principes dont elle eſt compoſée, pour ſortir d'un lieu trop étroit pour les contenir alors qu'ils entrent en expanſion ; de ſorte que le fuſil créveroit s'ils trouvoient trop de réſiſtance du côté de ſon embouchure.

changer d'état aux principes dont nous venons de parler, en les faiſant paſſer tout-à-coup du froid au chaud, c'eſt-à-dire de l'état de condenſation à l'état d'expanſion, ou du chaud au froid (1).

(1) Cependant, comme les exploſions qui ſurviennent dans ce dernier cas ne ſe font guères qu'à l'encontre de l'eau, ſoit lorſqu'on verſe dans ce liquide ou des métaux fondus, ou des matières expanſibles échauffées, ſoit lorſqu'on coule ces métaux dans des moules où il reſte de l'humidité ; elles pourroient bien ici n'être regardées que comme un réſultat de l'immerſion de ces matières dans l'eau, & non comme l'effet de l'application d'un corps chaud ſur un corps froid, d'autant mieux que l'exploſion auroit également lieu, dût l'eau ſe trouver dans une température plus chaude ou moins froide que celle de la terre ſur laquelle l'effuſion de ces matières brûlantes ou fondues ne produiroit aucun effet. Il faut donc, pour expliquer ce phénomène, chercher des raiſons qui ſoient plus relatives à l'eau qu'au froid ; il s'en préſente pluſieurs qui ſont : 1°. la réſiſtance & le déplacement ſubit des parties mobiles de ce liquide. 2°. La vivacité avec laquelle l'acide contenu dans ces matières doit s'emparer de l'eau qui ſe préſente à lui. 3°. La non-miſcibilité du phlogiſtique avec l'eau, qui fait qu'en y tombant ce principe doit, ou repouſſer les parties d'eau qui s'en approchent, ou en être totalement rejeté. 4°. Enfin, la formation inſtantanée d'une très-grande quantité d'air, qui, jouiſſant alors de toute ſa force expanſive, doit, pour obtenir l'eſpace qui lui convient, écarter tout ce qui l'environne. On pourra, ſuivant les circonſtances, adopter celui de ces moyens qui ſatisfera mieux au phénomène.

Mais tantôt la détonnation a besoin d'être excitée par un adminicule quelconque ; & tantôt la matière peut, en se digérant, s'y préparer d'elle-même, ainsi qu'on le voit dans le mélange des acides avec l'esprit-de-vin : ici, la matière doit à sa compression la force qu'elle déploie : là, elle fulmine à l'air libre & sans être pressée ; à l'une il faut le contact d'un corps embrasé, tandis qu'il ne faut à l'autre que le secours d'une foible chaleur ; & d'autres fois, c'est à l'approche seule d'une substance enflammée que plusieurs de ces matières s'allument & prennent feu. Au surplus, de quelque manière que se fassent ces détonnations, la cause reste la même : c'est toujours à la présence & à l'énergie de ces principes condensables qu'elles sont dues ; elles n'arrivent qu'en conséquence de l'espace immense qu'il faut à ces principes, alors qu'ils entrent en expansion ; ce n'est enfin qu'aux matières seules de la lumière & de la chaleur qu'elles doivent toutes se rapporter (1). Ce-

(1) Nous l'avons déja dit, dès que l'eau n'est ni compressible, ni condensable, elle n'est point expansible ; dès-lors elle ne peut être regardée comme la cause première d'aucune explosion : ce n'est jamais ni par sa propre expansion, ni par son énergie, qu'elles arrivent ; elle n'en est tout au plus, lorsqu'elle y entre pour quelque chose, que l'occasion & le moyen. Cependant, comme les parties fluides de l'eau sont très-divisibles, si elles ne

pendant quoique ces principes ſoient par eux-mêmes capables l'un & l'autre de produire ces

---

s'évaporent pas d'elles-mêmes, elles peuvent, ſuivant l'action qu'elles éprouvent, être aiſément diperſées ou enlevées une à une par les principes expanſibles du feu, qui s'en emparent & les entraînent avec eux en vertu de la force qu'ils ont acquiſe dans leur expanſion. En vain l'on m'oppoſera l'expérience de Papin, & les effets de la pompe à feu, ces deux exemples ne prouvent que ce que nous venons de dire; ce n'eſt point à l'expanſion de l'eau, mais à l'action des principes qui s'y joignent, que ſont dues les exploſions qui s'annoncent ici. L'effet étonnant de la machine de Papin n'eſt exactement cauſé que par les principes du feu qui s'y introduiſent, & qui, ſe mêlant avec l'eau dont cette machine eſt remplie, commencent par s'y condenſer; mais la chaleur augmentant à meſure qu'ils s'y accumulent, ils reprennent bientôt toute leur expanſibilité; de ſorte qu'étant trop étroite pour les contenir en ſurplus, & trop foible pour réſiſter à leurs efforts, la machine doit néceſſairement céder à la force qu'ils deploient pour en ſortir. L'on en peut dire autant au ſujet de la pompe à feu: les effets qu'elle produit ſont exactement en rapport avec ceux de la machine de Papin; ils ne différent qu'en ce qu'ici les principes du feu qui ſe joignent à l'eau qu'on leur préſente, & qui commencent également par s'y condenſer, ont alors qu'ils rentrent en expanſion plus de jeu & plus d'eſpace pour ſe développer; & qu'au lieu de briſer leur priſon, ils peuvent, lorſqu'ils s'y trouvent trop preſſés, s'en échapper plus aiſément, en faiſant effort du côté qui leur offre moins de réſiſtance, c'eſt-à-dire en ſoulevant le poids qu'on oppoſe à leur iſſue; de ſorte que

détonnations, l'on peut en général, dans toutes les explosions qui surviennent, en attribuer la plus

---

l'on peut se servir utilement de la force prodigieuse que ces principes ont acquise, tant par leur cumulation que par leur expansion, pour élever des poids énormes à des hauteurs très-considérables : & quoiqu'ici l'eau soit elle-même enlevée & réduite en vapeurs, ce n'est point à elle, ce n'est point à son expansion que l'effet doit se rapporter, elle ne peut dans cette occasion être regardée que comme un intermède propre à favoriser la condensation des principes ignés qui la pénètrent, & par conséquent comme un moyen dont on doit se servir pour retenir dans un espace borné une plus grande quantité de ces principes expansibles. Ce n'est donc qu'à ces principes exclusivement, & à l'expansion qu'ils reprennent après s'être condensés dans l'eau, qu'il faut attribuer l'effet de la pompe à feu. Il peut encore, si l'on veut, se rapporter à l'air qui se forme dans cette occasion, & qui se trouvant, & par sa quantité, & par la dilatation progressive qu'il éprouve, trop gêné dans un lieu circonscrit, doit ici comme ailleurs produire son effet ordinaire ; mais dire que les principes ignés peuvent dans leur expansion entraîner l'eau qu'ils rencontrent, ou qu'ils forment de l'air atmosphérique avec elle, c'est exactement énoncer la même chose, puisque cet air n'est lui-même, comme nous l'avons vu, composé que des principes du feu unis à quelques parties d'eau.

Ce qui prouve d'ailleurs que l'eau n'est point expansible par elle-même, ce sont ces bulles qui se forment à sa surface alors qu'elle est échauffée, & qui supposent le concours d'un fluide étranger ; c'est qu'elle peut, étant

grande part au phlogiſtique, parce qu'étant plus ténu, plus volatil & plus expanſible encore que

---

unie aux acides, éprouver un degré de chaleur bien ſupérieur à celui de l'eau bouillante, ſans qu'il y ait pour cela ni ébullition, ni évaporation ; c'eſt qu'enfin ſon évaporation paroît moins dépendre de la chaleur, qu'elle éprouve que de la quantité du fluide igné qui la traverſe & l'enlève avec lui, de ſorte qu'à chaleur égale cette évaporation ſera plus abondante & plus rapide, là où il y aura un courant de ce fluide plus conſidérable, & plus lente où ce courant ſera moins fort : une goutte d'eau verſée ſur un charbon ardent s'évapore plus vîte que ſur une pelle rougie, & plus vîte ſur cette pelle reſtant ſur le feu, qu'alors qu'elle en eſt tirée ; ce qui vient ſans doute de ce que le fluide propre à l'enlever paſſe moins aiſément à travers cette ſubſtance compacte, & que la chaleur dont elle ſe pénètre s'y fixe davantage. L'on a obſervé à la manufacture de Saint-Gobin, qu'une goutte d'eau de ſix lignes, verſée ſur du verre en fuſion, reſtoit ſur cette matière exceſſivement échauffée 110 ou 112 ſecondes avant de ſe volatiliſer ; & l'on a en même temps remarqué qu'elle ſe gonfloit avant de ſe diſſiper. Ainſi, tandis que ſa volatiliſation s'explique par le fluide qui la pénètre, la bourſouffle & l'enlève : la lenteur de ſon évaporation, peu relative à la chaleur qu'elle doit éprouver ici, peut s'expliquer à ſon tour par la rareté même de ce fluide, ſoit qu'il paſſe dans la matière vitreuſe avec moins d'abondance, alors que le creuſet eſt tiré du fourneau, ſoit que cette matière elle-même le retienne & s'en ſature.

Ces obſervations ſont bien propres à infirmer l'objection que l'on tire de la préſence de l'eau dans quelques pierres du genre vitreſcible, pour prouver qu'elles n'ont

l'acide,

l'acide, il doit, dans l'occaſion, entrer plus aiſément & plus promptement en expanſion; qu'il

---

point été formées par le feu; car, ſuppoſé même qu'elle n'ait pu, par quelque ouverture qui ſe ſoit rebouchée, s'infiltrer dans les petites cavités qui ſe trouvent dans ces pierres, dès que l'eau n'eſt point expanſible par elle-même, & qu'il faut pour ſon évaporation le concours d'un fluide étranger, n'eſt-il pas poſſible qu'elle ait été accidentellement interceptée dans quelque matière échauffée, ſans qu'elle ait pu s'en exhaler? D'ailleurs ſait-on exactement comment ſe forment ces protubérances brillantées, ces exſudations de matière épurée qui couvrent la ſurface des pierres, & qu'on appelle des criſtalliſations? Il ſemble qu'indépendamment de celles qui ſont formées ou par la voie humide, ou par l'action immédiate du feu ainſi qu'on le peut croire, depuis que MM. Grignon & Brogniart ont découvert que les métaux pouvoient ſe criſtalliſer par cette voie; il ſemble, dis-je, que ſi quelques-unes des criſtalliſations dont les pierres ſont couvertes, appartiennent à des matières étrangères qui s'y ſont implantées, il en eſt d'autres auſſi qui; partant du ſein même des ſubſtances auxquelles elles ſont attachées, ſe ſont, à la manière des végétaux, inſenſiblement pouſſées en dehors, & ouvert un paſſage: de-là ces pointes, ces pyramides, ces priſmes qui en ſortent en vertu des efforts que font à cet effet les principes expanſibles dont ſe compoſent ces criſtaux; de ſorte que ces principes pourroient, alors qu'ils ſe raſſemblent pour les former, entraîner avec eux & renfermer dans leur ſein, outre la terre qui s'y joint, les particules d'eau qu'ils rencontrent, ſans qu'on puiſſe en conclure pour cela que ces

faut dans tous les cas un moindre véhicule pour l'amener à cet état ; & qu'enfin, s'il occupe, en raison de sa plus grande ténuité, un plus petit espace lorsqu'il est condensé, il doit en proportion en occuper un beaucoup plus considérable que l'acide, alors qu'il se met en expansion (1).

---

cristaux aient été produits par l'intermède de l'eau : on le doit d'autant moins, que ces accidens sont fort rares dans la cristallisation des pierres vitrescibles dont il s'agit.

(1) Ainsi, tandis qu'il faut un moyen plus puissant pour mettre l'un en action, il ne faut, le plus souvent, pour enflammer le phlogistique ou les matières dans lesquelles il abonde, que l'approche ou le contact, non d'un corps embrasé, mais de la flamme qui en sort ; ainsi s'allument l'esprit-de-vin & l'éther : pour mettre d'ailleurs, sans l'enflammer, ce même principe en expansion, il n'est besoin que d'y employer la plus foible chaleur, & cela suffit pour causer des explosions, toutes les fois qu'étant contenu, ce principe manque de liberté & d'espace pour s'étendre. On produit une explosion assez vive de la manière qui suit : soit donné une petite bouteille de fer blanc, bouchée à l'ordinaire, on y injecte par un trou fait en dessous quelques gouttes d'éther (*a*) ; ce trou se ferme par une verge métallique qu'on y introduit, & qui se trouve à son extrémité enduite d'un peu de cire d'Espagne : on électrise cette verge, & à l'instant le bouchon de la bouteille se trouve, non sans bruit, chassé à plus de 50 pieds de hauteur. Il seroit difficile d'attribuer

(*a*) L'expérience réussit également avec de l'esprit-de-vin ou de l'huile de térébenthine.

De cette expanſion ſubite que prennent accidentellement, & à l'aide de quelque intermède, l'une ou l'autre de ces matières, ou les deux jointes enſemble, proviennent, lorſqu'elles ſont en abondance, d'un côté, les inflammations pyriteuſes & moſétiques, les tremblemens de terre, les éruptions de volcans; de l'autre, le

---

cet effet à l'air atmoſphérique contenu dans cette bouteille, puiſqu'il n'y eſt pas comprimé : on ne peut de même le rapporter à l'eau qui eſt répandue dans cet air; elle ſeroit, indépendamment des raiſons que nous avons déduites plus haut, incapable par ſa quantité même de répondre à cet effet: il ne peut donc venir que de l'éther ou du phlogiſtique contenu & raſſemblé dans cette ſubſtance expanſible ; & c'eſt par l'expanſion ſubite que ce principe acquiert en ce moment, & l'eſpace qu'il lui faut pour ſe développer, que le phénomène arrive. L'on doit rapporter à la même cauſe les exploſions terribles qui réſultent du mélange des acides avec l'eſprit-de-vin, lorſqu'on ne donne pas au principe expanſible qui s'en dégage une iſſue ſuffiſante ; & dans ce cas encore il ſuffit de la chaleur qui ſe produit par l'union de l'acide avec l'eau contenue dans l'eſprit-de-vin, pour donner à l'éther qui s'en ſépare, ou au phlogiſtique de l'éther, une expanſion telle que, ne pouvant reſter dans un lieu trop étroit, ce principe rompt & briſe avec fracas tout ce qui s'oppoſe à ſon extenſion; & l'on n'en doit pas être étonné, ſi on ſe rappelle qu'il lui faut, alors qu'il entre en expanſion, un eſpace environ deux cents cinquante mille fois plus conſidérable que celui qu'il occupoit étant condenſé.

tonnerre, la foudre, les éclairs, & généralement toutes les détonnations souterraines & aériennes quelconques : de-là viennent également la décrépitation des sels, la déflagration spontanée du phosphore, la détonnation des poudres soit fulminante, soit à canon (1), celle de l'or fulmi-

(1) Ces poudres se composent, la première, avec 3 parties de nitre, 2 parties de tartre sec, & 1 de soufre ; & la seconde, avec 75 parties de nitre, 16 parties de soufre, & 9 parties de charbon. Il faut, pour enflammer celle-ci, le contact immédiat d'un corps embrasé ; la chaleur seule, ou la flamme d'un corps, seroient, faute d'intensité, des intermèdes insuffisans ; l'explosion vive que cette poudre produit, vient de la rapidité avec laquelle le feu prend & se communique à la matière charbonneuse qui entre dans sa composition, & par-là se mettent en expansion les autres principes acide & inflammable dont elle est également composée. Quant à la poudre fulminante, comme elle ne contient point de charbon, l'explosion qu'elle produit ne peut, quoique dépendante de la même cause, s'opérer de la même manière & par le même moyen ; cette poudre ne détonne qu'à l'aide de la chaleur à laquelle on l'expose à l'air libre dans une capsule de fer ; toutefois son effet, quoiqu'aussi vif, n'est jamais aussi prompt, la chaleur suppléant seule à l'application immédiate du feu, ne peut mettre aussi rapidement en expansion les principes dont cette poudre est composée : il faut même, pour que l'explosion arrive, ou soit plus forte, que la chaleur soit très-modérée ; il convient que la matière ne s'en pénètre que peu à peu, afin que toutes ses parties puissent concourir en même temps à la détonnation générale qui s'ensuit.

nant (1), enfin, toutes les explosions qui résultent ainsi de diverses préparations, & du mélange

(1) L'on n'a jusques à présent envisagé la détonnation de l'or fulminant, que comme un effet dépendant de la présence de l'acide nitreux, ou de l'alkali volatil dans cette substance; quant à moi, je me persuade qu'elle résulte plutôt de l'expansion subite que prend, à l'aide de ces intermèdes, l'un ou l'autre des principes constitutifs de l'or, & particulièrement son phlogistique; & ce qui me le prouve, ce sont les circonstances qui accompagnent cette détonnation. 1°. Au coup sec & précipité par lequel elle s'annonce, on reconoît l'effet d'un principe expansible, brisant avec effort la cage étroite qui le contient. 2°. L'étincelle vive & brillante qui se produit en même temps, indique la nature de ce principe : il est clair que cette flamme ne peut se rapporter qu'à la matière même de la lumière; & cela se démontre par l'absence du phlogistique dans la chaux métallique dont restent chargées quelques-unes des matières sur lesquelles l'or a fulminé. Je ne regarde donc la dissolution de l'or dans l'eau régale, & sa précipitation par les alkalis, que comme des moyens capables d'affoiblir ou de rompre la grande agrégation de cette substance, & de faciliter par là la séparation ultérieure de ses principes élémentaires; ainsi son phlogistique ayant, vu la petitesse extrême des parties où il se trouve, moins d'obstacles à vaincre pour s'en dégager, il doit dans l'occasion entrer plus aisément & plus promptement en expansion; & de-là l'explosion qui s'ensuit, alors que cette poudre d'or, dit fulminant, est vivement frottée, ou qu'on l'expose sur la pointe d'un couteau à la chaleur d'une lampe. L'acide nitreux ou l'alkali volatil que l'or auroit pu retenir entre ses parties dans sa pré-

de certaines matières jointes enſemble par la Nature ou par l'art. Il eſt en conſéquence à pro-

---

cipitation de l'eau régale, ne ſemblent par conſéquent ici que le moyen, & non la cauſe de cette eſpèce de détonnation; il s'enſuit du moins de ce que nous avons dit, que ce n'eſt point à leur énergie ſeule que cet effet étonnant doit être rapporté; & ſi ces matières y influent autrement qu'en ſervant d'intermède, ce ne peut être que par concomitence avec le phlogiſtique de l'or, & en joignant leur effet au ſien. Dans le fait, l'on ne peut douter que ces ſubſtances n'aient auſſi le pouvoir de fulminer, & qu'elles ne fulminent en d'autres occaſions lorſqu'elles ſont, ſous forme ſaline & concrète, retenues dans les corps & mêlées avec d'autres matières : cette propriété eſt une conſéquence de leur nature. Ces deux ſubſtances ne ſont-elles pas par elles-mêmes ſuſceptibles de condenſation & d'expanſion ? Ne ſont-elles pas, l'une comme acide, l'autre comme en étant formée, & les deux comme étant chargées du principe inflammable, des émanations réelles de ces deux principes primitifs, reconnus ſeuls expanſibles & condenſables ? Ne pourroit-on pas même en cette qualité les regarder, malgré leurs dénominations, comme les repréſentans des principes conſtitutifs de l'or ? Ces ſubſtances ſont donc d'autant plus ſuſceptibles de produire elles-mêmes des exploſions, ou d'y contribuer par leur préſence, lorſqu'étant comprimées elles peuvent ſe dilater, qu'elles ſont, par leur nature, leur état, leur expanſion actuelle ou prochaine, & leur moindre fixité, plus diſpoſées à ſe dégager des corps où elles ſe trouvent ? Ainſi la détonnation de l'or pourroit, ſoit qu'elle vienne de l'acide nitreux ou de l'alkali volatil, ſoit qu'elle ſe produiſe par l'expanſion de ſes propres principes;

pos d'obſerver qu'aucuns mélanges ne doivent ſe faire ſans précautions ; l'on n'eſt ſouvent qu'après coup averti du danger que l'on court : en général, il faut ſe méfier de tous ceux où l'acide & le phlogiſtique étant en certaine quantité, & dans un état moyen de condenſation & de fixité, pourroient ſe rencontrer avec quelques parties d'eau.

Il eſt temps de nous arracher à ces matières abſtraites ; portons à préſent nos regards ſur des objets qui puiſſent nous fournir des preuves plus poſitives de l'exiſtence des matières de la lumière & de la chaleur dans les corps. Tâchons enfin de démontrer que d'elles ſeules ſe compoſe, lorſqu'elles ſont réunies, le feu que nous retirons de ces corps.

Des Matières combuſtibles & de l'action du feu ſur elles.

Si les ſubſtances métalliques & pierreuſes dont nous venons de nous entretenir, ont pu, malgré leur dureté & leur incombuſtibilité, nous fournir

cette détonnation, dis-je, pourroit à la rigueur ſe rapporter à la même cauſe, c'eſt-à-dire à l'expanſion ſubite de l'acide & du phlogiſtique ; mais ſi l'effet vient de l'or, il ſera beaucoup plus fort à cauſe de la plus grande condenſation des principes.

par elles-mêmes des preuves ſuffiſantes de la fixation des matières de la lumière & de la chaleur dans les corps ; celles que nous nous propoſons d'examiner ici doivent, par le fait même de leur inflammation, nous convaincre, d'une manière plus directe & plus ſenſible, du pouvoir que ces principes volatils ont de ſe fixer : ce pouvoir ſe démontre par l'état même où ils ſe trouvent, tant dans les corps durs ci-deſſus énoncés, que dans les ſubſtances végétales & animales, auxquelles ſe réduiſent à peu près tous les corps combuſtibles. Il n'y a à cet égard de différence entre ceux-ci & les autres, qu'en ce que, dans les métaux & les pierres, les matières de la lumière & de la chaleur s'y trouvent, indépendamment de leur quantité, dans un tel état d'agrégation & de fixité, qu'il eſt, faute de moyens ſuffiſans, rarement poſſible à l'homme de les ſéparer ; au lieu que dans les corps qui nous occupent à préſent, ces matières y ſont en même temps moins abondantes, plus diſperſées dans les ſubſtances, plus mêlées avec d'autres principes, & en outre dépoſées plus récemment ; de ſorte qu'étant moins tenaces & moins fixes, elles peuvent plus aiſément retourner delà à leur premier état, & reproduire, en ſe volatiliſant, de la lumière & de la chaleur : delà le feu que nous tirons de ces corps combuſtibles ; d'où l'on peut conclure que c'eſt aux matières ſeules de la lumière & de la chaleur, contenues dans ces corps, qu'il doit ſon exiſtence : ainſi nous trouvons en même temps dans l'agrégation & la fixité plus ou moins grande de ces matières, d'un côté, la cauſe de la dureté & de la peſanteur des métaux & des pierres, & de l'autre celle de la combuſtibilité des ſubſtances végétales & animales. Pour nous en convaincre, & afin d'acquérir ſur ce dernier article la même certitude que ſur le précédent, analyſons ces ſubſtances : comme elles ſont moins difficiles à décompoſer, il nous ſera d'autant plus aiſé de parvenir à la connoiſſance de leurs principes, & nous trouverons peut-être dans cette analyſe une preuve indirecte de ce que nous avons dit au ſujet de la peſanteur métallique.

La forme plus ou moins ſolide ſous laquelle ſe préſentent les ſubſtances végétales & animales, n'a d'abord rien qui nous frappe ; mais ſitôt que nous briſons leurs tiſſus, pour chercher dans leur ſein quelles ſont les matières élémentaires qui les compoſent, nous découvrons alors entre ces matières & l'état où elles ſe trouvent, une eſpèce de contraſte à peu près égal à celui que nous avons obſervé dans la conſtitution des métaux & des pierres ; & nous voyons, non ſans étonnement, que, malgré la ſolidité qu'elles préſentent, ces ſubſtances ne ſont pour ainſi dire formées que de principes volatils : nous y trouvons partie ſous forme concrète, partie ſous forme fluide encore, de l'eau, de l'air, de l'acide & du phlogistique, lesquels réunis à un peu de terre très-divisée qui leur sert de base (1), composent ensemble ces substances : peu à peu ces principes fluides, tant ceux qui se trouvent ici dès l'origine, que ceux qui s'y sont joints ensuite, se sont, après y avoir circulé quelque temps, rapprochés, puis fixés; ils ont ainsi, en se solidifiant eux-mêmes, donné à ces substances la forme & la consistance que nous leur voyons (2).

---

(1) La terre n'est point dans les substances végétales & animales en aussi grande quantité qu'on pourroit l'imaginer; nous voyons par l'analyse du bois de chêne, qu'elle n'entre (ce qui est bien étonnant,) que pour un 232ᵉ. dans sa composition; de sorte que dans un quintal de ce bois il se trouve à peine une demi-livre de terre : sans l'expérience qui le démontre, il seroit, vu nos préjugés, difficile de croire qu'elle y fût pour si peu.

(2) D'après cela ne pourroit-on pas expliquer le développement des germes, & le premier accroissement des substances qui y résident en abrégé, par l'expansion insensiblement progressive de ces principes volatils condensés, qui s'y trouvent particulièrement réunis, & qui se détendent en raison de la chaleur infiniment douce qui leur est communiquée, ou qui naît du mélange même de quelques parties d'eau avec l'acide contenu dans ces germes? Ce qui paroît appuyer cette conjecture, & prouver qu'ainsi commence le travail de la Nature dans l'œuvre admirable de la végétation, ce sont les pétillemens, les petites explosions que produisent quelques graines,

Pour s'aſſurer de ce que nous venons de dire, il n'eſt beſoin que d'obſerver ce qui ſe paſſe dans la combuſtion des ſubſtances végétales ou animales. A peine ces ſubſtances ont-elles le contact du feu, qu'à l'inſtant tous ces principes volatils fixés, qui y réſident dans l'inertie, ſe réveillent, ſortent des cellules où ils s'étoient retirés, ſe ſéparent & ſe diſperſent : cependant ceux de ces principes qui les premiers ont été mis en expanſion par l'action du feu auxiliaire qui leur eſt préſenté, exercent à leur tour la même action ſur ceux qui les avoiſinent, & de proche en proche l'incendie ſe communique à toutes les parties du corps combuſtible ; ainſi ce corps s'embraſe & ſe décompoſe à meſure, il s'anéantit enfin par la diſperſion totale de ſes principes élémentaires. Malgré cela l'on peut, dans ce moment même, reconnoître encore les principes qui s'en dégagent : la combuſtion des corps à l'air libre devient un moyen d'analyſe, dont les produits ſe rapportent exactement à ceux que l'on obtient par d'autres voies ; il n'y a de différence, qu'en ce qu'ici les principes ſe préſentent ſous leur forme origi-

---

alors qu'on les expoſe ſur le feu à une chaleur plus vive. On pourroit encore attribuer à la même cauſe, c'eſt-à-dire à l'expanſion des principes contenus dans les graines légumineuſes, les flatuoſités dont ſe plaignent habituellement les perſonnes qui s'en nourriſſent.

nelle & dans toute leur énergie. Nous y diſtinguons donc l'acide & le phlogiſtique ſe développant, tant que dure la combuſtion, l'un en matière de chaleur, & l'autre en matière de lumière ; & tandis que l'air fixe ou non fixe qui peut ſe trouver dans ces ſubſtances en déflagration, ſe joint à ces premiers principes, pour augmenter de ſa propre ſubſtance la ſomme du feu régénéré qu'ils produiſent enſemble, l'eau chaſſée par eux ſe diſſipe en vapeurs, & la terre délaiſſée ſe dépoſe dans nos foyers, unie encore à quelques parties plus fixes de la matière de la chaleur, qui lui reſtent attachées, & dont ſe forme, ſous la dénomination d'alkali, un nouvel ordre d'acides (1).

Quant au feu lumineux qui ſe produit habituellement dans cette occaſion, c'eſt, nous le voyons, du ſein même des ſubſtances combuſtibles qu'il ſe tire ; c'eſt avec elles également que nous l'alimentons, & de-là provient encore ce germe de feu que nous conſervons dans nos foyers, & qui ſert d'adminicule à la combuſtion des autres corps. Il faut donc, puiſque le feu terreſtre ne s'engendre que

(1) Si nous faiſons attention à la quantité de lumière & de chaleur que donne un morceau de bois qui brûle, ainſi qu'à celle des vapeurs qui s'en dégagent, nous pourrons nous former une idée de la quantité d'eau, d'acide & de phlogiſtique qu'il contient, & peut-être ſerons-nous alors moins étonnés qu'il s'y trouve ſi peu de terre.

par elles, il faut, dis-je, que ces ſubſtances en poſſèdent la matière, qu'elles en contiennent les principes ; & nous en devons d'autant moins douter, qu'il n'eſt ſouvent, pour l'en extraire, beſoin que de les frotter vivement l'une contre l'autre. Cela étant, voyons quels ſont, parmi les principes que nous y avons trouvés, ceux qui apparriennent au feu, ceux qui peuvent produire du feu : eſt-ce la terre ? on ne peut le ſuppoſer : ſeroit-ce l'eau ? elle en ſemble encore plus éloignée ; toutefois elle peut, étant en petite quantité, ſervir, comme nous le verrons, au développement de ſes principes ; mais trop abondante, elle n'eſt propre qu'à étouffer, qu'à détruire leur action ; auſſi voyons-nous que les ſubſtances ſont d'autant plus combuſtibles, qu'elles ſont plus dépouillées d'eau : quant à l'air, il ſeroit, dans toute autre hypothèſe que celle que nous adoptons, difficile de trouver dans ce fluide, ſoit celui qui réſide dans les ſubſtances, ſoit celui qui ſe dirige vers elles lorſqu'elles ſont en combuſtion ; il ſeroit, dis-je, difficile d'y trouver la matière du feu, à peine peut-on alors lui accorder le pouvoir de l'animer par ſon ſouffle : & quoique dans notre ſyſtême l'on ſache pourquoi l'air peut de lui-même augmenter matériellement la ſomme du feu, & en devenir l'aliment le plus néceſſaire, on conçoit, malgré cela, qu'il ſeroit, avec ce fluide ſeul, impoſſible à l'homme d'obtenir un feu durable & ſuffiſant. Il ne reſte donc parmi les principes exiſtans & fixés dans les corps combuſtibles, que l'acide & le phlogiſtique qui puiſſent par eux-mêmes, l'un comme principe de chaleur, & l'autre comme principe de lumière, repréſenter la matière inactive du feu, & produire, alors qu'ils ſont en expanſion, ce feu brûlant & lumineux que nous en obtenons: ainſi l'air n'eſt cenſé jouir du pouvoir de l'alimenter, qu'autant qu'il eſt lui-même composé de ces principes du feu ; & l'on ne peut, à moins d'imaginer qu'il exiſte dans les corps, outre ceux que nous avons obſervés, des principes occultes dont ſe forme le feu ; l'on ne peut, dis-je, expliquer autrement ſon origine, ni la rapporter à d'autres principes. Nous avons à cet égard aſſez de faits pour nous en convaincre : & jamais avec des cauſes ou des qualités occultes nous ne parviendrons à rien (1).

---

(1) Mais, dira-t-on, le phlogiſtique que vous adoptez pour un principe du feu, n'eſt il pas lui-même un principe occulte? Non, il ne l'eſt que pour ceux qui ſe refuſent à l'évidence ; car, quoiqu'il ſoit inſaiſiſſable, alors qu'il eſt en expanſion. il ne donne pas moins, dans la flamme lumineuſe qui ſe dégage des corps en combuſtion, des preuves aſſez viſibles & aſſez ſenſibles de ſon exiſtence, pour qu'on puiſſe le reconnoître ; d'ailleurs, ne le poſſédons-nous pas en ſubſtance dans l'eſprit-de-vin, dans l'éther, dans les huiles, dans la poudre des étamines, enfin dans tous les corps inflammables où il domine? C'eſt la ténuité & la volatilité ſeules de ce principe fugace, qui nous em-

Je dois, en vous parlant du feu, vous faire obſerver que ſi l'air eſt, en ſe transformant en ſa

pêchent de l'avoir plus pur, plus dépouillé, moins mélangé avec d'autres principes hétérogènes; il fuit des mains de l'homme, dès qu'on veut l'en ſéparer, ou l'extraire des corps qui le contiennent; cependant l'on eſt en quelque ſorte parvenu à l'iſoler; & le fluide inflammable qu'on retire des ſubſtances, par le moyen de la machine hydropneumatique, ſemble le repréſenter dans toute ſa pureté. Pour démontrer l'exiſtence du phlogiſtique dans les corps, nous nous aidons ici des expériences faites en faveur de l'air fixe; elles ſervent en toutes occaſions à confirmer la théorie que nous avons embraſſée; & l'on feroit pour ainſi dire tenté d'appliquer aux Phyſiciens célèbres à qui elles ſont dues, ce diſtique de Virgile:

Sic vos non vobis mellificatis, apes, &c.

Cependant nous n'en devons pas moins de reconnoiſſance aux Auteurs qui ſe ſont occupés de l'air fixe: il faut en convenir, les expériences multipliées qu'ils ont faites ſur cette matière, & les faits dont ils nous ont procuré la connoiſſance, ſont, en nous menant à celle des principes conſtitutifs des corps, capables de nous procurer les plus grands avantages. Malgré cela je doute que la ſcience puiſſe en tirer aucun profit; & je ne crois ces expériences propres qu'à amuſer notre curioſité, tant qu'on ne cherchera pas à ſimplifier les choſes, tant qu'on ne donnera pas aux différens fluides aériformes qui ſe préſentent ici, le nom qui leur convient, tant qu'on ne les rapportera pas aux principes dont ils émanent, & dont l'air lui-même eſt compoſé: enfin, tant qu'on ne les diſtinguera pas d'une manière préciſe de l'air que nous reſ-

propre substance, capable de fournir à cet être dévorant un aliment matériel toujours prêt, il a en outre, comme par privilège, la faculté constante d'aider à son développement, ainsi qu'à son action. L'on pourroit donc ici le regarder encore, non

pirons, auquel ils ne ressemblent pour ainsi dire que par leur invisibilité, & dont ils diffèrent essentiellement par leurs propriétés & leurs effets. La nomenclature vicieuse de ces fluides n'est exactement capable que d'embrouiller nos idées, & de retarder pour long-temps encore les progrès de la physique. En suivant cette route, nous nous éloignons nécessairement du but où nous prétendons arriver ; & le premier pas à faire pour s'en rapprocher, seroit, en réservant pour le fluide atmosphérique seul le nom d'air, de chercher pour les fluides acides, inflammables & déphlogistiqués qui se dégagent des substances (*a*), des noms propres qui puissent, sans les confondre avec lui, indiquer leur nature. Il faut enfin nous dépouiller ici du double préjugé, qui d'un côté nous fait prendre indifféremment pour de l'air tout ce qui est ténu, volatil & fluide comme lui, & nous porte de l'autre à regarder comme terre, ou comme composé de terre, tout ce qui est pesant, dur & compact.

(*a*) Tous ces fluides, fussent-ils en plus grand nombre, ne peuvent se rapporter qu'à deux principes différens, qui sont l'acide & le phlogistique : ils doivent ainsi, nonobstant quelques variétés dépendantes de l'état même de ces principes, se réduire aux trois espèces ci-dessus énoncées ; savoir, l'air méphitique, l'air inflammable & l'air déphlogistiqué, (je me sers ici des expressions usitées) : le premier appartient à l'acide, le second au phlogistique, & le troisième à tous les deux ; celui-ci, formé par le concours de ces principes, s'annonce comme un mixte, comme un fluide pour ainsi dire neutre, & par conséquent analogue à l'air atmosphérique, si ce dernier étoit dépouillé d'eau.

comme

comme un principe dont s'engendre le feu, mais comme le moteur qui le vivifie, comme l'inſtrument de ſa propagation & le ſoutien de ſon exiſtence (1) : d'un côté l'air ſe préſente comme un

(1) Les faits les plus étonnans ceſſent de nous frapper dès qu'ils nous deviennent familiers, la vue habituelle des objets nous rend inattentifs & même indifférens à leur égard ; accoutumés aux effets de l'air, nous les voyons ſe produire & ſe ſuccéder ſans en être affectés, nous jouiſſons ſans y penſer des ſecours de toute eſpèce que ce fluide nous procure. Un fait cependant bien digne de réveiller notre attention, c'eſt que l'air ſoit également néceſſaire à l'action du feu, à la production des plantes, & à la vivification des êtres, c'eſt que dès qu'il manque le feu s'éteigne, la végétation ceſſe, & l'animal perde la vie ; qu'enfin tout vive, tout s'anime par lui, & périſſe par ſa ſuppreſſion. Comment donc l'air peut-il réunir tant de vertus diverſes ? ou comment peut-il exercer le même pouvoir ſur des objets ſi différens ? D'où vient enfin cet accord étonnant dans les effets de ce fluide ? Il faut en convenir, la queſtion n'eſt pas facile à réſoudre : remarquons néanmoins que les effets dont nous parlons ne diffèrent vraiment qu'en quelques circonſtances abſolument relatives à l'objet ſur lequel ils s'opèrent ; le rapport par conſéquent qu'ils préſentent entre eux n'annonce & ne ſuppoſe qu'une même action, qu'une cauſe commune dont ils doivent tous dépendre : dès-lors n'y auroit-il pas lieu de préſumer que l'air ne doit la triple propriété d'alimenter le feu, de favoriſer la végétation & d'entretenir le mouvement dans les êtres organiſés, qu'aux principes mêmes dont il eſt composé ? Ainſi de même qu'il

simple aliment accessoire, comme une matière uniquement propre à augmenter la masse existante

---

peut, comme étant formé des matières de la lumière & de la chaleur, fournir au feu qu'il anime, & soutient un aliment matériel, il semble par la même raison, & en vertu des mêmes principes qu'il y introduit, capable d'entretenir dans les végétaux & dans les animaux la chaleur, le mouvement & la vie, & de contribuer encore comme nutritif à leur accroissement. Il est reçu que tout ce qui croît, vit & respire, ne doit cet avantage qu'aux principes de feu dont il est pénétré : or ces principes de feu ne sont, ainsi que nous venons de le remarquer, autres que l'acide & le phlogistique qui résident dans les corps, & qui, suivant l'état où ils se trouvent, ou le degré d'expansion qu'on leur donne, sont seuls capables ou de s'en dégager sous la forme d'une matière brûlante & lumineuse d'où naît le feu, ou d'y répandre simplement une chaleur obscure & modérée d'où dépend leur action : c'est d'eux par conséquent, c'est de ces principes de feu que les corps organisés reçoivent cette existence animée qui les distingue. Cependant il ne suffit pas que ces principes y résident, il faut encore qu'ils y soient dans un état convenable à leur organisation ; on sent parfaitement que s'ils étoient dans toute leur activité, & pris dans le feu même, ils ne seroient propres qu'à blesser des êtres délicats, qu'à détruire leurs tissus ; d'un autre côté ils auroient, en se présentant sous forme concrète, trop de peine à se développer, ils ne pourroient souvent y parvenir qu'à l'aide de moyens trop actifs qui seroient également nuisibles à ces corps. Il faut donc que ces principes soient dans un état moyen, entre la plus grande expansion & l'état de fixité ; il faut qu'ils soient, sinon en activité, au moins

du feu, & de l'autre il s'annonce comme un agent nécessaire, ou du moins comme un intermède

---

prêts à développer une sorte d'énergie; il faut enfin qu'ils soient appropriés à la foiblesse des êtres & à la délicatesse de leurs organes: or l'air est le seul fluide où ces principes se trouvent non-seulement en quantité suffisante, mais encore dans un état de division & de fluidité qui paroît favorable à leur introduction dans les substances, ils y sont d'ailleurs dans une température convenable à leur organisation; de sorte qu'ils peuvent en cet état, & sous cette forme, s'insinuer aisément dans les corps sans leur causer la moindre altération. Delà vient sans doute que le concours de l'air est si nécessaire dans les cas précédemment énoncés, soit pour animer le feu, soit pour vivifier les êtres, & les conserver dans cet état (*a*), il ne jouit de ce privilège que parce qu'il est lui-même composé de ces principes de feu; c'est parce qu'il en est le véhicule, qu'il peut, en portant dans les substances où il s'introduit, le principe de la chaleur, donner, en y circulant, du jeu à la machine, & y entretenir le mouvement & la vie. Ne pourroit-on pas même encore rapporter à l'action de ce fluide circulant dans les plantes, à cause de l'acide qu'il y traîne avec lui, la faculté qu'elles ont d'attirer dans leur sein l'humidité de la terre? Il ne nous reste en cela qu'à rendre graces à la Nature, ou pour mieux dire à l'Auteur de la Nature, d'avoir ainsi placé autour de nous un fluide vivifiant, capable de protéger notre existence, tant par son assistance continue, que par

(*a*) Ceci nous explique en même temps pourquoi l'air dit déphlogistiqué est plus que l'air atmosphérique même favorable à la vivification des animaux.

ſans lequel le feu ne pourroit ni exiſter ni ſubſiſter en activité. L'air peut donc en même temps l'animer par ſon ſouffle, & le nourrir de ſa ſubſtance : il produit ainſi ſur le feu deux effets très-diſtincts, qui, quoique ſimultanés, ne peuvent s'expliquer de la même manière, & doivent ſe rapporter à des cauſes différentes. L'on ne peut cependant, quant à ces cauſes, les chercher ailleurs que dans l'air ; il eſt même, quoiqu'elles s'y confondent l'une avec l'autre, facile de les reconnoître : il n'eſt beſoin pour cela que de faire attention à la nature des principes dont ce fluide eſt compoſé ; ils nous donnent eux-mêmes l'explication de ce double phénomène. Ainſi, tandis que d'un côté l'acide & le phlogiſtique qui réſident dans l'air, ſont cauſe que ce fluide peut, à la manière des corps combuſtibles, ſe convertir en matière de feu ; nous croyons voir de l'autre, que c'eſt à l'eau qui s'y rencontre auſſi, qu'il doit excluſivement la propriété de l'animer & de l'exciter. Chargé de ces trois principes, l'air peut donc, en ſe précipitant ſur le feu, lui fournir avec les uns un aliment approprié à ſa nature, & lui porter en même temps avec l'autre le principe même de ſon développement : ce n'eſt ainſi qu'à

---

les ſecours indirects qu'il lui procure, en favoriſant également celle des plantes qui nous nourriſſent, & du feu qui nous réchauffe.

ces principes divers réunis dans sa constitution qu'il doit le double pouvoir de l'animer & de le nourrir : c'est d'eux, c'est de leurs vertus seules qu'il tient les qualités qu'il doit avoir pour remplir ces deux fonctions ; de sorte que si quelqu'un de ces principes cessoit de se trouver en lui, ou d'y être dans les proportions convenables, ce fluide alors deviendroit incapable de satisfaire à l'une ou à l'autre (1). L'air, dépouillé d'eau, & réduit à ses pre-

(1) Nous remarquerons ici que le feu s'éteint de lui-même, non-seulement lorsqu'il est privé d'air, mais encore lorsque l'air, avec lequel il est en contact, se décompose, se vicie, & cesse d'être en rapport avec l'air atmosphérique ; il a peine à subsister dans un air, ou pour mieux dire dans un fluide qui, n'ayant plus les mêmes principes, manque des qualités requises pour l'entretenir : il perd ainsi toute son action dès qu'il se rencontre avec un air méphitique ; rien, selon moi, ne prouve mieux que c'est à la réunion seule des principes ci-dessus énoncés que l'air atmosphérique doit les propriétés dont il jouit à l'encontre du feu, que l'insuffisance de ces fluides divers, résultans de son altération & de sa décomposition même ; ce n'est ainsi, lorsque la chandelle s'éteint sous le récipient de la machine pneumatique, qu'à la pauvreté & à l'impuissance réelle du principe isolé qui reste dans le bocal après la décomposition de l'air, & non au vide apparent qui s'y forme, qu'il faut attribuer l'extinction de cette chandelle. Comme il n'y a point de vide absolu dans la Nature, l'adhérence du récipient au plateau de la machine, n'annonce ici qu'une cessation d'équilibre entre

miers principes, feroit fans doute, comme repréfentant en cet état la matière même du feu, également propre à nourrir fon action ; mais dût-il être par cette fuppreffion plus prompt encore & plus facile à s'enflammer, il deviendroit d'ailleurs moins capable d'aider à l'extraction du feu, de favorifer le développement de fes principes, & de fufciter l'ignition dans les corps (1).

L'on conçoit aifément que deux corps homogènes, pris dans le même état, ne doivent, s'ils fe réuniffent enfemble, produire refpectivement l'un fur l'autre aucun effet fenfible ; il ne peut naître de cette réunion aucun changement dans leur nature & leur état ; ils n'acquièrent par-là aucune qualité nouvelle, & n'en perdent aucune de

---

le fluide contenu dans le bocal, & l'air qui preffe à l'extérieur fur lui.

(1) Ceci ne pourroit-il pas nous aider à expliquer pourquoi l'air inflammable, & l'air dit déphlogiftiqué, étant l'un formé de la matière de la lumière, & l'autre des matières réunies de la lumière & de la chaleur, ne peuvent, malgré la préfence d'un corps enflammé, & quoique très-inflammables, s'enflammer réellement, à moins qu'ils ne foient en contact avec l'air atmofphérique? Ici l'on voit que malgré fa dénomination je fuis loin de regarder l'air déphlogiftiqué comme privé de phlogiftique; cela ne peut s'accorder avec fon inflammabilité.

celles qu'ils possédoient, de sorte qu'on peut, en les séparant, les représenter tels qu'ils étoient avant. Que l'on joigne ensemble une goutte d'eau avec une autre goutte d'eau, douée d'une température égale, ou une goutte d'acide avec une pareille dose du même principe, ces gouttes identiques, incapables d'exercer contre elles-mêmes l'énergie qu'elles recèlent, se mêleront tranquillement, sans chaleur, sans effervescence, sans souffrir d'altération, enfin, sans produire d'autre effet que de composer l'une par l'autre une masse plus considérable d'eau, ou d'acide, absolument semblable à elles. Ceci même peut s'appliquer au feu, si ce sont des parties de feu qui ont été ainsi réunies les unes aux autres. Tel est donc, lorsqu'il s'agit de principes homogènes, le seul effet qui puisse résulter de leur adjonction, une simple augmentation de masse ; mais il faut, pour qu'à cela seul il se réduise, que ces principes soient de part & d'autre dans le même état, ainsi que dans une température égale, autrement ils pourroient, quoiqu'homogènes, avoir de l'action les uns sur les autres, en se communiquant celle qu'ils auroient reçue d'ailleurs : l'on sent par exemple que de l'eau bouillante peut, en raison de la chaleur dont elle est pénétrée, avoir une sorte d'effet sur de l'eau froide ; l'on sent également que des principes de feu actuellement en exercice peuvent donner de l'expansion à d'autres principes de feu restant dans l'inertie. Cependant l'effet que les uns peuvent alors produire ſur les autres, en les faiſant participer à leur action, ne paroît pas devoir être regardé comme leur étant abſolument propre ; il ne ſe préſente point ici comme un effet dû à leur énergie particulière, il ne ſemble que le réſultat d'une modification acquiſe, & d'une vertu d'emprunt ; il n'eſt enfin que le contre-coup, & l'arrière produit d'une action exercée contre ces prétendus agens, & reportée par eux ſur les corps qu'ils rencontrent. Ceci nous cache par conſéquent une cauſe première qui, ſous le nom, & par le moyen de ces intermédiaires, agit de loin ſur ces corps comme la main qui pèſe ſur le levier, ou chaſſe une boule par une autre ; mais ce principe d'action, cette cauſe motrice, ce n'eſt point, comme nous venons de le voir, dans la réunion des ſubſtances homogènes, & dans leur oppoſition avec elles-mêmes, qu'il faut la chercher : la matière, réduite à un ſeul principe, reſteroit néceſſairement, quelque énergique que fût ce principe, dans une éternelle & ſtupide inaction ; la Nature ſans doute l'a beaucoup mieux ſervie, & le mouvement s'eſt produit dans ſon ſein ; cependant comme chacun des élémens dont elle l'a pourvue n'eſt pas cenſé pouvoir agir ſur lui-même, il s'enſuit que c'eſt du conflict ſeul de ces principes divers que le mouvement a pu naître. En donnant à ces principes des vertus & des qualités différentes, la Nature a dû leur fournir en même temps le moyen de les exercer ; mais ſi elle a en eux établi le pouvoir, c'eſt hors d'eux qu'elle a placé le moyen de ſon développement : ce n'eſt ainſi qu'à l'encontre de ceux qui ſont d'un ordre différent que ces principes peuvent, quoique dans une température égale, déployer l'énergie qui leur eſt propre, ou acquérir des qualités qui leur ſont étrangères. En cela nous reconnoiſſons la marche ordinaire de la Nature, & ſa manière d'opérer : c'eſt, nous l'avons remarqué pluſieurs fois, dans les oppoſitions qu'elle choiſit ſes moyens ; elle ſemble avoir ſur cette idée compoſé tous ſes plans ; c'eſt par-là qu'elle fait mouvoir ſes reſſorts, & qu'elle met en activité les principes de la matière ; elle ne fait éclater la puiſſance des uns que par la vertu des autres, & il convenoit que cela fût (1) ; ainſi ſi nous joignons,

(1) Si les élémens avoient, ſans dépendre l'un de l'autre, le pouvoir de développer eux-mêmes l'énergie qui leur eſt propre, l'ordre actuel des choſes n'eût jamais exiſté ; la matière ſe trouveroit alors, non comme ci-deſſus dans une éternelle inaction, mais dans une tourmente perpétuelle, & conſéquemment dans un état peu favorable à la formation des êtres ; les principes actifs dont elle eſt pourvue, ne pourroient, dès qu'ils ſeroient en mouvement, s'arrêter, ſe fixer, ni ſe prêter à aucune combinaiſon : la Nature par cette voie n'eût jamais rien produit ; mais en mettant entre l'énergie des principes,

non une goutte d'eau à une goutte d'eau, non une goutte d'acide à une goutte d'acide, mais une goutte d'eau à une goutte d'acide, il se produit alors par la réunion de ces gouttes hétérogènes, & en conséquence de l'opposition des principes, une chaleur très-vive dans ce mêlange; captive dans l'acide où elle reposoit comme dans sa matrice, cette chaleur ne s'annonçoit point, elle ne s'est rendue sensible que par l'intervention de l'eau.

Il ne suffit donc pas pour que des principes puissent développer leur énergie, qu'ils se trouvent en contact avec des principes de même nature; ni pour produire du feu, que des matières combustibles puissent se joindre à d'autres matières pareilles, prises dans le même état; non, elles doivent tirer d'ailleurs le moyen de leur

---

& le développement de cette énergie, une ligne de séparation, en rendant ce développement dépendant d'une cause étrangère, en plaçant enfin cette cause motrice dans l'opposition des principes, elle s'est rendue par là maîtresse de leur activité; elle peut, en écartant ou en rapprochant, & même en modifiant le moyen de son développement, exciter ou contenir leur énergie, en augmenter ou en adoucir les effets; c'est ainsi que, sans laisser la matière dans l'inaction, ni l'exposer à une agitation trop violente, la Nature a su, en évitant ces deux extrêmes, répandre avec ménagement dans son sein la chaleur, le mouvement & la vie.

développement ; il faut ici le concours d'une puiſſance intermédiaire, capable de faciliter par ſon action ſur elles la déflagration de ces matières : mais quel ſera ce moyen puiſſant ? quel ſera cet intermède néceſſaire ? Le fait que nous venons de citer nous l'indique ; cet intermède, c'eſt l'eau, & l'on n'en peut douter ; ſa vertu n'eſt-elle pas démontrée par l'effet pour ainſi dire miraculeux qu'elle produit ſeule & ſans ſecours ſur le principe même de la chaleur, & par l'effort qu'elle lui donne ? Ce n'eſt ainſi qu'à cauſe de l'eau très-atténuée qu'il réunit à ſes autres principes, que l'air peut devenir à ſon tour un intermède d'autant plus important à l'action du feu, qu'il eſt, en l'animant par elle, capable après cela de l'alimenter avec les autres.

Cependant, ſi l'eau peut par elle-même concourir à l'action du feu, ce n'eſt, comme nous venons de voir, qu'en qualité d'intermède, & en raiſon de ſon oppoſition avec lui, qu'elle peut s'y employer ; elle eſt par cela même incapable d'ailleurs de lui fournir aucun aliment ; tout ſon effet ſe réduit donc à aider au développement de ſes principes, & telle eſt la fonction que la Nature lui a réſervée. Comme ces principes actifs ſont doués d'un reſſort auquel s'attache leur énergie, que cette énergie ne peut s'exercer tant qu'il reſte tendu & comprimé, & qu'enfin ce reſſort ne peut ſe détendre ſans le ſecours d'une puiſſance étrangère, l'eau paroît être cette puiſſance deſtinée à favoriſer ce développement ; mais il faut qu'elle ſoit adminiſtrée en proportion meſurée ſur la quantité & l'état des principes ſur leſquels elle s'applique : & comme ceux dont ſe forme le feu ſont dans les matières combuſtibles ordinairement épars, & ſans intenſité, elle ne peut alors ſe préſenter vers eux qu'en petite quantité & ſous le véhicule de l'air ; elle ne ſeroit même, en augmentant de maſſe, propre qu'à détruire ſon effet par la force de ſon action. Cependant ſi les principes dont nous parlons, & notamment l'acide, ſe trouvent par le rapprochement de leurs parties dans un état d'agrégation plus conſidérable, dans ce cas l'eau peut, en raiſon de leur intenſité, leur être fournie en plus grande quantité ; elle auroit même, ſous un moindre volume, & telle qu'elle ſe préſente dans l'air, beaucoup moins d'effet ſur eux ; malgré cela, l'eau trop abondante ne ſeroit encore ici propre qu'à affoiblir infiniment la force & l'énergie des acides.

En parlant des effets de l'eau ſur le feu, j'ai paru juſqu'ici rendre ces effets communs aux deux principes dont il ſe compoſe ; il s'en faut cependant que l'eau ait une action égale ſur l'un & ſur l'autre, elle ſemble même n'en avoir aucune ſur le principe de la lumière : ce que j'en ai dit ne doit donc ſe rapporter qu'à la matière de la chaleur, c'eſt-à-dire à l'acide, que l'on peut regarder ici comme le principe dominant du feu, comme celui d'où découle toute la chaleur qu'il poſsède & répand, & dont ſe forme particulièrement, & ſans le concours du phlogiſtique, ce feu doux & obſcur qui s'excite dans les corps ; ce feu particulier naît du développement ſeul de ce principe, & c'eſt par l'intermède de l'eau que s'opère ce développement. Au reſte, quoique, dans ſon action ſur le feu, l'eau n'agiſſe réellement que ſur le principe de la chaleur, & qu'elle n'ait d'ailleurs aucun rapport marqué avec celui de la lumière, elle peut néanmoins, en vertu de l'effet même qu'elle produit ſur le précédent, aider indirectement encore au développement de ce principe, & faciliter ſon expanſion. Comme il ne peut, alors qu'il eſt condenſé & fixé dans les corps, ſortir de cet état d'inertie qu'avec l'aide de la chaleur, il profite de celle qui s'engendre dans la rencontre de l'acide & de l'eau pour prendre en même temps ſon eſſor ; & c'eſt ainſi que l'eau peut par contre-coup contribuer encore à ſon dégagement. L'on pourroit en quelque ſorte rapporter à la même cauſe tous les développemens qui ſe produiſent dans la matière.

La chaleur qui réſulte de l'union de l'acide avec l'eau eſt un phénomène dont on ne s'eſt juſqu'ici preſque point occupé : ce n'eſt pas qu'il ne soit assez généralement connu ; il est cité dans les livres, & constamment annoncé dans les cours de Physique & de Chimie : mais comme il n'est sensible qu'au tact, qui, quoique le plus sûr, est le moins étendu de nos sens, & qu'il s'opère le plus souvent sans éclat & sans bruit, il ne provoque point l'attention ; il faut que l'observation aille pour ainsi dire à sa rencontre, & le cherche en tâtonnant dans l'obscurité où il se produit ; de-là vient peut-être que ce phénomène n'a pas été plus particulièrement examiné ; ainsi l'on répète journellement l'expérience qui le constate sans rien voir au-delà, & l'on n'a pas encore senti que ce fait, opéré en petit dans nos laboratoires, pourroit n'être qu'une représentation fidelle de ce qui s'exécute en grand, mais moins à découvert dans celui de la Nature : je m'étonne d'autant plus de l'inattention, ou de l'indifférence des Physiciens à cet égard, qu'il n'est aucun fait qui soit plus curieux & plus intéressant : j'ai essayé d'en présenter une explication, mais il en est de ce phénomène comme de l'attraction ; il sera peut-être à jamais impossible d'en découvrir la cause ; c'est un fait simple qui est dû à des principes simples, & qui tient par conséquent à la nature de ces principes & à l'essence des choses ; il se présente dans le systême terrestre comme un fait primitif auquel tous les autres sont liés : il est ainsi la clef de mille phénomènes qui ne peuvent s'expliquer que par lui, & dès-lors il n'eſt pas étonnant qu'on ait peine à l'expliquer lui-même. Si l'attraction eſt la cauſe des mouvemens céleſtes, il eſt de même pour l'intérieur du globe une cauſe générale de mouvement ; c'eſt un des grands moyens dont la Nature ſe ſerve, ſoit qu'elle travaille pour compoſer ou pour détruire : il eſt la ſource de cette chaleur bienfaiſante qui produit les êtres, qui les conſerve, & qui eſt le principe de la vie dans les globes comme dans les plantes & dans les animaux vivans. C'eſt par lui que nous obtenons ce feu lumineux qui brille dans nos foyers ; de-là vient également cet inviſible feu qui ſe trouve répandu dans le ſein de la terre, & ce n'eſt, comme nous le verrons bientôt, que par ce moyen encore que les rayons du ſoleil recouvrent dans l'atmoſphère la chaleur qu'ils ont perdue ; nous lui devons d'ailleurs la chaleur néceſſaire à la végétation, ainſi que celle qui s'excite d'elle-même dans les corps & ſur-tout dans les plantes coupées & non ſechées (1) : c'eſt lui enfin qui eſt l'agent

(1) La même choſe n'arrive point dans les plantes ſéchées : les plantes peuvent donc, ſuivant l'état de ſéchereſſe & d'humidité où elles ſe trouvent, offrir des effets très-différens ; ſechées, elles ne peuvent brûler & s'enflammer à moins qu'elles ne ſoient en contact avec un corps actuellement embrâſé ; non ſéchées, elles ſont, alors qu'elles ſont entaſſées, capables de s'échauffer d'elles-mêmes au point de produire du feu ; & rien ne prouve mieux

de la fermentation, & qui, passant ensuite à des effets plus éclatans, va dans l'intérieur du globe,

---

que cet effet n'est dû qu'à l'action de l'eau sur l'acide qu'elles contiennent. Nous observons d'ailleurs que les plantes qui sont incapables de s'échauffer d'elles-mêmes, peuvent, malgré cela, & de la manière que nous avons dit, s'enflammer très-aisément, tandis que celles qui sont susceptibles de se détruire par leur propre chaleur, ne peuvent, alors même qu'elles sont exposées au feu, s'enflammer qu'avec peine, & cela n'est encore qu'une conséquence de l'absence ou de la présence de l'eau dans ces plantes; ainsi nous trouvons à l'égard des unes dans la présence de l'eau la raison pour quoi ces plantes sont en même temps sujettes à s'échauffer, & peu disposées à s'enflammer; & quant aux autres, ce n'est au contraire qu'à l'absence de l'eau qu'il faut attribuer & leur inflammabilité & le peu de disposition qu'elles ont d'ailleurs à s'échauffer d'elles-mêmes: en effet, si les unes ont peine à s'enflammer, cela ne vient que de l'eau qu'elles contiennent; car on ne peut supposer qu'elles soient privées de phlogistique, ni que ce principe de lumière ne puisse s'en dégager, & ne s'en dégage réellement durant leur combustion; mais comme il est étouffé & obscurci par l'abondance des vapeurs aqueuses qui s'en dégagent aussi, & qui l'accompagnent dans sa fuite, il ne peut alors se manifester dans son éclat: il ne se montre ainsi sous des traits enflammés qu'après que les plantes dont il s'échappe ont été de manière ou d'autre dépouillées de leur flegme surabondant; de-là vient que les herbes nouvellement coupées, ainsi que le bois vert, ont tant de peine à brûler. D'un autre côté, si les plantes desséchées n'ont pas comme les précédentes la propriété de s'échauffer par elles-mêmes, ce

décomposant

décompoſant les pyrites, & préparant l'éruption des volcans. Tout cela ne vient originairement que du mélange de l'acide avec l'eau : l'on pourroit même, ſans chercher d'autres raiſons plus compliquées, trouver encore dans cette théorie la cauſe réelle de l'inflammation ſpontanée du phoſphore, de ce compoſé où la matière concentrée de la chaleur n'attend que le plus léger ſecours pour exercer ſon énergie, & porter le feu ſur toute la matière charbonneuſe dont elle eſt enveloppée ; & c'eſt dans l'air, ou pour mieux dire dans l'eau qu'elle y rencontre, qu'elle puiſe ce ſecours néceſſaire à ſon développement (1).

---

n'eſt pas non plus que celles-ci ſoient privées d'acide ; non, l'exiſtence de ce principe en elle eſt ſuffiſamment démontrée par la chaleur même qu'elles produiſent lorſqu'elles ſont au feu ; mais hors de-là ce principe ne peut s'énoncer, parce qu'il ne trouve point dans les autres principes de ces plantes l'eau néceſſaire à ſon développement : de-là vient que la paille, quoique très-inflammable, ne peut s'échauffer par elle-même, tandis que le foin non deſſéché ſera, quoiqu'alors il ait peine à s'enflammer, capable de s'échauffer au point d'incendier les granges où il ſera dépoſé.

(1) Il n'eſt pas, quant au phoſphore, auſſi facile d'expliquer le phénomène de ſon inflammation ; cependant, excepté les cas où le phoſphore s'enflamme à l'occaſion du frottement qu'on exerce ſur lui, il y a lieu de préſumer que c'eſt également à l'eau répandue dans l'air que l'on doit ſes déflagrations ſpontanées, & voici ma raiſon :

L'on ne peut, d'après ce que nous avons dit, regarder la combuſtion que comme un effet dé-

---

c'eſt qu'en mettant du phoſphore dans un appareil convenable pour obtenir l'acide phoſphorique par défaillance, on voit ce phoſphore ſe décompoſer peu à peu, & c'eſt l'eau qu'il attire en abondance qui paroît concourir le plus à ſa décompoſition : or de cette décompoſition lente du phoſphore, à ſa déflagration, il n'y a qu'un pas, il ne faut qu'un degré de chaleur de plus, c'eſt-à-dire qu'il faut, pour que cette déflagration ait lieu, que l'air ſoit, non moins abondant en parties aqueuſes, mais plus raréfié par la chaleur, & par conſéquent moins denſe & moins peſant : ce n'eſt pas que dans un air froid l'eau contenue dans ce fluide ne puiſſe agir de même ſur la matière phoſphorique qui s'y trouve expoſée, mais elle ne peut donner le même développement ni la même expreſſion à ſon effet ; il ſemble que la denſité de l'air devienne un obſtacle à la déflagration du phoſphore, en empêchant l'émiſſion de ſon phlogiſtique.

Mais, dira-t-on, le phoſphore ne ſe conſerve que dans l'eau ; comment donc ſe peut-il que ce liquide ſoit en même temps un intermède de déflagration, & un abri contre la décompoſition de cette matière ? A cela je réponds que le même moyen peut, en raiſon de ſa quantité, offrir très-ſouvent des effets oppoſés, qu'ainſi l'eau dans laquelle ſe plonge un bâton de phoſphore peut, quoiqu'en attaquant ſon acide, maintenir ce bâton dans ſon état, en empêchant par ſa preſſion que les parties infiniment légères de ſon phlogiſtique ne puiſſent ſe ſéparer de cet acide. Ne pourroit-on pas en trouver une preuve dans la lumière concentrée que donne le phoſphore dans l'obſcurité ; cette lumière ſuppoſe un commencement

pendant de la nature & de l'état des principes dont se composent les matières qui en sont susceptibles : cet effet n'est vraiment dû qu'à l'expansibilité de ces principes ; on le provoque simplement par un adminicule de feu actuellement en action : cependant cet adminicule nécessaire n'est, ainsi que le feu qui s'excite par lui, animé que par l'air, qui de son côté ne doit cette propriété qu'il a d'animer le feu qu'à l'eau qu'il contient ; c'est elle qui, en se mêlant avec l'acide, fait sortir la chaleur de son sein, chaleur dont ensuite la Nature se sert pour donner de l'expansion au principe de la lumière, & de ces deux matières réunies & mises en action, l'une par

---

d'action, elle annonce une matière qui, toute prête à s'échapper, n'en est empêchée que par le fluide épais qui l'entoure : cela posé, comme il ne faut, pour la déflagration du phosphore à l'air libre, qu'une température de 20 degrés, n'est-il pas à croire que cette déflagration, provoquée par l'humidité de ce fluide, ne se produit vraiment alors qu'à la faveur, non de la plus grande chaleur de l'air, car dans l'eau chaude le phosphore se fond & ne s'enflamme point, mais de la moindre densité de ce fluide ; de sorte qu'un air plus froid pourroit, comme plus dense & plus pesant, former, à la manière de l'eau, une enveloppe suffisante au phosphore, & devenir à son tour, vu l'extrême légéreté de son phlogistique, un obstacle réel au dégagement de ce principe inflammable, & conséquemment à la déflagration du phosphore. Ceci pourroit fournir la matière d'un calcul.

l'eau & l'autre par la chaleur, se compose le feu brillant & actif de nos foyers, qui, quoiqu'il devienne en cet état le plus puissant agent de la décomposition, ne tire cependant son origine que d'elle, ne se forme qu'aux dépens des principes qui se dégagent des corps en déflagration, & n'est vraiment ainsi qu'un produit & un signe de leur destruction : telle est en deux mots l'histoire de la combustion dans laquelle se distinguent particulièrement l'acide & le phlogistique, l'un sous forme de chaleur, & l'autre sous forme de lumière.

L'inflammation n'est de son côté, de quelque manière & dans quelque occasion qu'elle se produise, qu'un effet particulièrement dû à la matière de la lumière, qui seule peut s'énoncer de la sorte, & qui, se tenant dans l'obscurité tant qu'elle reste captive dans les corps, reprend, alors qu'elle s'en dégage, son éclat avec sa liberté. Si la flamme qui s'échappe d'une substance est accompagnée de chaleur, elle contient de l'acide ; autrement elle appartient toute entière au phlogistique, & cette flamme est alors jaune, vive & brillante, comme celle que produit cette poudre dont on se sert à l'Opéra pour les ballets des furies ; en général si l'on veut rendre à chaque élément ce qui lui est dû, on peut dans tous les cas d'inflammation, de fulmination & de détonnation, attribuer la flamme au phlogistique, la chaleur à l'acide, le bruit à l'expanſion ſubite de l'une ou l'autre de ces matières, & les vapeurs à l'eau (1). Cependant ces principes peuvent ſe communiquer réciproquement les qualités qui leur ſont propres; ainſi l'acide & le phlogiſtique peuvent, en ſe mêlant enſemble, s'éclairer ou s'échauffer l'un par l'autre.

La flamme, dit Neuton, eſt une fumée brûlante : il auroit dû, je crois, y ajouter l'épithète de lumineuſe; car la flamme étant preſque toute compoſée de la matière de la lumière, cette qualité tient encore plus à ſon eſſence que la qualité brûlante. Si la flamme paroît plus propre à communiquer & à étendre le feu que la chaleur du braſier, c'eſt un effet qui ne lui appartient qu'indirectement, & auquel elle ne participe qu'en ſervant elle-même de véhicule au principe qui le produit; elle n'a d'ailleurs ni la même quantité ni la même intenſité de chaleur que le corps embrâſé duquel elle s'échappe; elle pourroit même exiſter

(1) Je n'entends parler ici que des émanations humides & groſſières qui ſe dégagent des corps, & je n'ai pu les rapporter qu'à l'eau; cela n'empêche pas que les autres principes, ci-deſſus mentionnés, n'aient comme elle, & beaucoup plus qu'elle le pouvoir de ſe volatiliſer; mais pour énoncer les produits de leur expanſion, ſans le confondre avec ceux de l'évaporation de l'eau, il eût fallu des termes capables de les diſtinguer; celui de *vapeurs* n'eſt vraiment propre qu'à l'eau.

ſans chaleur, ſi la matière de cette chaleur n'étoit, en raiſon de ſon expanſibilité, moindre cependant que celle de la lumière, toujours diſpoſée à ſe mêler avec elle, & à l'accompagner juſques à une certaine diſtance dans l'air. La flamme diminue à meſure que la matière qui la conſtitue ſe diſſipe par la combuſtion ; elle ſe retire inſenſiblement vers le charbon, & forme ce qu'on appelle l'incandeſcence, laquelle n'eſt effectivement due qu'à un reſte de flamme, qu'à une eſpèce de flamme rouge ou blanche, très-denſe, très-rapprochée du corps embrâſé, & conſéquemment plus propre à échauffer les matières qu'on lui préſente que la flamme ordinaire ; comme elle avoiſine de plus près le ſiège de la chaleur, elle doit en être beaucoup plus pénétrée ; il ſe pourroit même que cette flamme particulière ne fût en grande partie compoſée que de la matière même de la chaleur, éclairée aux dépens de quelques parties de phlogiſtique qui lui reſtent attachées, & d'où lui vient peut-être le pouvoir qu'elle a d'allumer les matières qui lui ſont préſentées (1). Cette lumière éteinte, cette

(1) Tant que le rouge ſubſiſte, dit M. de Buffon, on pourra enflammer, allumer les matières combuſtibles ; mais dès que le corps enflammé a perdu cet état d'incandeſcence, il y a des matières en grand nombre qu'il ne peut plus enflammer, & cependant la chaleur qu'il répand eſt peut-être cent fois plus grande que celle d'un feu de

flamme cessée, la chaleur dont l'action a moins d'éclat, mais beaucoup plus de tenue que celle de la lumière, continue sans elle à se faire sentir dans l'obscurité jusqu'à ce que la matière dont elle émane soit épuisée, ou totalement refroidie ; & dans tout cela, savoir dans la combustion, dans l'inflammation, dans l'incandescence, & jusques dans la chaleur obscure qui se perpétue lorsque la flamme a disparu, l'on reconnoît clairement la présence & l'effet particulier des deux principes que nous avons distingués dans le feu.

Je ne m'étendrai pas davantage sur tous ces détails ; mais pour mieux nous convaincre de ce que nous avons dit jusqu'ici sur cet objet, & ne laisser aucun doute à cet égard, examinons le phosphore : je ne sache rien qui puisse nous donner une idée plus précise du feu & de la nature de ses principes que cette substance ; il n'en est effectivement aucune parmi les combustibles où la matière du feu se trouve plus réunie, plus rapprochée, & plus prête à s'énoncer que dans le phosphore ; nulle part elle ne gît avec plus d'abondance, & ne s'explique avec plus d'énergie (1),

---

paille, qui néanmoins communiqueroit l'inflammation à toutes ces matières. *Buffon, Introd. à l'Hist. des Minéraux.*

(1) Ceci peut également s'appliquer au soufre: quoiqu'il n'ait pas, comme le phosphore, le pouvoir de s'enflammer de lui-même, il n'est pas moins formé des mêmes

auſſi le phoſphore ne peut-il ſe conſerver s'il n'eſt noyé dans l'eau ; il déflagre de lui-même à l'air libre, dès que cet air arrive à la température de 20 degrés ; le moindre frottement d'ailleurs ſuffit comme la moindre chaleur pour l'enflammer à l'inſtant, & le feu qu'il produit eſt infiniment cauſtique & pénétrant : cependant ſi nous cherchons ce qu'eſt cette matière en elle-même, d'où elle provient, & comment elle ſe compoſe, nous verrons que c'eſt des ſubſtances animales, ſavoir de l'urine putréfiée, ou des os calcinés qu'elle tire particulièrement ſon origine, qu'elle n'eſt ainſi qu'un extrait rapproché de certains principes contenus & diſperſés dans ces ſubſtances, leſquelles

---

principes, il n'eſt pas moins comme lui une matière toute de feu; l'on peut donc regarder le ſoufre & le phoſphore comme deux ſubſtances identiques, qui ne ſe diſtinguent l'une de l'autre que par quelques différences réſultantes, non de la nature de leurs principes, ni de leurs combinaiſons, mais du plus ou moins de fixité que peuvent avoir les principes dont elles ſont compoſées. L'on rapporte que dans les fouilles faites au boulevard St.-Antoine, il s'eſt trouvé un lit de ſoufre aſſez épais, établi dans un lieu où fut jadis, à ce qu'on préſume, une foſſe d'aiſances; cela étant, ce ſoufre ſe feroit formé aux dépens des principes phoſphoriques des matières fécales, & cela eſt aſſez propable: j'imagine même qu'un bâton de phoſphore, enfoui dans la terre, pourroit à la longue perdre ſon caractère, & paſſer, ſans changer de principes, de l'état phoſphorique à l'état ſulfureux.

n'ont elles-mêmes puisé ces principes que dans les sucs des végétaux dont elles sont nourries & par conséquent formées. Or, nous ne trouvons dans le tableau des principes communs dont se composent ces substances diverses, que l'acide & le phlogistique qui puissent, après l'élaboration qu'ils ont reçue dans le corps des animaux, concourir par leur réunion à la formation du phosphore; aussi ces principes sont-ils les seuls qui se représentent dans la décomposition de cette matière : l'un se démontre dans la flamme vive & brillante qu'elle développe en brûlant, & l'autre dans l'effet terrible qu'elle produit sur les corps auxquels elle s'attache; d'ailleurs si on laisse tomber le phosphore en *deliquium*, on en retire séparément l'acide qui y réside, qui, quoiqu'affoibli par la quantité d'eau qu'il a dans cette opération puisé dans l'humidité de l'air, n'en a pas moins les vertus & les propriétés qui caractérisent les acides. Nous ne chercherons pas à donner d'autres preuves de l'existence de l'acide & du phlogistique dans le phosphore; l'on doit d'autant moins douter que d'eux seuls proviennent la lumière & la chaleur qu'il produit dans sa déflagration, qu'ils paroissent être les seuls principes dont se compose cette substance inflammable; telle est même la principale différence qui se présente entre le phosphore & les autres combustibles, c'est que là, comme dans le soufre, ces principes de feu sont beaucoup plus rassemblés &

moins mélangés que par-tout ailleurs, ce qui donne plus d'activité, plus d'intenſité au feu qui émane de ces ſubſtances, d'où l'on peut conclure que celui qu'on retire des autres corps ſoumis à la combuſtion n'eſt également dû qu'à ces mêmes principes; ainſi l'acide & le phlogiſtique ſont partout où ils ſe trouvent la cauſe immédiate du feu, & la matière néceſſaire dont il ſe compoſe; étant fixés dans les corps ils la repréſentent dans l'inertie, & dans l'activité, lorſqu'ils acquièrent de l'expanſion; l'ignition n'eſt par conſéquent que l'expreſſion de leur propre énergie; cela poſé, la cire, le bois, les huiles ne ſemblent, ainſi que les autres combuſtibles dont ſe forme & s'alimente le feu, que des eſpèces de phoſphores naturels qui ne doivent leur déflagration particulière qu'à la préſence de ces mêmes principes; auſſi le bois a-t-il, lorſqu'il eſt frotté vivement, le pouvoir de s'enflammer de lui-même à la manière du phoſphore; & ſi le feu qu'on retire, tant de ce bois que des autres ſubſtances dont nous venons de parler, n'eſt ni auſſi prompt à s'animer, ni auſſi actif que celui qu'on obtient du phoſphore, cela ne vient exactement que des parties de terre & d'eau qui ſe trouvent dans ces ſubſtances, confondues avec l'acide & le phlogiſtique, & qui ſervent à modérer leur activité : l'on ſent d'ailleurs que ces principes de feu ne peuvent, vu ces mélanges, exiſter dans les combuſtibles en auſſi grande quantité & dans les mêmes proportions que dans le phosphore, où ils se trouvent infiniment plus rapprochés : un morceau de cette substance épurée contient peut-être 10 ou 20 fois plus de matière de feu qu'un pareil volume de tout autre corps ignescible. Le charbon par conséquent semble plus qu'aucun d'eux, plus que le bois même dont il est formé, se rapprocher de l'état du phosphore, tant à cause que cette matière de feu s'y trouve plus concentrée, que parce qu'il est au moins dépouillé de toute la partie aqueuse qui résidoit dans le corps ligneux.

L'on peut donc regarder le charbon, dans quelque état qu'il se présente, soit en déflagration ou autrement, comme un vrai phosphore végétal, ressemblant tant par la matière dont il se forme que par les effets qu'il produit, au phosphore animal ; il y a cependant cette différence que si l'un peut s'enflammer de lui-même, il faut à l'autre, à cause de la plus grande fixité de ses principes, un adminicule de feu pour le rallumer lorsqu'il est éteint, ce qui le rapproche du soufre, auquel le même secours est nécessaire. Il est à remarquer que ces deux substances, capables non-seulement de se décomposer, mais même de se convertir toutes en feu, lorsqu'elles en ont le contact, sont hors de-là l'une & l'autre également inaltérables, l'air & l'eau ne peuvent rien sur elles. Nous observerons au surplus, quant au charbon, que s'il donne en brûlant plus de chaleur que le bois dont il provient, la flamme qui s'en dégage eſt en même temps moins brillante, moins volumineuſe, & plus foible en tous points que celle de ce combuſtible ; elle s'écarte peu du corps embrâſé dont elle émane, d'où l'on peut juger que ce corps contient en proportion plus de matière de chaleur que de matière inflammable. Cette matière a dû, comme plus volatile & plus ténue, ſe diſſiper en partie pendant la première combuſtion que l'on fait éprouver au bois pour le réduire en charbon. Mais comme elle eſt pour cela obligée de ſe faire jour à travers les terres dont on recouvre le bois, tant pour empêcher qu'il ne ſe détruiſe en totalité, ainſi qu'il arriveroit s'il brûloit à l'air libre, que pour retenir autant qu'il eſt poſſible les principes de feu qu'il contient, elle ne peut, comme de coutume, s'énoncer ſous des traits lumineux ; elle fuit, ſe confondant dans la fumée épaiſſe qui s'élève du fourneau : le charbon par conſéquent doit s'en trouver d'autant moins pourvu. Il n'en eſt pas de même de la matière de la chaleur, celle-ci tient davantage au corps combuſtible, elle a plus de peine à s'en détacher, de ſorte qu'il s'en fait ici une bien moindre déperdition, & le charbon en reſte beaucoup plus pénétré que de la matière précédente ; de-là vient qu'il donne en brûlant plus de chaleur que de lumière, & que les vapeurs qui en émanent ſont, comme plus méphitiques, infiniment plus dangereuses que celles du bois.

Je ne puis finir sans dire un mot d'un autre combustible qui gît au sein de la terre, & qui s'assimilant au charbon, dont nous venons de parler, se présente sous le même nom comme une matière de feu également prête à s'embrâser, également composée des principes de la lumière & de la chaleur, & dans laquelle encore celui de la lumière semble, comme dans le charbon végétal, beaucoup moins abondant que celui de la chaleur. Nous remarquons cependant que le feu qui en provient est en même temps plus actif & plus durable, d'où l'on peut juger que ce fossile contient en proportion plus de principes de feu qu'aucun autre combustible, ce qui le rapproche d'autant plus du phosphore; ainsi nous trouvons jusques dans le règne minéral, & parmi ses produits, l'analogue de cette matière inflammable qui se tire des substances animales, & se doit à l'industrie de l'homme; de-là viennent en partie les légères différences qui subsistent entre l'un & l'autre: c'est à cela sur-tout qu'il faut rapporter la plus grande perfection du phosphore, & cette pureté qui le distingue tant du charbon de terre que du charbon végétal: comme factice, il n'admet dans sa composition que les principes qui servent à le former, l'on en exclut avec soin tous ceux qui pourroient l'altérer, au lieu que dans ces autres combustibles, les principes de feu qui s'y recèlent ſont, quoique raſſemblés en quantité, néceſſairement mêlés avec d'autres principes hétérogènes qui gênent leur action & diminuent leur effet. Ici l'art l'emporte ſur la Nature.

Perſonne n'ignore à préſent comment & de quoi ſe compoſe le phoſphore, l'on ſait également comment l'on procède à la fabrication du charbon végétal; mais comment ſe ſont formées ces mines de charbon qui ſe trouvent répandues dans le ſein de la terre, & d'où proviennent ces principes de feu dont ce foſſile eſt pénétré, c'eſt ce qui nous reſte à ſavoir & ce qu'il ſeroit bien important de découvrir.

Séduits par cette conformité de noms & d'effets qui ſe préſente entre les deux eſpèces de charbon dont nous venons de parler, la plupart des Phyſiciens ſe ſont plu juſqu'ici à regarder le charbon de terre comme un minéral formé aux dépens des végétaux, & provenant de leur deſtruction : dans le fond il étoit naturel de le penſer, & difficile de ſe livrer ſur cela à d'autres ſuppoſitions. Dans l'obſcurité dont la matière s'enveloppe, les rapports que nous avons obſervés entre ces ſubſtances pouvoient, faute de preuves, prêter encore quelque appui à cette opinion; d'ailleurs le tableau mouvant que nous offre la ſurface du globe pouvoit, en ſe comparant à l'immobilité des maſſes qui repoſent dans ſon ſein, nous faire croire qu'à cette ſurface réſidoient principalement les principes de feu dont s'anime la Nature, & que de-là ſe tiroient ceux dont ſe rempliſſent les combuſtibles qui ſe trouvent dans l'intérieur de la terre.

Cependant, ſans parler des volcans qui ne doivent leur exiſtence qu'à des amas de matière igneſcible, formés dans les profondeurs de la terre ſans l'intervention & peut-être avant la production des végétaux, ſi l'on fait, quant au charbon de terre, attention à la multiplicité, à l'étendue & à la profondeur de ſes mines, l'on aura peine à concevoir que la terre ait jamais pu tirer de ſa ſurface la quantité de végétaux ſuffiſans pour remplir l'eſpace qu'elles occupent dans ſon ſein. D'ailleurs, quand & comment ces mines ſe ſeroient-elles formées? On ne peut, que l'on faſſe, ou non, ſervir les végétaux à leur formation, ſe faire une idée de leur établiſſement dans la terre ſans remonter aux premiers temps du monde, c'eſt-à-dire, au temps des grandes révolutions que le globe a éprouvées, temps où la terre receloit dans ſa ſuperficie des cavités immenſes, propres à recevoir tant du dehors que de l'intérieur les dépôts de toute eſpèce qui devoient inceſſamment les remplir; temps encore où, s'entr'ouvrant tout-à-coup, cette terre ſe formoit de nouveaux abîmes pour y recueillir tout ce qui s'y précipitoit de ſa ſurface: c'eſt ainſi, & à la faveur ſeule de ces événemens aſſez fréquens alors, que des végétaux ont pu ſe trouver en certaine quantité engloutis dans les profondeurs de la terre, il étoit depuis cette époque difficile qu'il s'y formât des dépôts de cette nature ; les moyens n'exiſtoient plus, & la place leur eût manqué. Cependant ſi le temps auquel la terre fut livrée à ces bouleverſemens fut le temps le plus favorable à l'introduction des végétaux dans ſon ſein, il s'en faut que l'on en puiſſe dire autant quant à leur production, leur exiſtence ne ſe préſume point à cette époque; la Nature ſe débattant alors pour ſortir du chaos où elle étoit plongée, n'étoit point prête à ſe livrer au travail de la végétation, l'eſpèce de terreau dont elle avoit beſoin pour ſatisfaire à cet objet, ou n'étoit point formé, ou tourmenté par des ſecouſſes & des éboulemens continuels, ce terreau n'étoit point diſpoſé à recevoir les germes végétatifs qu'elle devoit lui confier, ces germes n'auroient pu s'affermir, croître & fructifier ſur un ſol trop aride & ſans ceſſe remué.

Au ſurplus quand la végétation auroit commencé plutôt, & que par un de ces évènemens dont nous venons de parler, quantité de ſes produits auroient été entraînés dans la terre, ce ne ſeroit pas une preuve encore que les mines de charbon en fuſſent formées. 1°. Il eſt à croire, & les faits nous y engagent, que des bois enfouis dans la terre s'y ſeroient, en changeant de nature, convertis en pierre plutôt qu'en bitume (1). 2°. Ces

(1) A cela l'on me dira peut-être que les bois ne ſe

bois

bois auroient, en passant à l'état bitumineux, infiniment diminué de volume : ainsi la dépouille d'une partie donnée de la surface terrestre, n'auroit en cet état occupé dans la terre qu'un bien petit espace ; il auroit donc fallu, pour que cela répondît à l'étendue & à la profondeur des mines de charbon, ou qu'il fût suppléé à l'insuffisance de ces dépôts par d'autres substances végétales

---

convertissent ainsi, soit en pierre, soit en bitume, qu'à cause des sucs lapidifiques ou bitumineux qu'ils rencontrent, & dont ils se pénètrent. C'est, je l'avoue, un moyen très-abrégé d'expliquer ces deux espèces de métamorphoses ; mais quels sont & d'où viennent ces prétendus sucs lapidifiques & bitumineux ? c'est ce qu'il n'est pas si facile de déterminer ; on ne peut au fond les regarder comme des substances élémentaires, ils ne sont tout au plus que des produits résultans de la décomposition des corps. Cela posé, quels seroient les corps ou les masses capables de fournir, en se détruisant, la quantité de sucs nécessaire pour former les bitumes, & particulièrement le charbon de terre ? Quoiqu'on puisse, en les comparant à des huiles brûlées, se faire une idée juste de ces sucs bituminisans, il est difficile de croire qu'ils en proviennent ; l'huile n'appartient guère qu'au règne végétal : or, malgré l'abondance actuelle des végétaux existans sur la surface du globe, il ne paroît pas que de-là il s'en transmette beaucoup dans l'intérieur de la terre, pour y former des bitumes ; nous n'avons du moins aucun fait qui le démontre. Tout ce qu'on peut dire là-dessus, c'est que les huiles & les bitumes paroissent avoir reçu les mêmes principes, mais par des moyens différens, & sans se rien devoir l'un à l'autre.

amenées de plus loin, ce qu'on a peine à supposer; ou que ces premiers dépôts attendissent, pour former un volume suffisant, qu'il s'établît au-dessus d'eux une nouvelle crue da végétaux, & après celle-ci d'autres encore, jusqu'à ce que, par des additions long-temps attendues, le réceptacle de la mine fût comblé de ces végétaux, successivement précipités les uns sur les autres, ce qui n'est guères plus vraisemblable. Il étoit au surplus assez difficile que les choses s'exécutassent ainsi, sans que dans ces dépôts, & entre les couches végétales, il se mêlât beaucoup de matières étrangères, qui se représenteroient avec le charbon, & formeroient des interruptions dans la continuité de ses mines : l'absence ou la rareté de ces corps étrangers dans les mines, est donc une preuve qu'elles n'ont point été formées de la sorte; & l'on doit, pour expliquer leur origine, recourir à des moyens différens. Ici, comme dans toutes les grandes compositions de la nature, l'homogénéité continue des matières est nécessairement l'annonce & l'effet d'une formation lente, mais suivie & sans interruption; elle ne s'accorde point avec l'idée d'une agrégation due à des bouleversemens qui présentent l'image du désordre & de la confusion.

Mais ce qui prouve encore plus que les bitumes, & sur-tout le charbon minéral, ne proviennent d'aucuns végétaux entassés dans la terre, c'eſt la différence prodigieuſe qui, malgré les rapports énoncés de ce foſſile avec le charbon végétal, ſe trouve dans l'effet reſpectif de ces deux combuſtibles. D'après les expériences comparées que l'on a faites à Valenciennes ſur ces eſpèces de charbon, qui l'un & l'autre ſont, dans le règne auquel ils appartiennent, les corps les plus igneſcibles & les plus abondans en principes de feu, il reſte conſtaté qu'une doſe de charbon de terre épuré peut ſucceſſivement échauffer & faire bouillir juſqu'à dix-huit caſſeroles d'eau (1), tandis qu'une pareille quantité de charbon végétal ne peut en faire bouillir qu'une. Le charbon de terre épuré a donc dans ſon activité dix-ſept fois plus d'effet que le charbon ordinaire, d'où il s'enſuit qu'il doit en proportion contenir dix-ſept fois plus de matière de feu : cela étant, nous ne voyons dans le règne végétal aucune ſubſtance, ſi ce n'eſt peut-être les huiles, qui puiſſe, en raiſon de ſes principes, s'aſſimiler à

(1) Le charbon de terre non épuré n'en fait guères bouillir que dix, ce qui vient ſans doute des parties d'eau qui s'y rencontrent, & dont on le dépouille en le purifiant. Quant au procédé dont on ſe ſert pour cela, je l'ignore; mais il me ſemble que pour purger cette ſubſtance, tant de cette eau qui lui eſt étrangère, que des parties de foie de ſoufre volatil ou autres qui pourroient rendre ſes vapeurs malfaiſantes, il doit ſuffire de l'expoſer dans des fours échauffés au point qu'il convient.

ce fossile, & répondre à la quantité de son effet. Et les huiles encore, comment seroient-elles devenues les élémens constitutifs de ce minéral? comment auroient-elles été extraites des végétaux? comment se seroient-elles répandues dans la terre? comment enfin y auroient-elles acquis ce caractère d'empyreume qui paroît propre aux bitumes? Quant aux bois, on ne peut de même y recourir; ils ne possèdent qu'une certaine quantité de principes de feu, lesquels ne peuvent dans aucun cas, que ces bois soient réduits en charbon ou enfouis dans la terre, devenir plus abondans; de sorte qu'il est, par leur moyen, encore impossible d'expliquer la quantité de matière de feu qui se trouve rassemblée dans le charbon de terre (1). Par la raison qu'un corps ne peut donner à un autre ce qu'il n'a pas, le bois, en se bituminisant, supposé qu'il en soit susceptible, n'auroit pu, sous cette forme, se

(1) Ici l'on ne peut dire que cela soit dû au rapprochement particulier des principes du feu, contenus dans les végétaux; car comment se seroit fait ce rapprochement dans l'intérieur de la terre? comment ces principes, ci-devant mêlés dans les végétaux avec d'autres matières hétérogènes, s'en seroient-ils séparés pour former à part ce composé bitumineux? que seroient enfin devenues ces matières délaissées par ces principes? Telles sont les difficultés qui se présentent, & auxquelles il faut satisfaire avant de se livrer à cette supposition.

montrer avec plus de principes qu'il n'en possède dans son état naturel ; il n'est donc, parmi les végétaux, aucun combustible dont le charbon de terre puisse se dire formé : & dans le fait, nous ne voyons, dans le règne minéral, que les tourbes qui soient vraiment originaires des végétaux (1).

Nous sommes, sur la matière que nous agitons, redevables à M. Sage d'une autre théorie on ne peut pas plus ingénieuse. Ayant observé que dans la cristallisation des sels il se produisoit constamment une matière grasse, contenue dans les eaux-mères de ces cristallisations, cet habile Chimiste s'est d'après cela persuadé que les bitumes, qu'il réduit à quatre espèces différentes, pourroient bien n'être formés qu'aux dépens de la matière grasse fournie par les eaux-mères des sels pierreux dont est composée la plus grande partie solide du globe terrestre ; & par la réduction de ces différens sels-pierres à quatre espèces principales, qui sont la sélénite, le quartz, le spath fusible & le basalte ; chaque espèce de bitume se trouve tout naturellement, suivant son caractère & la nature

(1) L'on peut, si l'on veut, regarder comme tels encore le jayet & le succin, qui, quoique rangés dans la classe des bitumes, ne doivent point se confondre avec le charbon de terre, & ne font point masse comme lui : je déclare au surplus que je n'ai, laissant à part les autres bitumes dont l'origine peut différer, voulu parler ici que du charbon de terre.

de ſes principes, affectée à l'une de ces diviſions (1). Il faut en convenir, cette hypothèſe eſt ſéduiſante, elle nous donne, ſur la formation des huiles, des apperçus ſatisfaiſans; & je ne m'étonne que d'une choſe, c'eſt que dans cet arrangement M. Sage n'ait rien accordé aux métaux, qui ſont auſſi des ſels, & qui ſemblent, ſur-tout le fer, avoir avec les bitumes un rapport bien plus marqué que les pierres. Cependant, outre la difficulté qu'il y auroit d'expliquer par ce moyen la formation de l'ambre, du jayet & du ſuccin, qui ſont déja trois eſpèces de bitumes déſignés par ce ſavant Minéralogiſte, les idées que nous avons embraſſées ſur la formation des métaux & des pierres vitreſcibles, formation que nous ne pouvons rapporter qu'au feu, ces idées, dis-je, ne nous permettant pas de reconnoître, dans l'inſtitution de ces ſubſtances, l'exiſtence d'aucune eau-mère, & par conſéquent d'aucune matière graſſe, il nous eſt, malgré les attraits qu'elle nous préſente, impoſſible d'adhérer à l'opinion de M. Sage; & nous nous bornerons, en profitant de ſon idée, à regarder les terres graſſes, les marnes, les argiles, les pierres ollaires, &c. comme des produits primitivement émanés de la criſtalliſation des pierres gypſeuſes & calcaires.

(1) *Voyez les* Elémens de Minéralogie *de M. Sage*, *Tome I*, *page* 93.

Quant aux bitumes, & ſur-tout quant au charbon de terre, il ſeroit, indépendamment des raiſons que nous venons de déduire, difficile de concevoir comment ces ſubſtances, nées de la matière graſſe contenue dans les eaux-mères des criſtalliſations pierreuſes, auroient pu puiſer dans ces eaux, impregnées ſeulement de quelques réſidus ſalins, autrement de quelques ſucs lapidifiques, les principes de feu qui les diſtinguent, & dont elles ſemblent infiniment plus pourvues que les corps pierreux qui en ſeroient précédemment ſortis : ſuivans la même loi que les ſels, ces corps devroient au contraire, comme étant uniquement compoſés de ces mêmes principes dont il ſubſiſte quelques reſtes dans les eaux-mères de ces criſtalliſations ; ces corps, dis-je, devroient à tous égards ſe trouver mieux partagés que les ſubſtances qui ſe ſeroient après coup formées de ces reſtes de matière : & l'on ne peut en douter, à moins qu'on ne ſuppoſe que les pierres ou les ſels peuvent, en ſe diſſolvant, donner ou laiſſer dans leurs diſſolutions des principes qui n'exiſtent point en eux.

Ne pouvant, d'après ces conſidérations, rapporter l'origine du charbon de terre, ni à l'entaſſement des végétaux, ni aux eaux-mères des criſtalliſations pierreuſes, nous ſeroit-il permis, dans l'embarras où nous reſtons à cet égard, de recourir à d'autres ſuppoſitions ; & nous aidant des mêmes moyens dont nous nous sommes servis pour expliquer la formation des substances métalliques, d'ouvrir sur cette question la voie d'une nouvelle théorie ? Enfin, n'y auroit-il pas lieu de croire que le fossile, vu sa nature & ses effets, auroit pu se former dans le même temps, de la même manière, & pour ainsi dire avec les mêmes élémens que le fer, avec lequel il a, tant par ses qualités que par la multiplicité de ses établissemens dans la terre, infiniment de rapport ? & tout cela ne seroit dû qu'aux matières sublimées de la lumière & de la chaleur, & sur-tout de cette dernière, lesquelles auroient, après même que la terre se seroit éteinte, long-tems continué à s'exhaler par des émanations obscures, & se seroient ainsi, du centre brûlant du globe, portées à sa surface. Or, supposé qu'en poursuivant leur route, quelques parties de ces émanations se soient de-là poussées dans l'atmosphère, d'autres se seroient, par les raisons que nous avons déduites ailleurs, arrêtées à cette surface ; & l'on conçoit qu'en pénétrant dans ces concavités qui devoient, ainsi que dans les scories qui surmontent les régules métalliques, se rencontrer par-tout dans la superficie boursoufflée d'un globe brûlé ; l'on conçoit, dis-je, qu'en se rassemblant dans ces espèces de chapiteaux, ces matières vaporisées auroient pu s'y déposer & s'y fixer, de sorte qu'elles auroient, comme les vapeurs fuligineuses dans nos cheminées, insensiblement rempli ces cavités, & formé par elles-mêmes, outre les métaux qui s'y trouvent établis, les mines de charbon qui s'y rencontrent. Ainsi les matières de la lumière & de la chaleur nous auroient des profondeurs de la terre apporté dans leur expansion, avec le fer & l'or, un combustible capable au besoin de remplacer les végétaux, & de représenter en brûlant les élémens dont il fut composé. Tels sont au moins les états & les formes que ces matières condensées semblent, suivant les circonstances, avoir prises en se refroidissant, & qu'elles gardent jusqu'à ce qu'elles puissent, en acquérant une nouvelle expansion, retourner delà à leur premier état. L'on pourroit donc, relativement à ce que nous venons de dire, regarder le charbon de terre, non comme le produit d'une eau-mère de fer, mais comme une substance formée après coup de la même matière, ou des restes de la matière dont ce métal lui-même auroit été composé. Ce fossile dès-lors, quelqu'éloigné qu'il nous semble de l'état métallique, pourroit bien n'être sous cette espèce qu'un commencement de métallisation, qu'une espèce de fer ébauché, qui n'auroit pas reçu sa perfection, & auquel il n'eût fallu peut-être, pour qu'il y parvînt & qu'il acquît le caractère métallique, qu'un peu plus de fixité dans ses principes élémentaires.

L'hypothèse que nous venons de hasarder sur la

formation du charbon de terre a sur celles dont nous avons précédemment parlé, cet avantage au moins, qu'on découvre par son moyen d'où vient cette quantité de matière de feu dont ce combustible est extraordinairement pénétré, & en même temps pourquoi le principe de la lumière s'y trouve, comme dans le charbon végétal, beaucoup moins abondant que celui de la chaleur : par-là l'on voit également d'où proviennent ces pyrites dont les mines de ce fossile sont quelquefois parsemées ; & quant aux autres matières étrangères qui pourroient s'y rencontrer, l'on conçoit qu'au temps des grandes révolutions du globe, & lorsque la terre étoit sujette à se crevasser, les eaux ont pu, par les fentes perpendiculaires qui y conduisoient, pénétrer dans les mines, & y porter avec elles les coquillages, les plantes & autres corps qui s'y trouvent déposés.

Nous ne nous étendrons pas davantage sur cet objet : nous croyons d'ailleurs avoir suffisamment prouvé que le feu lumineux qui s'extrait des combustibles, ne doit exactement son existence qu'à l'expansion des matières de la lumière & de la chaleur, c'est-à-dire, de l'acide & du phlogistique qui y résident. L'on doit céder à la multiplicité des raisons dont nous avons tâché d'étayer cette théorie nouvelle : dans une matière aussi obscure, & qui ne souffre point le calcul, il seroit, je crois, difficile d'approcher davantage de la demonſtration. Si nous n'avons pu diſſiper en totalité les nuages dont elle s'enveloppe, nous nous flattons du moins d'avoir, à des ſuppoſitions vagues, ſubſtitué des idées claires & préciſes. Vouloir, ſans dire ce que c'eſt que le feu, que tout ſe rapporte à lui, que tout vienne de lui, même l'énergie des acides, c'eſt, je le répète ici, vouloir expliquer des faits certains par des cauſes inconnues; avec plus de raiſon, nous pouvons dire au contraire que le feu lui-même ne chauffe, ne brûle & ne cautériſe qu'en vertu de l'acide qu'il recèle; & nous nous croyons, en le ſoutenant, à l'abri d'un pareil reproche, car nous en fourniſſons la preuve : nous avons, dans cette ſubſtance, trouvé le principe même de la chaleur; & nous montrerons, dans ſes propriétés connues & ſes effets conſtatés, la baſe qui nous ſert d'appui.

Cependant, pour ne rien laiſſer à deſirer ſur cette queſtion, voyons encore ſi le feu obſcur qui ſe trouve généralement répandu dans la matière, & à l'aide duquel la nature ranime & vivifie tout, ne ſeroit pas, comme le feu lumineux des combuſtibles, un effet dépendant de la préſence & de l'énergie des deux principes dont nous parlons, ou de l'un d'eux ſeulement. Mais comment ſoumettre à l'examen cet agent inviſible? comment & par où le ſaiſir? Préſent par-tout, il n'eſt acceſſible nulle part. Nous n'avons donc, pour parvenir à la connoiſſance de ce moteur univerſel, d'autre moyen que de l'obſerver & de le ſurprendre dans l'action : or, comme c'eſt dans le travail de la fermentation qu'il ſe rend plus ſenſible & plus palpable, il nous faut, ſur cet objet important, arrêter notre attention.

De la Fermentation, de ſes cauſes & de ſes produits.

L'on peut en général regarder la fermentation comme un mouvement ſpontané, qui, à l'aide de quelques circonſtances, & par la rencontre de certains élémens, s'établit ſourdement dans la matière, rompt les liens qui en tenoient les parties attachées les unes aux autres, donne à ces parties une ſorte d'expanſion, & nous montre en lui le grand moyen dont la nature ſe ſert pour former, changer, détruire ou renouveler ſes combinaiſons : ainſi la production des êtres pourroit ſous cet aſpect paſſer, comme leur décompoſition, pour un effet de la fermentation. Duſſions-nous toutefois nous reſtreindre, à l'égard de ce mot, aux acceptions reçues, toujours il nous déſigne un mouvement inteſtin, doux, & plus ou moins ſenſible, qui, s'excitant dans les mixtes, & particulièrement dans les ſubſtances organiſées, annonce une révolution prochaine dans leur état, & prépare la voie d'une combinaiſon nouvelle ou d'une diſſolution totale. Mais quoique ce mouvement fermentatif ne prenne exactement naiſſance qu'au ſein de la matière giſſante dans l'inertie, encore a-t-il, pour qu'il s'y produiſe, beſoin d'être provoqué; il réclame à cet effet l'aſſiſtance néceſſaire de deux puiſſances différentes, qui, quoiqu'oppoſées, ne peuvent rien l'une ſans l'autre, & n'ont ici de vertu qu'en tant qu'elles ſe trouvent réunies, & ces deux ſtimulans ſont la chaleur & l'humidité : tels ſont auſſi, dans tous les cas, les moyens auxquels l'on a conſtamment recours pour exciter ce mouvement dans les corps, changer la proportion de leurs principes, & les faire, à l'imitation de la nature, paſſer d'un état à un autre. Néanmoins comme cet effet peut, indépendamment de tous ſecours étrangers, ſe produire de lui-même dans les mixtes fermenteſcibles, il faut alors, pour que cela ſoit, que ces ſubſtances recèlent en elles les cauſes motrices qui peuvent y donner lieu, & qu'avec l'eau qui s'y trouve d'ordinaire, elles aient encore, pour ſatisfaire aux conditions requiſes, une chaleur ſuffiſante, ou la matière capable de le produire; & quant à cette matière, il n'eſt pas difficile de la reconnoître parmi les principes conſtitutifs de ces mixtes; la nature ſeule des deux auxiliaires employés à l'œuvre de la fermentation, l'oppoſition de ces principes, & la néceſſité de leur adjonction dans ce travail particulier, ſuffiſent pour nous l'indiquer ; elle s'annonce clairement dans l'acide qui ſe trouve conſtamment dans ces corps, & qui pouvant, à la rencontre de l'eau ſeule, engendrer de la chaleur, devient alors le principe fondamental de ce mouvement fermentatif & indépendant qui s'excite dans ces corps, & dont l'auteur de la nature, première cauſe de tout mouvement, a lui-même placé le principe dans la matière. Et ce qui prouve que le mouvement fermentatif n'a pas d'autre ſource que celle que nous préſentons ici, c'eſt qu'en privant par la deſſication les ſubſtances qui ſont ſuſceptibles de l'éprouver de leur eau ſurabondante, on peut arrêter ou ſuſpendre ſon effet, & rendre enſuite ces ſubſtances, lorſqu'elles n'ont point été altérées dans leur compoſition, auſſi fermenteſcibles qu'avant, en les remêlant avec de l'eau, c'eſt-à-dire, en rapprochant de l'acide qu'elles contiennent le principe propre à ſon développement. Il n'eſt donc que l'acide auquel on puiſſe, vu ſes propriétés & l'effet qu'il préſente dans ſon mélange avec l'eau, rapporter cette chaleur douce qui, s'établiſſant tout-à-coup au ſein de la matière, donne de la dilatation à ſes parties, exalte ſes principes, facilite leur ſéparation & leur arrangement ultérieur, amène dans les produits qui en réſultent le mouvement fermentatif, & devient, après avoir favoriſé la naiſſance & l'accroiſſement des êtres, le véhicule même de leur deſtruction : l'on pourroit dès-lors regarder la végétation, non-seulement comme un effet de la fermentation, mais comme le premier de ses produits. Avant de rien changer dans l'ordonnance de ses compositions, avant de les soumettre à d'autres formes, ou de les effacer du rang des êtres, par la dispersion totale de leurs élémens, la nature a dû commencer par les produire, par les établir, & y procéder par les mêmes moyens : & c'est par le développement de l'acide répandu, n'importe comment, dans toute la matière, & à la faveur de cette chaleur douce, insinuante & appropriée qui en résulte, que se fait également cette grande opération. Une chaleur plus vive & plus active, loin de favoriser la végétation, ne feroit au contraire, de quelque part qu'elle vienne, capable que de l'arrêter, & de nuire, en les desséchant, en les brûlant, en blessant enfin leur organisation, au développement des germes & à l'accroissement des plantes.

Si de-là nous passons à l'examen des autres espèces de fermentation auxquelles on a, relativement à leurs produits, donné, pour les distinguer, les noms de spiritueuse, d'acide, d'alkaline, nous aurons lieu de nous convaincre plus particulièrement encore que l'acide, quoiqu'il ne soit pas toujours l'objet direct de la fermentation & le produit qu'on en retire, n'en est pas moins dans tous les cas, en sa qualité de matière de chaleur, l'intermède nécessaire par lequel elle s'établit : ainſi, ſans acide point de chaleur, & ſans chaleur point de fermentation. Toutefois la préſence de ce principe dans les corps ne ſuffit pas encore pour y exciter le mouvement fermentatif; il ne ſuffit pas même qu'il s'y rencontre avec le principe propre à ſon développement; il faut en outre qu'il y ſoit nouvellement dépoſé, & dans un état, ſinon de fluidité, au moins peu diſtant de la fluidité; autrement, & dans le cas où il feroit abſolument fixé, non-ſeulement il ne fourniroit rien à la fermentation acide, il ne pourroit même, comme de coutume, ſervir de véhicule aux autres eſpèces de fermentation : ce n'eſt ainſi qu'autant qu'elles ſont nouvellement imbues, tant de cet acide que des autres principes capables de fournir aux différens produits de la fermentation, que les ſubſtances végétales & animales en ſont, au contraire des métaux & des pierres, excluſivement ſuſceptibles; il en eſt même parmi ces ſubſtances, qui, par la fixité ſeule de leurs principes, en ſont en quelque ſorte garanties : tels ſont les os & les vieux bois. Et quant à celles qui ſont vraiment fermenteſcibles, il eſt à remarquer qu'elles n'ont pas toutes cette propriété au même degré; que ſi quelques-unes d'elles peuvent ſucceſſivement éprouver les trois eſpèces de fermentation que nous venons d'énoncer, il en eſt auſſi qui, n'étant pas ſuſceptibles de la fermentation ſpiritueuſe, ne ſe portent d'abord qu'à l'acide, l'acide, d'où elles paſſent à l'alkaline, & d'autres qui ne ſont en tout ſuſceptibles que de cette dernière; tandis que celles qui le ſont de la ſpiritueuſe, peuvent toujours de-là deſcendre aux deux autres. Telles ſont en partie les différences qui s'obſervent entre ces ſubſtances; différences qui ne proviennent que de la nature, de la quantité, & ſur-tout de l'état des principes qui s'y rencontrent. Ainſi, de ce que les unes pourroient ſe refuſer à telle ou telle eſpèce de fermentation, il ne s'enſuit pas pour cela qu'elles ſoient, comme on pourroit le croire, & comme dans le fait cela peut être quelquefois, il ne s'enſuit pas, dis-je, qu'elles ſoient toujours privées, tant des principes qu'on pourroit en obtenir alors, que de ceux qui peuvent y donner lieu. Non, quoique plongés dans une ſorte d'inertie, ces principes n'y exiſtent pas moins; nous en avons, & quant aux végétaux, & quant aux ſubſtances animales, une preuve bien ſenſible, ſoit dans le feu que les uns ſont capables de produire alors même qu'ils ceſſent d'être fermenteſcibles, ſoit dans la matière phoſphorique que l'on peut extraire des autres, quoiqu'elles ne ſoient de même alors ſuſceptibles tout au plus que de la fermentation alkaline, & cela, en y employant un degré de chaleur relatif à la fixité de ces principes : d'où l'on peut conclure que la fermentation, plus bornée dans ſes moyens, ne doit, à quelque degré qu'elle parvienne, avoir de prise que sur les parties les plus ténues, les plus volatiles & les moins fixes de ces principes; que d'elles seules se tirent en même temps, & les principes qui la mettent en jeu, & ceux qu'elle nous donne en produit; qu'enfin sans ces parties plus fluides ou plus mobiles qui existent encore dans les corps fermentescibles, comme y ayant été nouvellement apportées, il n'y auroit aucun lieu à la fermentation : ce sont en effet les seules qui puissent, au degré de chaleur qui lui est propre, s'en dégager aisément. Nous en devons les dernières émissions à la fermentation alkaline; & ce produit est, quant à la nature de ses principes, vraiment en rapport avec celui des autres fermentations; mais déja il se ressent un peu de l'espèce de pesanteur & de fixité que ces principes volatils ont, en raison d'un plus long séjour, acquis dans les corps, ainsi que des combinaisons qu'ils y ont formées, d'où vient leur alkalisation. Il se présente en outre, entre ce produit & ceux des fermentations antécédentes, une autre différence; c'est qu'ici les deux principes, qui forment chacun à part celui des fermentations spiritueuse & acide, semblent, dans ce dernier période de la fermentation, se réunir pour former en commun cette matière particulière, ce mixte odorant, enfin cet alkali qui en est le produit, & qui, loin d'être comme les autres un principe simple, un être élémentaire, ne présente dans le fait qu'une ſubſtance composée & vraiment due à l'aſſemblage de pluſieurs principes, notamment de l'acide & du phlogiſtique. Cela étant, n'y auroit-il pas lieu d'en conclure que toute ſubſtance ſuſceptible de la fermentation alkaline, peut ou doit, avant d'y arriver, nonobſtant toutes aſſertions contraires, paſſer préalablement par les fermentations ſpiritueuſe & acide? au moyen de quoi tout corps réputé fermenteſcible ſeroit toujours, en cette qualité, capable de fournir aux trois produits ſucceſſifs de la fermentation. Ainſi, quoique telle ou telle ſubſtance ne paroiſſe ſous nos mains ſuſceptible que de telle ou telle fermentation, il ne faut pas croire qu'elles aient été par la nature bornées à cet effort ſeul; & l'on doit, quant aux ſubſtances animales qui ne ſemblent, lorſqu'elles ceſſent d'avoir vie, ſuſceptibles que de la fermentation alkaline, & quant aux végétaux qui ſeroient dans le même cas; l'on doit, dis-je, penſer que ces ſubſtances n'y ſont réduites qu'après avoir fourni, leur vie durant, aux autres produits de la fermentation, ſoit par l'émiſſion de leurs eſprits recteurs, inflammables & méphitiques, ſoit par la formation de leurs ſucs différens, ſoit enfin par le développement de leurs vertus reſpectives, l'effervescence de leurs humeurs, leurs productions & même leurs maladies, de ſorte qu'elles toucheroient en mourant au dernier période de la fermentation.

Il eſt à remarquer encore, au ſujet des trois eſpèces de fermentation dont nous allons nous entretenir, que les ſubſtances qui ſont ſuſceptibles de les éprouver toutes, ne peuvent cependant, étant livrées à elles-mêmes, ſe porter d'abord à la fermentation acide, ſans avoir préalablement paſſé à la ſpiritueuſe, ni à l'alkaline, ſans avoir également paſſé par les deux autres; & celles qui commencent ou ſont ſuppoſées commencer ainſi par la fermentation acide, ne peuvent dès-lors, qu'elles aient ou non ſubi la fermentation ſpiritueuſe, revenir en rétrogradant à celles-ci, ni 'éprouver une ſeconde fois. Il en eſt de même de celles qui du premier bond ſe portent à l'alkaline; elles ne peuvent plus de-là retourner aux deux autres, & la raiſon en eſt toute ſimple : la fermentation n'étant en elle-même qu'un moyen dont ſe ſervent habituellement la nature & l'art pour ſéparer les uns des autres les principes conſtitutifs des corps, elle ſemble, vu ſon objet, devoir ſuivre dans ſa marche un ordre relatif à la volatilité des principes qui s'y trouvent, & qu'on veut en obtenir. On peut dès-lors comparer ſon effet à celui d'une diſtillation dans laquelle les principes les plus volatils des corps doivent néceſſairement paſſer les premiers : or, comme la matière de la lumière, autrement le phlogiſtique, eſt de tous ces principes le plus ténu, le plus léger & le plus expanſible, il doit conſtamment, par-tout où il ſe trouve, comme le plus diſpos, paſſer avant les autres; & de-là vient que dans tout corps ſuſceptible des trois eſpèces de fermentation, il eſt toujours au plus petit degré de chaleur, & au moindre mouvement fermentatif, le premier produit qu'on en obtient; mais ce produit une fois obtenu, le principe dont il ſe compoſe ne peut plus reparoître, ni, s'il a manqué ſon tour, arriver ſur la ſcène après ceux qui ne fourniſſent qu'aux derniers produits de la fermentation, & qui, moins prompts à ſe dégager, ne peuvent jamais prévenir ſon émiſſion. Tout cela, comme on voit, ne peut venir que de l'abſence, de la rareté ou des diſſipations antécédentes de ce principe, ou pour mieux dire, des parties les plus volatiles ou les moins fixes de ce principe, deſquelles ſeules ſe compoſe le produit de la fermentation ſpiritueuſe; car ſi ces parties exiſtoient dans les corps au moment qu'ils éprouvent la fermentation acide ou l'alkaline, ſans doute elles céderoient, que l'on ait pour objet ou non de les en retirer, aux forces capables d'en dégager l'acide & l'alkali. Ce que nous venons de dire, tant ſur le phlogiſtique que ſur l'eſpèce de fermentation dont il eſt le produit, peut aiſément s'appliquer à celle dont l'acide eſt l'objet à ſon tour; ce principe ayant en volatilité, ſur l'alkali, le même avantage que le principe inflammable a ſur lui, il ſe trouve à ſon égard dans les mêmes rapports : ainſi les mêmes raiſons peuvent nous ſervir à expliquer pourquoi toujours, dans la fermentation, il s'échappe avant l'alkali; d'où vient qu'il ne peut, après ſon émiſſion, ſe repréſenter de nouveau, ni fournir aucun produit, alors que la fermentation alkaline s'établit dans les corps; enfin pourquoi cette dernière donne, du moment qu'elle s'annonce, l'excluſion aux deux autres. Il paroît démontré que tout cela ne vient encore que de ce que les parties les plus volatiles des principes qui exiſtent dans les corps ſuſceptibles de ces eſpèces de fermentations, en ont été précédemment enlevées, pour ſervir à leurs produits particuliers; au moyen de quoi ces corps demeurent excluſivement livrés à la fermentation alkaline : le produit par conſéquent qui nous vient de cette fermentation, ne doit ſe compoſer que de quelques reſtes mélangés de ces parties volatiles altérées, & déja plus tardives dans leur marche, mais non encore fixées, dont elle purge définitivement ces corps; auſſi, paſſé l'émiſſion de ces parties alkaliſées, il n'y a plus de fermentation : d'où il ſuit qu'il faut, pour qu'elle ait lieu, que les principes qui doivent fournir à ſes différens produits, ſoient, comme nous l'avons dit, nouvellement dépoſés, prêts à ſe mettre en expanſion, & non fixés. N'oublions pas d'ailleurs, quant aux cauſes dont elle dépend, qu'elle n'eſt originairement due qu'à la préſence de l'acide dans les corps; que ce principe ſeul en eſt toujours, par la chaleur qu'il eſt capable d'y développer, l'inſtrument & le véhicule; & de-là vient qu'indépendamment du produit particulier qu'il nous donne dans la fermentation qui porte ſon nom, il ſe trouve preſque toujours par aſſociation dans celui des autres fermentations.

Ce coup-d'œil donné ſur la fermentation en général, ſi nous entrons dans l'examen particulier de ſes degrés ou de ſes eſpèces différentes, nous aurons plus d'une fois l'occaſion de nous convaincre de ce que nous venons d'avancer. Il nous ſera d'abord, quant à la fermentation ſpiritueuſe, qui, ſuivant l'ordre des choſes, doit paſſer la première en revue; il nous ſera, dis-je, facile de reconnoître qu'elle n'eſt, dans tous les cas où elle peut avoir lieu, provoquée que par l'acide qui ſe rencontre dans les corps qui en ſont ſuſceptibles, & qui, par la chaleur qu'il y excite, donne la chaſſe au principe inflammable qui en fait le produit. L'on doit voir, par ce qui ſe paſſe dans la fermentation particulière du vin, laquelle peut ici nous ſervir d'exemple (1), que ce n'eſt exacte-

(1) Il eſt cependant à remarquer, au ſujet de cette fermentation, que le vin qu'elle nous donne d'abord n'eſt qu'un produit mixte dû à l'aſſociation particulière de l'acide, du phlogiſtique & de l'eau, & non un produit qui appartient excluſivement au phlogiſtique, ainſi que le nom & l'objet de cette fermentation ſembleroient le comporter. Ici, loin de donner, comme nous venons de le dire, la

ment que par l'énergie ſeule de l'acide contenu dans le raiſin, que ſe produit, dans les cuves où on le dépoſe, cette chaleur qui fait bouillonner le ſuc qui s'en exprime, & qui, facilitant par-là la réunion des principes qui doivent y concourir, donne lieu à la combinaiſon du vin. En effet,

---

chaſſe au principe inflammable, l'acide paroît au contraire le ſaiſir, & s'attacher à lui pour compoſer enſemble le premier produit de cette fermentation; cependant cette confuſion de principes ne ſe rencontre ainſi, dans le produit d'une fermentation dite ſpiritueuſe, qu'autant que cette fermentation eſt ordonnée par l'homme & ſuivie avec ſoin, de ſorte que le phlogiſtique, qui devroit ſeul en fournir le produit, n'a pas, lorſqu'elle eſt arrêtée à temps, celui de ſe dégager, comme il le feroit ſi cette fermentation étoit libre & abandonnée à elle-même. Ainſi l'on a, par la manière dont on conduit cette opération, trouvé l'art de retenir dans le vin ce principe tout prêt à s'échapper, & de rendre, par ſon mélange, cette liqueur beaucoup plus généreuſe & plus ſuave : c'eſt pourquoi l'on peut, par des procédés ultérieurs, l'extraire de cette liqueur, ainſi qu'il eſt, par des moyens différens, poſſible d'en retirer l'acide qui s'y trouve également. Toutefois, ſi on laiſſe le vin paſſer de lui-même à la fermentation acide, on n'en obtient plus alors qu'il y arrive le principe ſpiritueux, il s'eſt enfui à la faveur du mouvement inſenſible par lequel le vin s'eſt porté à cette eſpèce de fermentation : le ſeul moyen d'empêcher ce mouvement dans le vin, & de préſerver cette liqueur de cette déperdition de principe, eſt de la tenir le plus au frais qu'il ſe peut. Ainſi, quoique la fermentation ne ſoit originairement exci-

d'où viendroit cette chaleur, si ce n'est de ces principes mêmes? Seroit-ce de l'entassement & de la pression du fruit dans les cuves? Non, cet entassement & cette pression ne produiroient rien sur les corps qui seroient privés de ces principes, ou dans lesquels ces principes se trouveroient absolument fixés : cette chaleur ne peut donc venir que de la cause que nous indiquons, c'est-à-dire, de l'acide, qui a seul, lorsqu'il se rencontre avec l'eau, la propriété de l'engendrer. Et quant à l'existence de cet acide dans le fruit dont nous parlons, elle n'est, dans quelque état

---

tée que par des moyens tirés des principes mêmes des corps qui en sont susceptibles, l'on sent malgré cela qu'il est, en exposant ces corps à une température plus chaude ou plus froide, possible d'accélérer ou de retarder son action: toutefois il ne faut pas croire qu'une chaleur empruntée puisse jamais, quant à son établissement, remplacer cette chaleur douce qui s'excite au sein des corps fermentescibles, & d'où provient le mouvement fermentatif; non, toute chaleur étrangère ne peut, quelle qu'en soit la source, être regardée que comme un moyen auxiliaire auquel il est, dans certaines occasions, à propos de recourir pour aider & soutenir le travail de la nature, quelquefois même pour augmenter son effet, mais jamais pour le produire: ceci ne peut venir que des causes que nous avons énoncées; & sans elles, sans le concours de ces causes, toute chaleur extérieure n'auroit, en ce qui concerne la fermentation, aucun effet sur les corps; elle ne feroit alors capable que de les dessécher, de les brûler & de les dissoudre, si elle est excessive.

que ce fruit puisse se présenter, aucunement équivoque ; il s'annonce d'une manière bien caractérisée dans le verjus : & quoiqu'il soit dans le raisin, ainsi que dans le vin, enveloppé, là, d'un moût sucré, ici, de parties spiritueuses qui le déguisent, il n'existe pas moins dans l'un & dans l'autre ; & la preuve quant au raisin, c'est qu'on retire de tous les corps sucrés, & particulièrement du sucre, une très-grande quantité d'acide (1). A l'égard du vin, l'on sait que cette

(1) L'acide n'est, quoiqu'il y abonde, autant déguisé dans le sucre, que parce qu'il s'y trouve réuni avec une certaine quantité de principe inflammable, auquel il s'attache & dont il s'enveloppe. Ce principe, avec lequel il a beaucoup de rapport, a par lui-même, & sans doute à cause de la forme de ses molécules, la propriété d'émousser & d'empâter tellement ses pointes aiguës, qu'on a peine à le reconnoître dans les corps où il se trouve ainsi combiné : il seroit par exemple, au suc doux & parfumé que nous donne l'abricot en maturité, assez difficile de l'y croire présent ; cependant, à peine ce fruit a-t-il bouilli dans l'eau, que son acide se montre très-abondant, & devient, par le dégagement du principe qui le masquoit, très-sensible au goût. Ce sucre n'est par conséquent autre chose que le résultat d'une combinaison particulière formée entre l'acide & le phlogistique, & de-là vient que les corps sucrés sont exclusivement susceptibles de la fermentation spiritueuse ; aussi faut-il que ceux de ces corps qui sont destinés à l'éprouver un jour, aient par leur maturité acquis cette qualité avant qu'ils puissent en fournir le produit ; c'est-à-dire, qu'il faut que l'acide & le phlo-

liqueur factice doit inceſſamment rendre ſenſible en elle la préſence de ce principe, & le montrer à découvert dans l'acide du vinaigre, qu'elle nous donne d'elle-même en ſe décompoſant. D'un autre côté, les vapeurs qui s'élèvent au-deſſus des cuves en fermentation, ſont une nouvelle preuve de l'exiſtence de ce principe dans le fruit qui fermente : le méphitiſme de ces vapeurs les

---

giſtique qui s'y trouvent aient pu ſe réunir, ſe combiner & s'amalgamer l'un avec l'autre, au point qu'il convient pour former du ſucre. Il ſemble, en conſéquence, que ces principes ne puiſſent parvenir à cette combinaiſon requiſe, qu'au moment où l'acide auroit, par ſa concentration & ſon accumulation dans le fruit, aſſez de force & plus de moyens pour arrêter & ſaiſir les parties du principe inflammable, qui lui ſeroient préſentées; ou plutôt ne ſeroit-il pas à croire que cette combinaiſon ne peut s'accomplir qu'au temps où le fruit, plus développé & moins borné dans ſes dimenſions, auroit, ſous un volume plus conſidérable, la chair moins compacte & les pores plus ouverts? ce qui doit faciliter au dedans le rapprochement des principes dont nous parlons, ou favoriſer leur introduction, ſi, comme il y a lieu de le préſumer, ils y viennent du dehors; au moyen de quoi il ſe pourroit que les premiers produits de la fermentation ſpiritueuſe ne fuſſent en tout compoſés que des derniers dépôts de ces principes introduits dans les corps, & fournis par le ſoleil ou l'air, & ſur-tout par le ſoleil: auſſi voyons-nous que les fruits mûris à l'aſpect de cet aſtre, & dans les pays chauds, ſont en général beaucoup plus abondans en ſucre & en eſprits.

décèle; il eſt clair qu'elles ne peuvent venir que d'un acide dépoſé dans le raiſin, & dont quelques parties nouvellement introduites n'y ont encore acquis aucune eſpèce de fixité. Dans le fait, & je crois l'avoir déja dit, l'on ne peut douter, d'après les expériences du docteur Ingen-Houſz, que tous les corps vivans & organiſés ne contiennent, outre les parties fixes des matières de la lumière & de la chaleur, dont ils ſe compoſent, d'autres parties non fixées de ces mêmes matières, leſquelles circulent dans leurs veines, & forment en s'échappant ces émanations de toutes eſpèces qui s'en exhalent, & particulièrement ce fluide inviſible, cet acide volatil qui ſe dégage des ſubſtances en fermentation.

Il y a de pays où, après avoir preſſé le raiſin pour en extraire tout le vin qui y eſt contenu, on tranſporte, du preſſoir dans des cuves, le marc du fruit, & on le couvre de boue, pour empêcher l'évaporation des principes qui reſtent dans ce marc : le but ultérieur de cette opération eſt d'en retirer ces principes mêmes par la diſtillation; en effet, peu de temps après il s'excite, en hiver même, une nouvelle chaleur dans ces cuves; la fermentation s'y établit, & ce marc preſque deſſéché devient, après cette ſeconde élaboration, ſuſceptible de nous donner de l'eau de vie. Tel eſt le produit de ce mouvement fermentatif; quant à ſa cauſe, il eſt à croire que l'acide &

l'eau, dont ces marcs ont retenu quelques parties, ſont encore ici les ſeuls principes qui puiſſent par eux-mêmes exciter dans ces cuves la chaleur qui l'occaſionne. Nous remarquerons à ce ſujet, que tant qu'il reſte, dans une ſubſtance ou une liqueur quelconque, des parties d'acide unies & combinées avec d'autres principes, cette liqueur eſt continuellement, comme on l'obſerve dans le vin, ſujette à éprouver dans ſes parties un travail & un mouvement capables de l'altérer, & de changer ſes combinaiſons; &.ce n'eſt qu'autant qu'elle eſt, comme l'eſprit de vin, dépouillée, en tout ou en grande partie, de cet acide, qu'elle peut ſe conſerver ſans altération. Cette obſervation achève de nous démontrer que la fermentation & la chaleur qui y donne lieu, proviennent uniquement de l'énergie ſingulière de cette ſubſtance.

Mais ſi nous ne pouvons, quant à l'acide, douter de ſon exiſtence, & de la néceſſité de ſon exiſtence dans les corps fermenteſcibles, plus, de la part qu'il peut avoir à plus d'un titre dans les effets ou produits de la fermentation vineuſe, nous avons, quant au phlogiſtique, au moins en ce qui regarde cette fermentation, des preuves non moins certaines de la préſence de ce principe, tant dans ſes produits que dans les ſubſtances qui les fourniſſent; auſſi paſſe-t-il pour être l'objet principal de cette fermentation. Chaſſé du fruit où il s'étoit recelé, c'eſt dans le vin d'abord que ce principe ſe retire, & c'eſt-là qu'on le retrouve encore joint à l'acide, & formant, par ſon aſſociation avec lui, cette liqueur agréable qui flatte le goût & réchauffe les ſens; mais quoique réunis dans des proportions heureuſes & convenables, ces principes peu fixes ne peuvent long-temps ſe maintenir dans cet état de combinaiſon; l'union mal affermie de ces élémens volatils va bientôt ſe détruire par leur activité même; & c'eſt dans l'énergie ſingulière de l'un, & l'extrême expanſibilité de l'autre, qu'il faut chercher la cauſe des différentes altérations du vin, de la déperdition inſenſible de ſes eſprits, des émanations odorantes qui s'en échappent, enfin de ce travail intérieur qui s'y excite, & qui doit, ſi on ne l'en préſerve, le conduire plus ou moins rapidement à ſa décompoſition. Le vin ſe trouve ainſi tout naturellement, & par la ſouſtraction ſeule de ſon principe inflammable, réduit à ſon acide, lequel devient alors le produit néceſſaire de ce travail nouveau, de ce ſecond mouvement fermentatif que cette liqueur eſt ſuſceptible d'éprouver. Ce que nous diſons du vin peut s'appliquer aux autres ſubſtances ou liqueurs compoſées, & ſervir à expliquer tous les changemens qui ſurviennent dans leur état & dans leur conſtitution : c'eſt en effet par les mêmes moyens, & toujours à la faveur du mouvement inteſtin qui s'excite également en elles, que se produisent les différentes altérations qu'on y remarque. Mais ce qui doit le plus nous étonner ici, c'est la correspondance secrette qui subsiste entre le travail du vin & celui que la vigne éprouve en certains temps de l'année : quels rapports y a-t-il donc entre la sève qui coule de cette plante, & le vin qui repose dans nos tonneaux ? où sont les canaux de communication entre ces deux fluides ? quelle est enfin la cause de ce mouvement spontané qui s'excite en même temps dans l'un & dans l'autre ? Cela viendroit-il de la température seule de l'air, ou de l'émanation de quelques parties similaires qui, s'échappant de la vigne lorsqu'elle est en travail, se répandroient dans l'atmosphère, & iroient par cette voie jusques dans nos futailles, réveiller l'activité engourdie des principes du vin ? Au fond, tout cela peut être, mais il n'y a aucun moyen de s'en convaincre : en tout il paroît très-difficile de donner une raison satisfaisante de ce phénomène.

En réfléchissant aux différens caractères que prend la sève de la vigne dans le fruit qu'elle a nourri, on seroit tenté de croire à la transmutation des élémens, & l'on penseroit volontiers que l'acide ne s'est formé dans le verjus que pour donner ensuite naissance à l'esprit ardent ; mais il faut se garder d'une telle pensée, elle nous conduiroit à l'erreur : la nature prévoyante a dû rejeter de ſon plan des moyens d'où naî-troient néceſſairement le déſordre & la confu-ſion ; elle peut, par des neutraliſations & des mélanges de toute eſpèce, corriger, tempérer ou voiler le caractère propre & diſtinctif de ſes premiers principes, mais non changer leur eſſence ; elle peut les déguiſer l'un par l'autre, & varier de mille manières la forme de leurs déguiſemens, mais elle ne peut les convertir, les métamor-phoſer l'un dans l'autre : ces principes ſont-ils dépouillés & mis à nu, ils ſe repréſentent tou-jours les mêmes, & ſans variation dans leur na-ture. L'acide par conſéquent ne peut pas plus engendrer de lui-même le principe inflammable, que celui-ci ne peut engendrer l'acide ; & ſi l'eſ-prit ardent ſe rencontre dans les produits de la fermentation vineuſe, on ne peut pour cela le croire formé aux dépens d'aucun autre principe ; il n'exiſte dans ces produits qu'autant qu'il exiſtoit dans le fruit dont ſe forme le vin, ou comme y ayant été dépoſé dès ſa naiſſance, ou comme y ayant été introduit après coup aux approches de ſa maturité (1).

---

(1) Je ſuis très-porté à croire que l'eſprit ardent qui ſe préſente dans le produit de la fermentation vineuſe, ne vient exactement que des parties de ce principe qui ſe ſont introduites les dernières dans le raiſin, comme étant, à cauſe de leur volatilité, les ſeules ſuſceptibles d'entrer dans ce produit. Ce n'eſt pas d'ailleurs qu'il n'exiſte

L'on

L'on ne peut au ſurplus regarder l'eſprit ardent ni comme le premier, ni comme le ſeul objet de la fermentation vineuſe ; il ne ſe trouve là qu'en concurrence avec d'autres principes volatils qui comme lui exiſtoient dans le raiſin, & dont il faut enſuite le dépouiller pour l'obtenir à part. C'eſt le vin qui en eſt en même temps & le premier produit & le premier objet ; l'eſprit ardent & le vinaigre n'en ſont que des réſultats plus éloignés : ils ne s'obtiennent eux-mêmes que par la décompoſition du vin, & la ſéparation des élemens qui lui donnoient ſa qualité ; ainſi, les matières de la lu-

---

dans le raiſin, quoique leur préſence ne ſoit guère ſenſible avant ſa maturité, d'autres parties de ce principe plus anciennement dépoſées ; & la preuve de cela, c'eſt que ce fruit, fut-il verd, peut, étant ſuffiſamment deſſéché, donner en brûlant une flamme lumineuſe comme un autre combuſtible ; malgré cela ces parties ne jouiſſent plus d'une aſſez grande volatilité pour s'élever au degré de chaleur qui ſert de véhicule à la fermentation. Il exiſte par conſéquent dans le raiſin, comms dans tout corps ſuſceptible de la même fermentation des parties de la matière inflammable dont nous parlons dans trois étuts différens à-la-fois. Il s'en préſente d'abord qui ſont très-volatiles, & de celles-là ſe compoſe le premier produit de la fermentation vineuſe : l'on en trouve enſuite qui le ſont un peu moins, & qui ne peuvent, comme nous l'avons vu, céder qu'un travail d'une ſeconde fermentation, enfin il en eſt qui ſont à peu près fixes, & que l'on ne peut dégager que par le moyen du feu.

mière & de la chaleur qui s'étoient réunies pour former cette combinaiſon, deviennent, en ſe ſéparant l'une de l'autre, les principes dominans de deux ſubſtances bien différentes, qui ſont le vinaigre d'un côté, & de l'autre l'eſprit-de-vin & l'éther, leſquels annoncent par leurs propriétés reſpectives la nature des principes qui leur ont donné naiſſance. Il s'enſuit de-là, que ſi l'acide du vin ſe trouve dans le vinaigre beaucoup plus raſſemblé, & dépouillé des principes qui dans le vin émouſſoient ſes pointes aiguës, il doit d'ailleurs être rare dans l'eſprit-de-vin, & preſque nul dans l'éther, lequel étant pareillement dépouillé de tout autre principe, ne paroît être composé que de phlogiſtique, que de cette matière inflammable, volatile & odorante qui ſe trouve arrêtée & répandue dans le vin.

Une choſe vraiment à remarquer dans cette liqueur éthérée que nous retirons du vin, c'eſt l'odeur expanſive & ſuave qui la diſtingue : quoiqu'elle ne s'annonce qu'au moment que l'éther ſe dégage de l'eſprit-de-vin, cette odeur ne peut paſſer pour acquiſe ou factice ; elle n'appartient ni à l'eſprit-de-vin, ni aux acides dont on ſe ſert pour en extraire l'éther : on peut donc la regarder comme une odeur élémentaire, propre au phlogiſtique, & conſéquemment comme la baſe fondamentale de toutes les odeurs dont il eſt cenſé le principe. L'odeur du vinaigre, odeur également ſimple, également caractériſée, mais beaucoup plus fixe que celle de l'éther, pourroit de même être une odeur élémentaire; &, ſoit qu'elle appartienne originairement à la matière de la chaleur, ou qu'elle provienne d'une portion de phlogiſtique inſéparablement unie à cette matière, elle paroît attachée à l'acide végétal, & vraiment propre à cette ſubſtance; & comme le vin eſt principalement composé de ces deux matières de la lumière & de la chaleur, puiſqu'il engendre de lui-même & l'acide, & l'eſprit inflammable, l'odeur qui lui appartient pourroit bien n'être à ſon tour qu'une odeur composée des deux odeurs primitives dont nous parlons.

Une autre remarque à faire encore au ſujet de ces deux matières dont ſe compoſe le vin, c'eſt que tant qu'elles reſtent l'une & l'autre mêlées & confondues dans les ſubſtances avec d'autres principes, elles ſont, par le mouvement qui s'y excite à leur occaſion, ſujette à éprouver de l'altération & des changemens continuels dans leur manière d'être; mais lorſqu'elles ont ainſi ſubſiſté quelque temps dans cet état de combinaiſon, ſi l'on parvient enſuite à les iſoler, à les ſéparer l'une de l'autre, enfin à les dépouiller de toutes parties étrangères, elles ſont alors à l'abri de toute décompoſition, elles deviennent inaltérables; & tels ſont l'eſprit-de-vin, l'éther, & les acides, même celui du vinaigre lorſqu'il eſt diſtillé : c'eſt une raiſon qui doit particulièrement nous engager à regarder ces deux matières conſtitutives du vin, ſavoir, l'acide & le phlogiſtique, comme deux ſubſtances vraiment élémentaires. Enfin, ſi, après avoir obſervé les produits qui nous viennent tant de la fermentation vineuſe, que de la décompoſition même du vin, & avoir reconnu quels ſont dans ces produits différens les principes dominans de leur compoſition; ſi après cela, dis-je, nous jetons les yeux ſur ceux que la nature obtient par ſon travail de ſes propres combinaiſons, nous pourrons recueillir de-là quelque avantage encore : nous verrons quelle ſait comme nous tirer de ſes matières de l'eſprit ardent, de l'éther, & que par-tout ſes produits ſont analogues aux nôtres, ou plutôt nous verrons que la nature offre en tout genre des modèles à l'art imitateur. Comme elle ſait, en variant ſes mélanges, diverſifier ſes compoſés; elle ſait auſſi, pour éviter la confuſion, diſtribuer ſes produits en des claſſes différentes; & déja elle ſemble dans l'énumération des cires, des baumes, des réſines, des huiles, des odeurs, des eſprits recteurs & du camphre, nous indiquer du doigt la claſſe des ſubſtances inflammables qui ont le phlogiſtique ou la matière de la lumière pour principe dominant; elle va même, en ſubdiviſant cette claſſe, nous montrer dans la poudre des étamines, dans l'eſprit recteur des plantes, dans les huiles eſſentielles, ainſi que dans le camphre qui ſemble n'être qu'un éther concret, celles de ces ſubſtances où cette matière volatile de la lumière ſe trouve plus abondante, plus pure, & en même temps plus nouvelle & moins fixe ; & les cires, les huiles, les baumes & les réſines ſeront au rang de celles où cette même matière, quoiqu'abondante encore, paroît moins pure, plus mélangée, & ſur-tout plus anciennement acquiſe, ce qui ſe démontre par la conſiſtance & le degré de fixité qu'elle y prend. D'un autre côté, c'eſt dans les ſels de toute eſpèce, comme dans les ſucs de certains fuits & d'une grande quantité de plantes, que la matière de la chaleur ſe trouve plus raſſemblée pour former à ſon tour la claſſe des ſubſtances où l'acide domine : d'autres fois ces deux matières ſemblent ſe réunir dans des proportions convenables pour compoſer enſemble les ſucres, les phoſphores & les ſoufres ; enfin, il n'y a pas juſqu'aux gommes dont la nature n'ait fait une claſſe à part ; & ce n'eſt dans les ſubſtances qui y ſont compriſes, ni l'acide, ni le phlogiſtique qui y dominent, ils n'y entrent même qu'en très-petite quantité ; c'eſt l'eau ſeule puiſée dans la sève du végétal qui s'eſt ici raſſemblée, épaiſſie & fixée pour former ces ſubſtances, & de-là vient que les gommes ſont uniquement ſolubles dans l'eau.

L'on doit d'ici preſſentir les avantages qu'un examen approfondi des ſubſtances, & la connoiſſance de leurs principes dominans, peuvent nous procurer, en nous donnant la clef d'une infinité de phénomènes qui en dépendent : déja l'on découvre par là pourquoi l'esprit-de-vin, ayant la propriété de dissoudre les huiles & les résines, n'a point d'effet sur les gommes ; & l'on trouve dans la différence seule des principes dominans de ces substances la cause, tant de son impuissance sur les unes, que de son action sur les autres, savoir; celle de son impuissance sur les gommes, dans l'opposition réelle du principe dominant de ce fluide avec celui qui domine pareillement dans les gommes ; & celle de son action sur les huiles & résines, dans la correspondance & l'identité de ce même principe avec celui de ces substances, de sorte que ce dernier peut aisément, vu son homogénéité, se remettre, à l'approche de l'autre, en équilibre avec lui, ce que le même dissolvant ne peut obtenir d'un principe plus fixe, plus dense, & d'une nature contraire, tel que celui qui domine dans les gommes. Ainsi l'on voit comment l'esprit-de-vin, comment même l'éther peut dans de certains cas devenir un dissolvant, & qui plus est, un dissolvant de l'or. Ici l'on découvre encore pourquoi l'eau qui dissout les gommes, ne peut à son tour dissoudre la cire, les huiles & les résines ; & comme ce fait ne diffère du précédent que par la nature du dissolvant, on peut, pour l'expliquer, recourir aux mêmes moyens. L'action de l'eau sur les gommes ne vient donc que de ce qu'elle y rencontre un principe dominant de sa nature, qu'elle ramène à son état; & son impuissance à l'égard des cires, des huiles & des résines, n'est, comme celle de l'esprit-de-vin sur les gommes, causée que par son opposition avec le principe inflammable qui domine dans ces substances, ce qui fait qu'elle n'a aucune prise, aucune action sur lui, qu'enfin elle ne peut d'aucune manière le mettre en équilibre avec elle (1). Et dans le fait ce liquide, qui

---

(1) L'on voit d'après ce que nous venons de dire, ce qu'il faut entendre par le mot de *dissolution*. Ce mot n'exprime en lui-même que le pouvoir qu'ont certains fluides de faire passer ou de ramener d'autres principes, sinon de même nature, au moins très-voisins de leur nature, de l'état naturel de concrétion & de fixité où ils se trouvent, au même état de fluidité; & l'on ne doit pas confondre ce pouvoir avec celui qu'ont la plupart des substances réduites au même état, de s'unir & de se mêler ensemble, ce qui présente l'idée d'une association, & non celle d'une dissolution, laquelle ne peut en général avoir lieu qu'entre des principes analogues & capables de se mettre en équilibre ensemble. L'on peut cependant, quant à cette identité de principe que nous donnons pour cause de la solubilité des substances, nous objecter ici, que l'acide, quoique d'une nature différente du principe inflammable, peut, malgré cela, l'attaquer & le dissoudre : un fait plus remarquable encore, c'est que l'eau, quoiqu'elle soit totalement opposée au principe dominant des sels, a de même, malgré cette opposition à laquelle nous avons d'ailleurs attribué son impuissance sur le principe inflam-

paroît avoir tant de rapport avec la matière de la chaleur, ou l'acide, auquel elle donne de l'activité,

---

mable, la propriété de diſſoudre ces ſels. Il paroît difficile de ſe défendre contre de pareils faits: nous dirons cependant, quant au premier objet, que ſi l'acide n'eſt pas de même nature que le principe inflammable ſur lequel il agit, il eſt au moins, vu ſa ténuuité & ſa volatilité, de tous les élémens celui qui en approche le plus, & qui ait plus de moyens pour ſe mettre en équilibre avec lui. Quant à l'effet de l'eau ſur le principe dominant des ſels, nous obſerverons d'abord que ce liquide n'a peut-être le pouvoir de diſſoudre ce principe avec lequel il eſt en oppoſition, que par le moyen de l'eau même qui ſe trouve dans les ſels réunie à l'acide: auſſi remarque-t-on que ceux de ces ſels qui ont, comme la crême de tartre, retenu moins d'eau dans leur criſtalliſation, ſont en même temps les moins ſolubles. Nous nous rappellerons au ſurplus que l'effet de l'eau ſur l'acide eſt dans le ſyſtême général de la nature un de ces faits primitifs qui ſervent à expliquer les autres, & ne peuvent s'expliquer eux-mêmes; l'on peut, je crois, mettre au même rang l'immiſcibilité du phlogiſtique avec l'eau.

Il ſemble ici que les élémens ſoient tenus d'obſerver dans l'effet reſpectif qu'ils peuvent avoir les uns ſur les autres l'ordre qu'ils gardent dans leur ténuité & dans leur peſanteur, & tel eſt l'ordre ſous lequel nous les avons préſentés.

Le phlogiſtique, ou la matière de la lumière.
L'acide, ou la matière de la chaleur.
L'eau.
La terre.

Cela poſé, l'on voit que le phlogiſtique ne peut, comme

ce liquide, dis-je, n'en préſente aucune avec la matière de la lumière, avec le principe inflam-

---

le premier en rang, avoir de correſpondance & d'effet qu'avec l'acide qui le ſuit, & l'avoiſine excluſivement : celui ci eſt donc, comme le plus voiſin de ce principe, le ſeul capable de l'attaquer, de le diſſoudre, & de ſe mettre en équilibre avec lui ; de-là vient la grande affinité que l'on remarque entre ces deux principes (1). D'un autre côté, comme l'acide ſe trouve à ſon tour placé entre le phlogiſtique & l'eau, il doit alors éprouver de la part de ce liquide, ou plutôt il doit avoir ſur lui le même effet qu'il a d'autre part ſur le principe inflammable, de ſorte que s'il peut ſe mettre en équilibre avec ce principe, il peut encore mettre l'eau en équilibre avec lui : il eſt ainſi, comme un inſtrument à deux tranchans, capable de frapper également des deux côtes ; & delà, la grande énergie de ce principe. Quant à l'eau, l'on voit de même par la place qu'elle occupe, qu'elle ne peut avoir de rapport direct qu'avec l'acide, ou la terre, & non avec le principe inflammable qui ſe trouve trop éloigné, & dont elle ne peut ſe rapprocher que par le moyen, le canal & l'intermède de l'acide qui ſe trouve entre elle & lui ; & comme elle ſe trouve enſuite entre l'acide & la terre, il ſe pourroit de même que l'acide n'eût de l'effet ſur cette terre que par l'intermède de l'eau.

Mais ſi l'acide peut, comme intermédiaire entre le phlo-

(1) L'on pourroit bien encore trouver ici la cauſe de toute affinité, & la déduire tant de la ténuité des principes élementaires, que du pouvoir qu'ils ont plus ou moins de ſe mettre en équilibre enſemble ; mais ce n'eſt pas le lieu de nous en occuper, nous y reviendrons par la ſuite.

mable : ces deux ſubſtances paroiſſent au contraire diamétralement oppoſées entre elles ; & de-là vient que les huiles ne ſont point ſolubles dans l'eau, que le camphre & l'éther refuſent de s'y mêler, que la pouſſière des étamines ne s'en laiſſe aucunement pénétrer, & que le camphre diſſous

---

giſtique & l'eau, agir également & ſur l'un & ſur l'autre, ne ſe pourroit-il pas qu'ayant déja la vertu de produire de la chaleur avec l'eau, il eût le même effet encore avec le principe inflammable ? Ainſi la nature ſe feroit, en plaçant le principe de la chaleur entre deux moyens de développement, procuré, au lieu d'un, deux moyens d'échauffer la matière, l'un, par l'union de l'acide avec l'eau, & l'autre par l'union de ce même principe avec le phlogiſtique ; mais comme nous ne pouvons avoir ce dernier principe abſolument pur & parfaitement dépouillé, il n'eſt pas auſſi aiſé de s'aſſurer de ce fait avec lui, qu'il l'eſt de s'en aſſurer avec l'eau ; & nous ne pouvons que le préſumer : nos raiſons pour le croire ſe fondent 1°. ſur ce qu'il ſuffit de mêler de l'eſprit-de-vin avec un acide, pour qu'il ſe produiſe dans ce mélange une chaleur capable d'en dégager l'éther ; 2°. ſur ce qu'en verſant un acide concentré ſur des huiles, on peut les enflammer à l'inſtant ce qui ne ſe peut faire ſans qu'il s'y excite une chaleur conſidérable ; 3°. ſur ce qu'on peut également & par le même moyen enflammer de la poudre de charbon. Ces faits ſont aſſez déciſifs, & d'autant plus convaincans, qu'on ne peut, au moins quant aux derniers, ſuppoſer que l'eau ait aucune part à la chaleur & à l'inflammation qui ſe produiſent alors, puiſqu'elle n'exiſte ni dans le charbon, ni dans l'huile.

dans l'acide nitreux le quitte & l'abandonne quand on étend cet acide d'une certaine quantité d'eau : la lumière qui la pénètre, & va se précipitant jusqu'au fond des mers, n'est, alors même qu'elle se répand dans ce liquide, capable que de couler ou de s'interposer entre ses parties, & non de s'y unir, de s'y attacher, & de former avec elle aucune combinaison, laquelle paroît impossible entre une matière aussi ténue & aussi subtile d'une part, & un élément aussi dense & aussi mobile de l'autre : aussi voit-on que les molécules de cette matière s'en échappent sans cesse, même en éclats lumineux, comme on le remarque en certains endroits, & noramment dans les lagunes de Venise ; il est possible cependant que l'eau en retienne quelques parcelles entre ses parties ; il est même à croire que ces parcelles peuvent, en s'unissant à la matière de la chaleur qui se trouve également répandue dans les eaux, & dont se forment les sels qu'on en tire ; il est, dis-je, à croire qu'elles peuvent alors, & par son moyen, entrer dans quelque combinaison avec ce liquide, & devenir à la faveur de ces mélanges un des principes constituans, tant des végétaux qui croissent dans les eaux, que des animaux qui y vivent. Je me persuade, malgré cela, que cette matière doit y être rare encore ; & ce qui me le prouve, c'est que les plantes qui en viennent, ont peine à s'enflammer étant exposées au feu. J'ai même cru quelquetemps que, faute de ce principe inflammable, les arêtes du poiſſon qui ne ſemble nourri que du limon des eaux, j'ai cru, dis-je, que ces arêtes n'étant elles-mêmes, ou ne paroiſſant être qu'une eau congelée, épaiſſie & fixée, ne pourroient point fournir de matière phoſphorique; mais les expériences intéreſſantes & multipliées que M. le Marquis de Bullion a faites depuis ſur les os tant des poiſſons que des autres animaux, m'ont, par le phoſphore qu'il en a tiré, même en abondance, pleinement convaincu de l'exiſtence de ce principe dans ces êtres aquatiques: ſans cela même j'aurois dû le ſoupçonner, & penſer que la matière de la lumière, étant de tous les élémens, ſinon le plus énergique, au moins le plus expanſible, le plus condenſable, le plus ténu, enfin le plus mobile, doit, d'après ces qualités, ſe trouver comme principe néceſſaire, je ne dirai pas dans tout ce qui exiſte, mais dans tout corps ayant le mouvement & la vie: au lieu donc de l'en exclure, je devois croire qu'elle étoit comme dans les os des animaux terreſtres, contenue dans l'arête des poiſſons; avant d'être prouvée par le fait, ſon exiſtence m'étoit démontrée par le droit. Revenons à l'immiſcibilité de ce principe avec l'eau. Il me reſte à vous faire obſerver ſur ce fait dont il n'eſt, je crois, plus poſſible de douter, que ſi le phlogiſtique ſe trouve quelquefois, comme dans le vin ou l'eſprit-de-vin, uni & combiné avec ce liquide, on ne peut dans aucun cas regarder cette union comme l'effet d'une dissolution due à l'eau, comme une combinaison faite immédiatement avec elle : non, le mélange, & le rapprochement de ces principes opposés, ne peut ainsi se faire de lui-même, ni autrement que par le concours de l'acide qui doit dans toutes les occasions leur servir d'intermède, & sans lequel jamais ils ne pourroient s'unir l'un à l'autre, de sorte que par-tout où le phlogistique & l'eau se trouvent réunis, l'acide doit toujours, ne fût-ce qu'en petite quantité, s'y trouver en tiers avec eux. Toutefois l'eau, n'est dans cette association avec le principe inflammable, capable, loin de l'exalter, loin de lui rien donner, que d'envelopper ses parties, & de gêner son activité ; enfin elle n'est à son égard propre qu'à contenir son expansibilité, ou qu'à éteindre ses feux : malgré cela, comme l'eau peut d'une part retenir ce principe fugace, & tempérer de l'autre la saveur trop piquante de l'acide, nous n'en devons pas moins regarder son association avec ces principes comme très-importante & nécessaire dans une infinité de mélanges qui, sans les modifications qu'elle y apporte, seroient insupportables au goût, & nuisibles à la santé.

Je ne m'arrêterai point à la fermentation acéteuse ; ce que j'en pourrois dire ne seroit qu'une répétition inutile de ce que je viens d'exposer ſur la fermentation vineuſe : deux choſes ſeulement me paroiſſent mériter quelque attention ; la première, c'eſt que cette fermentation exige, lorſqu'on cherche à l'exciter, un degré de chaleur plus conſidérable que le précédent, & cela doit être d'après la moindre expanſibilité du principe qui en eſt l'objet : d'ailleurs, lorſqu'on veut précipiter une opération, & accélérer ſon effet, il faut bien compenſer par la ſomme actuelle d'une chaleur plus vive, celle plus continuée que la nature auroit employée pour y arriver inſenſiblement. La ſeconde circonſtance remarquable que nous préſente cette fermentation, c'eſt qu'il ſe développe dans les matières qui l'éprouvent une chaleur également plus conſidérable que celle qui s'annonce dans le travail de la fermentation vineuſe ; & cela ne dépend encore que de la nature du principe qui en eſt le produit : comme c'eſt la matière même de la chaleur qui ſe ſépare, ſe dépouille & ſe concentre dans cette occaſion pour conſtituer l'acide du vinaigre, il n'eſt pas étonnant qu'elle s'explique alors avec plus d'énergie.

Je dois d'ailleurs vous faire obſerver que la chaleur, qui, par le mouvement fermentatif qu'elle excite dans les ſubſtances ou liqueurs compoſées, eſt la cauſe la plus ordinaire des différentes altérations qu'elles éprouvent, ne produit aucun effet nuiſible ſur le vinaigre, &, ſoit qu'on l'approche du feu, ou qu'on l'expoſe au ſoleil, la chaleur qu'il en reçoit, loin de l'affoiblir, n'eſt au contraire capable que de l'améliorer, en le rendant plus fort, ce qui annonce une grande analogie entre la chaleur ou la matière de la chaleur, & cet acide; & cette obſervation ſert encore à confirmer tout ce que nous avons dit à ce ſujet. Mais, dira-t-on, comment le vinaigre peut-il repréſenter la matière de la chaleur, lui qui, loin de nous échauffer, devient, alors qu'on en verſe quelques gouttes dans un verre d'eau, un moyen de rafraîchiſſement? A cela je réponds que le chaud & le froid ſont deux extrêmes qui peuvent, ſinon agir, au moins ſe faire ſentir de la même manière; de ſorte qu'il nous eſt aſſez ſouvent difficile de diſtinguer la cauſe du ſentiment qu'ils excitent en nous; & nous ſommes, en en jugeant ſur le rapport incertain de nos ſens, très-ſujets à nous tromper ſur elle. L'on ne peut ainſi ſur l'épreuve précédente juger de l'effet réel du vinaigre; & ſi l'on veut le connoître, l'on peut, au lieu d'une eau légèrement chargée de cet acide, boire quelques gouttes de vinaigre pur; alors on verra ſi l'on doit, d'après la chaleur intérieure qu'il excite, & la ſueur qu'il provoque, le prendre pour un rafraîchiſſant. Non, l'effet du vinaigre doit, relativement à ſa force, ſuivre celui des acides minéraux; & comme ceux-ci brûlent & cautériſent, aussi fait le vinaigre lorsqu'il est concentré. Je ne puis enfin me refuser à cette réflexion ; c'est que lorsqu'on, a dans une hypothèse quelconque, saisi le vrai principe, tout alors, jusqu'aux moindres choses, concourt à nous en démontrer la vérité. Venons à présent à la fermentation alkaline ou putride.

Je voudrois sans doute pouvoir vous présenter sur cette dernière espèce de fermentation des idées aussi claires & aussi précises que celles que je viens d'exposer sur les précédentes ; mais, quoique la matière ne soit pas moins importante, elle n'a pas été également recherchée : cette fermentation, livrée presque toujours à elle-même, n'est guère connue que par son produit ; elle n'a été ni observée dans son principe, ni suivie dans sa marche & dans ses circonstances ; je ne puis dès-lors, dans l'obscurité qui l'enveloppe, me flatter de percer jusques à la cause de ce dernier mouvement qui s'excite dans les corps, & qui semble n'avoir ici pour objet & pour but que leur decomposition, & la dispersion de leurs élémens. Ce mouvement n'est point comme les autres un passage à des combinaisons ultérieures : je ne sais donc si cette dernière opération de la nature, opération en tout point opposée à celle de la végétation, s'exécute ou non par les mêmes procédés ; il faudroit, pour en rendre raison, connoître préalablement ce qui, dans les êtres organisés, altère ou détruit

détruit le principe de la vivification, cela seul peut nous éclairer sur la cause & les effets de la corruption; il faudroit avant tout peut-être s'entendre sur la signification même de ce mot, & s'assurer si la putridité a dans le systême de la nature autant de réalité que dans notre imagination, enfin si cette putridité est quelque chose de plus que la décomposition; mais ces recherches me conduiroient trop loin, & me détourneroient de mon objet; je me contenterai donc de vous observer que la décomposition qui termine l'existence des êtres, ne paroît point être, comme leur production, comme la végétation, un but de la nature; l'architecte, en bâtissant, ne songe point à détruire, la destruction des choses n'est qu'une conséquence éloignée de leur constitution: à l'exemple de ces mères qui s'éloignent de leurs petits dès qu'ils n'ont plus besoin d'elles, la nature pareillement semble abandonner à eux-mêmes les êtres qu'elle a formés, alors qu'ils ont rempli son objet; ainsi, lorsque l'œuvre de la végétation est accomplie, lorsque les végétaux ont à-peu-près acquis tout leur accroissement, & fourni le germe de leur reproduction, & que de leur côté les animaux sont parvenus au degré de force & de puissance dont ils sont susceptibles, ils reprennent de-là, tant les uns que les autres, une marche rétrograde, ils vont tous en perdant à meſure ce qu'ils avoient acquis ; ainſi que la pierre qu'on lance dans l'air, ils retombent par leur propre poids de ce point d'élévation où ils s'étoient portés, étant aidés de toutes les forces de la nature ; on les voit alors dépérir inſenſiblement, & finir par une diſſolution totale, d'où s'enſuit la putridité. Telle eſt en deux mots la marche & l'hiſtoire de tous les êtres vivans ; quant à la manière dont cela s'opère, il n'eſt pas ſi aiſé de le découvrir, & je ne puis à cet égard vous donner que des apperçus.

Nous avons vu précédemment que ſi les matières de la lumière & de la chaleur ont dans leur expanſion le pouvoir & la facilité de s'introduire dens les corps, elles ont en outre, malgré leur volatilité, celui de s'y fixer, & d'y prendre, ſuivant le laps de temps, plus ou moins de conſiſtance ; qu'ainſi elles ſont par leur réunion avec d'autres principes, & quelquefois par l'aggrégation ſeule de leurs molécules, capables elles-mêmes de faire corps, & de ſe convertir en ſubſtance ſolide ; au moyen de quoi nous les avons miſes l'une & l'autre ſous le nom d'acide & de phlogiſtique, au rang des élémens dont la matière ſe compoſe ; & comme ces principes s'y rencontrent & dans l'état de fluidité, & dans celui de concrétion, même dans tous les états intermédiaires qui ſéparent ces deux états oppoſés, il nous a paru qu'étant ainſi ſuſceptibles de changer de forme, d'état, & ſouvent de caractère, la nature devoit dans ſes opérations en tirer un bien plus grand parti que des autres principes de la matière : en conſéquence nous les avons regardés comme des élémens plus puiſſans, & comme les ſeuls qui ſoient actifs entre tous ; nous avons de plus eſtimé que ces principes étoient, en raiſon de leur ténuité, de leur expanſibilité, en un mot de leur énergie, les vrais matériaux, &, ſinon les ſeuls, au moins les principaux élémens dont ſe compoſent les êtres vivans & animés ; & cela paroît d'autant plus conſéquent, qu'ils peuvent par eux-mêmes engendrer la chaleur, & provoquer le mouvement : enfin nous avons en eux reconnu l'inſtrument de la végétation, de la vivification, & de la fermentation. Or, ſi nous avons ici trouvé dans la préſence & dans l'activité de ces principes, le germe, le levain, & l'inſtrument de la vivification des êtres, il ne faut point chercher ailleurs la cauſe de leur mort, elle doit découler de la même ſource ; & nous devons trouver cette cauſe de mort, non dans la perte du principe qui vivifie, ni dans ſon activité, mais dans l'accumulation & la quantité même de ce principe ; tout en effet nous porte à croire que la ceſſation de vie dans les êtres organiſés provient principalement, lorſqu'elle eſt naturelle, de l'épaiſſiſſement & de la fixation de ces principes de la lumière & de la chaleur, lesquels après avoir servi à la formtation de ces êtres, & contribué encore à leur accroissement en continuant de s'y introduire par la voie des alimens, & en se convertissant à mesure en leur propre substance, deviennent, après y avoir de la sorte entretenu quelque temps la chaleur & le mouvement, nuisibles par leur surabondance, & capables, en s'épaississant, de s'arrêter dans les vaisseaux, de les obstruer, & d'empêcher par-là la circulation des fluides, & le passage des nourritures (1).

L'on voit d'abord, quant aux végétaux, que les plantes annuelles, qui sont naturellement foibles & délicates, périssent après s'être reproduites dans les graines, oignones ou griffes ; & cela parce que

---

(1) Tout être qui vit, ne jouit de cet avantage qu'en conséquence des organes dont il est pourvu ; & comme ces organes sont nécessairement foibles & délicats, il ne peut jamais être de longue durée, il doit tôt ou tard finir par le dérangement, la rupture, ou l'engorgement de ces frêles vaisseaux destinés à faire passer les fluides vivifians dans toutes ses parties ; un seul d'eux obstrué suffit le plus souvent pour déranger toute l'économie de la machine, & occasionner sa destruction. Or les fluides vivifians dont nous parlons ne tardent pas à s'y arrêter, & à s'y fixer, lorsqu'ils deviennent surabondans, & qu'ils ne peuvent plus s'employer à d'autres usages, ni se dissiper autant par les sécrétions.

les matières ci-dessus énoncées s'y sont épaissies, & qu'elles s'opposent, en obstruant les canaux de ces plantes, au passage de la nourriture qui leur est nécessaire. Quant aux plantes vivantes & ligneuses, elles sont par les avantages de leur constitution, capables de se maintenir plus long-temps dans l'état de vie qui leur est donné : toutefois la chute & le desséchement annuel de leurs feuilles nous montrent que la mort peut comme ci-devant, lorsque ces plantes ont fourni leurs graines ou leurs fruits, s'établir également & par la même cause dans les parties les plus tendres de leur superficie ; & si ces plantes dépouillées de leur feuillage résistent à ces attaques périodiques, si elles sont, après le repos de l'hiver, susceptibles de reprendre au printemps qui suit une nouvelle parure, c'est que la nature prévoyante les a, dans l'écorce dont elle les enveloppe, pourvues d'une espèce de cuirasse capable de les défendre également de la chaleur & du froid ; c'est qu'elle a entre cette écorce extensible, & le bois qui se durcit, établi des couloirs libres, & propres à faire passer jusques à celles de leurs parties qui sont le plus éloignées, la nourriture dont elles ont besoin (1). Ces plantes doivent à cela seul & le pouvoir de se conserver, & celui de se rhabiller

(1) Il suffit, pour faire périr un arbre, d'enlever une bande circulaire de son écorce.

& de se reparer à neuf tous les ans. Mais tandis que les choses se passent ainsi à l'extérieur, les matières fluides dont ces plantes se nourrissent, & qu'elles emploient d'abord à la régénération de leurs feuilles, & ensuite à la composition de leurs semences & de leurs fruits; ces matières, dis-je, sont, après avoir satisfait à ces objets, & lorsqu'elles n'ont plus rien à produire au dehors, réduites à s'employer intérieurement à l'accroissement particulier de ces plantes (1); elles sont alors par leur accumulation même disposées à se rapprocher, à s'épaissir, à se solidifier, de sorte qu'elles peuvent, en s'attachant à la colonne ligneuse qui se trouve au centre de la plante, y laisser chaque année un dépôt circulaire dont cette co-

(1) Les végétaux ayant le pied dans la terre & la tête dans l'air, sont, en vertu de cette position, susceptibles de tirer leurs nourritures de deux sources différentes, savoir, du ciel par les feuilles, & de la terre par leurs racines : cela étant, ne s'ensuivroit-il pas que les matières nourricières qui leur arrivent par ces voies opposées pourroient, à cause des différences qui doivent exister entre elles, servir à des usages différens; de sorte que celles qui viendroient de la terre, seroient, comme plus grossières, employées à l'accroissement de ces végétaux, tandis que les parties qui leur viendroient par leurs feuilles du soleil, ou de l'air, seroient, comme plus ténues, plus subtiles & plus fines, celles dont se composeroient particulièrement leurs semences & leurs fruits, & qui leur

lonne s'augmente d'autant ainſi que le volume de l'arbre, & cet arbre va en groſſiſſant ainſi par degrés, juſqu'à ce qu'il ſoit parvenu au terme naturel de ſon accroiſſement, ou juſqu'à ce que ſa sève alimentaire détournée ou arrêtée dans ſon paſſage par des dépôts mal placés de ces matières fixées, ne puiſſe ſe porter à ſa hauteur, & ſe diſtribuer également dans toutes ſes parties; alors le dépériſſement commence. C'eſt par l'extrémité de la tige qu'il s'annonce; c'eſt par l'obſtruction réelle des canaux qui y conduiſent qu'il arrive; & la mort, qu'on prévient quelquefois par des amputations faites à propos, s'établit peu à peu dans toutes ſes parties. Tous ces effets ſe déduiſent ſans peine de la cauſe que nous leur avons aſſignée: l'exiſtence & la fixation des matières de la lumière & de la chaleur dans le bois ſe démontrent par le feu qu'il produit; & la cire, les huiles & les réſines ſont elles-mêmes une preuve du rapprochement progreſſif de ces matières volatiles dans les ſubſtances. Je me plais, chaque fois que l'occaſion s'en préſente, à conſidérer la manœuvre de la nature dans l'inſtitution des êtres,

---

donneroient les qualités requiſes? Il eſt au moins à croire que de-là proviennent ces fluides inviſibles, ces prétendus airs factices que les plantes exhalent de leur vivant par la tranſpiration, ainſi que ceux qui s'en dégagent alors qu'elles ſont en fermentation.

le jeu varié de ses élémens m'intéresse, & je ne cesse de m'étonner en les voyant tous, même les plus volatils, se confondre avec la terre, s'assimiler à elle, & prendre momentanément sa forme, sa consistance & sa fixité, pour concourir avec elle à la formation des corps durs & solides; j'aime enfin à les voir dans la dissolution des corps quitter leurs manières d'être empruntées, & sortir tous de-là sous leur forme élémentaire.

Quant aux animaux, comme ils ont dans leur existence & leur durée beaucoup de rapport avec les substances dont nous venons de parler, les mêmes moyens peuvent nous servir à expliquer le dépérissement qu'ils éprouvent, & nous aider à découvrir les causes internes de leur mort. Soumis aux mêmes loix que les végétaux dont ils se nourrissent, dont ils s'approprient les principes, & dont par conséquent ils ne diffèrent que par l'organisation particulière de leurs masses, les animaux croissent pendant un certain temps en raison de l'activité & de l'énergie des élemens dont ils sont pénétrés, & ce temps est celui où ils paroissent plus souples, plus agiles & plus forts; mais le temps de leur accroissement passé, ils perdent insensiblement ce qu'ils avoient acquis, leurs principes long-temps élaborés se concentrent, s'accumulent, & perdent de leur activité; ce qui fait que dans les animaux la pesanteur s'annonce avec l'embonpoint; peu à peu leurs muscles, leurs fibres, leurs cartilages, en un mot toutes leurs parties ſolides ſe durciſſent, parce que les matières dont nous avons parlé, ſe ſont accumulées & fixées dans ces parties, ce qui produit en elles une ſorte d'inertie; enfin les liquides mêmes s'épaiſſiſſent, & de-là les obſtructions qui s'établiſſent dans les vaiſſeaux, de-là le défaut de circulation dans les fluides; l'irrégularité du mouvement dans toute la machine, & les maladies ſans nombre qui aſſiégent la vieilleſſe de ces êtres: ainſi la mort arrive ſuivie promptement de la putridité, & quelquefois précédée par elle; alors nous voyons que les mêmes principes capables d'imprimer dans les corps le mouvement & la vie, deviennent par leur accumulation même la cauſe principale de leur mort; & de même que l'on peut par des amputations faites à propos retarder la deſtruction des végétaux, il eſt, à l'égard des animaux, également poſſible, non de les ſouſtraire totalement à la loi qui, dès en naiſſant, les condamne à la mort, mais de prolonger leur exiſtence en empêchant par un régime convenable l'accumulation & l'épaiſſiſſement des principes ci-deſſus énoncés, & en arrêtant les progrès trop rapides de leur fixation dans les corps; car cette fixation eſt vraiment la cauſe interne de tous les dérangemens qui ſurviennent dans le ſyſtême animal. Il me ſemble alors que les Alchymiſtes n'ont pas trop mal vu la choſe, s'ils ont penſé que la tranſmutation des métaux & la panacée tenoient aux mêmes principes (1) ; je crois même que la mé-

(1) L'art de faire de l'or, & celui de préserver les corps vivans de la destruction, se présentent comme deux problêmes qu'il est, sinon impossible, au moins très-difficile de résoudre : l'on a par cette raison coutume de regarder les prétentions des Alchimistes à cet égard comme folles & chimériques ; mais au lieu de les mépriser, il seroit peut-être plus sage de ne pas juger de ce qu'on ignore, & de n'estimer impossible que ce qui répugne : quant à nous, nous nous contenterons d'observer que ces deux grands points de l'œuvre philosophique ne sont pas, fussent-ils reconnus possibles l'un & l'autre, également réductibles à l'acte : ainsi, quoique ces deux objets nous paroissent attachés à la même racine, & liés par un même nœud, nous pensons malgré cela qu'il doit être d'un côté beaucoup plus facile, & pour ainsi dire plus possible de toucher au but desiré, que de l'autre ; & voici quelle en est la raison : c'est que la nature nous a, quant au premier objet, donné, si ce n'est par des transmutations, au moins par la formation particulière de l'or au sein de nos montegnes, la solution de l'un de ces problêmes, & dans l'existence de la chose même la preuve de sa possibilité ; tandis qu'on ne la voit nulle part prolonger la vie d'un être abandonné à ses soins au-delà des termes généralement fixés pour son existence ; elle semble ainsi nous indiquer que la formation artificielle de l'or ne seroit qu'une imitation abrégée de son travail, & qu'une espèce quelconque d'immortalité accordée à des corps organisés, s'écarteroit de son plan, forceroit son vœu, & seroit au dessus de ses forces. Enfin nous pensons que s'il est glorieux à l'homme de s'être élevé à cette spéculation, il peut être en même temps dangereux & inutile pour lui de courir ici après la réalité.

decine pourroit tirer quelque avantage de cette idée, moins toutefois pour soulager les maladies venues que pour les prévenir ; mais pour ne point attenter aux droits sacrés de la faculté, je la dépose dans ses mains, & je lui laisse le soin de pourvoir aux moyens de la rendre utile à l'humanité.

En attendant toutefois que quelques-uns de ces hommes éclairés, qui ne s'occupent que du salut & de la conservation des autres, veuillent ou puissent prendre cette idée en considération, me seroit-il permis de jeter en avant quelques réflexions sur le régime qu'il nous convient d'observer, non pour prolonger notre existence au-delà des termes fixés, mais pour la pousser, autant qu'il se peut, jusques là, & nous maintenir pendant ce temps dans une santé plus égale? Nous sommes, pour parvenir à ce but, obligés de passer à travers mille écueils contre lesquels il nous arrive le plus souvent de nous briser : afin donc de les éviter, il nous faut, en bons navigateurs, étudier notre route, & jeter la sonde par-tout : or, comme nous ne vivons, ou pour mieux dire, que nous ne subsistons dans l'état de vie qui nous est accordé que par le secours journalier des alimens, c'est sur ces alimens qui dépendent de nous, & qui par les principes dont ils sont chargés, servent en même temps au soutien, à la réparation & à l'accroissement de nos corps ; c'est, dis-je, sur ces alimens, sur ces moyens subsidiaires de vivification, qu'il nous faut ſur toutes choſes porter notre attention, afin de n'introduire en nous rien qui puiſſe gêner ou déranger le jeu de la machine, & de nous préſerver de tous les accidens qui nous arrivent par la voie des nourritures, lorſqu'elles ſont priſes ſans choix, ſans modération & ſans réſerve. Ainſi que le ſol & le climat peuvent influer ſur le goût & la qualité des végétaux, de même nos alimens influent ſur notre ſanté, ſur notre tempérament, & qui plus eſt, ſur nos inclinations. Il nous importe par conſéquent de connoître non-ſeulement la nature de ces alimens, mais encore les rapports qu'ils peuvent avoir tant avec nos principes conſtitutifs, qu'avec l'état & le beſoin actuel de nos corps, le tout pour n'adopter que ceux qui nous conviennent, & n'en prendre que ce qu'il nous faut. Animé du deſir de prolonger ſa vie & d'écarter la ſouffrance, l'homme doit exclure de ſon régime tout ce qui ſeroit en contradiction avec ſes vœux les plus ardens : il eſt d'autant plus obligé de s'étudier lui-même, & de s'obſerver tant ſur le choix que ſur la quantité de ſes alimens, que ſes mépriſes & ſes inattentions ſont plus conſéquentes & plus funeſtes ; de-là proviennent la plupart des maux qui affligent ſa vie, & rendent ſouvent trop tardive une mort prématurée. Nous croyons dès-lors que pour ſe maintenir long-temps & ſans trouble dans l'exercice de ſes fonctions animales, l'homme doit, après avoir reconnu les alimens qui lui ſont propres, meſurer ſcrupuleuſement la quantité qu'il en peut prendre, non ſur ſes appétits factices, mais ſur ſes beſoins réels ; qu'en outre, il doit ſinon toujours, au moins le plus ſouvent, rejeter comme trop nutritifs ceux de ces alimens qui ſeroient trop ſubſtantiels, & trop épicés ; qu'enfin il ne doit boire qu'avec la plus grande réſerve des liqueurs ſpiritueuſes & acides. Pour ſoutenir d'ailleurs comme il convient le jeu de la machine, entretenir le mouvement qui l'anime, aider les digeſtions, rendre les ſécrétions louables, & faciliter l'émiſſion de ces principes ſurabondans qui ſe récèlent dans toutes les parties de ſon corps, nous croyons à cet égard qu'il doit y pourvoir, ſi ce n'eſt par un travail manuel, au moins par un exercice habituel & modéré ; & de même que pour ne point charger ſon corps d'une quantité de principes inutiles, & capables par leur ſurabondance de gêner ultérieurement ſes fonctions, l'homme eſt tenu de n'uſer des nourritures mêmes qui lui conviennent qu'autant qu'il faut pour ſoutenir une machine aſſujettie à des beſoins qui ſe renouvellent; il eſt, pour ne point favoriſer par un repos trop prolongé la fixation des principes ſuperflus dont nous parlons, également invité de ne s'abandonner au ſommeil qu'autant qu'il eſt néceſſaire pour rendre de la vigueur & du reſſort à ſes organes fatigués. Enfin ſi l'épuiſement eſt à craindre pour nous, l'engorgement des principes n'eſt pas moins à redouter ; ce ſont deux écueils dont nous devons également nous garantir ; & pour les éviter l'un & l'autre, il nous faut en tout, ainſi que les excès, fuir les abſtinences trop outrées. Telle eſt en deux mots, d'après nos apperçus, & en attendant l'avis des perſonnes qui par leur état & leurs études ont acquis le droit excluſif de nous diriger ; telle eſt, dis-je, l'ordonnance philoſophique à laquelle nous penſons que l'homme pourroit ſe ſoumettre pour prévenir les déſordres qui ſurviennent dans l'économie animale par la ſurabondance, la mauvaiſe combinaiſon, & la fixation des principes qui nous ſont fournis par les alimens.

L'on conçoit, par exemple, que l'homme doit, dès qu'il touche à ſon déclin, & qu'il commence à prendre une marche rétrograde, lorſque ſes forces & ſes facultés s'affoibliſſent, que le mouvement de ſon ſang ſe ralentit, & qu'enfin ſes tranſpirations deviennent moins abondantes; l'on conçoit, dis-je, qu'il doit à cette époque fatale diminuer, à meſure qu'il avance vers le terme de ſa carrière, la ſomme de ſes nourritures ; qu'il ſeroit même prudent à lui d'adopter pour lors des alimens moins ſubſtantiels, & de ſubſtituer le laitage, les légumes & le fruit à la chair des animaux (1). Quelle seroit en effet dans la position

(1) L'homme, en cessant de tirer sa nourriture ordinaire du règne végétal, s'est beaucoup trompé, s'il a pensé que l'usage des viandes seroit plus favorable à son existence, & plus propre à en étendre la durée : la chair des animaux n'étant, pour ainsi dire, qu'un extrait des principes les plus subtils dont se composent les végétaux, elle doit être infiniment plus substantielle ; elle renferme à dose égale une bien plus grande quantité de matière nutritive : en conséquence l'homme devenu carnivore a pu, en tirant des matières animales plus de principes capables de se convertir en sa propre substance, & beaucoup de nourriture, d'un très-petit volume ; l'homme a pu, dis-je, par ce régime se former plus promptement, prendre plus vîte son accroissement, & avancer par-là l'heure de ses jouissances : l'on pourroit même ajouter qu'il a, par ce moyen, acquis plus de force, plus d'esprits, plus de principes de feu ; & ce n'est en grande partie qu'à cela, qu'aux alimens dont ils se nourrissent, & aux liqueurs ou au sang dont ils s'abreuvent, que les animaux carnaciers, à la tête desquels nous nous trouvons, doivent l'ascendant terrible qu'ils ont tous sur les animaux doux & tranquilles qui paissent dans nos champs. Mais si d'un côté l'homme a, par l'usage des viandes, accéléré sa formation, & abrégé le temps de son accroissement, il a de l'autre, par la même raison, rapproché celui de sa maturité, & avancé l'heure de son déclin & de sa mort beaucoup plus qu'il n'auroit fait s'il eût continué à se nourrir de végétaux qui, moins nutritifs, plus terreux, & fournissant plus aux déjections qu'au chyle & au sang, l'auroient, en lui donnant moins de substance, & en allongeant par-là le temps de son

précédente, l'objet & l'emploi d'une nourriture trop fucculente, & prife en égale quantité? Que peut-elle produire dans un corps qui a pris tout fon accroiffement, dont les organes ont reçu toute leur extenfion, & qui n'eft plus fufceptible des mêmes fonctions? L'abondance des fucs & des principes qu'elle doit y laiffer, ne peut, loin d'être avantageufe, que nous être funefte, au défaut des emplois auxquels ces fucs avoient coutume de fervir dans un temps plus heureux, ils ne font alors en fe raffemblant, en fe rapprochant, capables que de donner de l'épaiffiffement aux fluides, de gêner leur circulation, d'occafionner des obftructions d'où proviennent enfuite différentes maladies, & de former en nous des dépôts, qui, lorfqu'ils fe placent dans l'intérieur, & hors des voies par où l'on pourroit y conduire des fecours, font pour l'ordinaire dangereux & mortels; de-là ces tumeurs, ces clous, ces fquirres, ces abfcès dont il ne faut le plus fouvent chercher la caufe que dans l'abondance même des principes dont nous parlons. Mais s'il eft à propos & falutaire d'éloigner de nous cette abondance de principes, & d'en prévenir les effets nuifibles par

---

accroiffement, conduit moins vîte à la maturité, & par conféquent à fon déclin : ils auroient donc, même en lui donnant moins de principes de vie, reculé le moment de fa mort.

la

le régime, la ſobriété, & la diminution des nourritures, il nous eſt en même temps ordonné de nous débarraſſer de ces mêmes principes, & d'en purger nos corps, lorſque nous avons lieu de les y croire trop accumulés; & l'on peut y ſatisfaire en leur ouvrant, outre celles dont nous ſommes déja pourvus, des iſſues extraordinaires, par où ils puiſſent habituellement ſe décharger : c'eſt un moyen auquel la nature elle-même a quelque fois recours; elle ſe procure de la ſorte des écoulements, qu'il eſt preſque toujours dangereux d'arrêter, & en cela nous ne pouvons mieux faire que de ſuivre ſon exemple & d'adopter ſes moyens. Il nous ſeroit d'après ſes indications difficile de nous égarer; ainſi nous devons aller au devant d'elle, non-ſeulement pour ſeconder ſes efforts, & l'aider dans tous les cas où elle ne pourroit d'elle-même s'ouvrir les iſſues néceſſaires à la décharge de nos principes ſuperflus, mais encore pour la détourner par celles que nous lui préparons des voies égarées qu'elle pourroit alors prendre à notre préjudice. Ici la répugnance, & le dégoût doivent céder à la néceſſité, & au bien qui doit réſulter d'une méthode dès long-temps adoptée par d'habiles médecins, & à laquelle l'homme ne peut, à l'âge que nous lui ſuppoſons, recourir trop tôt, ſoit afin de prolonger ſon exiſtence, ſoit pour ſe préſerver de la plupart des maux qui affligent les êtres vielliſſans.

L'on pourroit en quelque sorte réduire à trois espèces les maladies auxquelles nous sommes naturellement sujets dans le cours de la vie, & les rapporter suivant notre âge, à trois causes seulement; savoir, dans l'enfance, à la foiblesse des organes; dans l'âge mûr, à l'action particulière de quelque principe prédominant dans nos fluides; & dans la vieillesse, à l'épaississement & à la fixation de ces mêmes principes, & peut-être encore à la moindre flexibilité de nos organes, laquelle étant par l'impuissance où elle nous réduit égale à la foiblesse, nous rapproche de l'enfance & nécessite les mêmes secours. Cela posé, & la cause de nos maladies naturelles étant connue, il nous est aisé d'y remédier où de les prévenir; & l'on y pourvoit dans le premier cas par quelques fortifians accordés au besoin, & administrés avec ménagement, ou mieux encore, en ne permettant dans l'enfance que des aliments convenables, & qui soient, tant en quantité qu'en qualité, en rapport avec la délicatesse de cet âge; 2°. en rétablissant dans un âge plus avancé par la restitution de quelque principe, les neutralisations de la nature, au moyen de quoi l'on corrige & l'on fait cesser le désordre qui auroit pu s'établir dans la combinaison ds nos fluides, par le défaut de ce principe, ou l'excès de quelque autre. 3°. Il nous semble que pour empêcher dans la vieillesse l'accumulation nuisible de ces principes, & retarder leur fixation, le vrai moyen eſt de s'abſtenir des aliments qui ſeroient trop ſubſtantiels, & d'uſer très-modérément des autres; moyen que l'on peut regarder, ſinon comme le meilleur remède contre les maux dont nous ſommes affligés, au moins comme le meilleur préſervatif contre ceux dont on eſt, à cet âge, à chaque inſtant menacé.

Mais quoiqu'il ſoit poſſible de réduire aux eſpèces dont nous venons de parler les maladies de l'homme vivant ſous la loi, ou du moins ſelon le vœu de la nature; il s'en faut, vu l'état où ſont les choſes, que l'on puiſſe aujourd'hui comprendre celles auxquelles nous ſommes ſujets dans un cercle auſſi borné; nos mœurs, nos uſages, nos intempérances en tous points, ont, en altérant de mille manières notre conſtitution, à des maux ci-devant inconnus ouvert un nouveau champ: ainſi nos maladies ſont en même temps moins limitées dans leurs eſpèces, & beaucoup plus compliquées dans leurs cauſes: à celles qui nous ſont propres, & qui proviennent de nos excès, ſe joignent ſouvent les maladies mêmes qui ont affligé nos pères, & dont ils nous ont avec leur ſang tranſmis le germe en nous formant: partout le mal s'aſſied à côté du bien; ainſi ſe compenſent par mille maux engendrés au ſein même des plaiſirs les avantages multipliés dont nous ſommes d'ailleurs redevables à la ſociété: ſi nous avons, en nous jetant dans ſes bras, gagné du côté des agrémens, nous avons en même temps beaucoup perdu du côté de la ſanté : à ce prix ſans doute nous avons payé cher les fleurs perfides qu'elle répand ſur nos jours ; elle les abrege en les embelliſſant. Quoi qu'il en ſoit, elle ſait juſque dans les ſouffrances qu'elle nous cauſe ſe rendre aimable encore par les conſolations & les adouciſſemens qu'elle nous procure ; & ſi d'une main elle nous pouſſe dans l'abyme, elle nous tend l'autre à l'inſtant pour nous en retirer. Telle eſt enfin, malgré les ſecours que nous pouvons obtenir de cette ſociété, la ſource d'où proviennent la plupart des accidens qui troublent notre ſanté ; j'appelle ainſi toutes les ſecouſſes qui lui ſont données par des cauſes étrangères à notre conſtitution : or, dans notre poſition actuelle tout devient accident, tout ſemble factice en nous, juſques à nos maladies ; rien n'eſt pour ainſi dire plus du fait de la nature, ſi ce n'eſt peut-être les efforts qu'elle fait encore de temps en temps, & ſouvent ſans ſuccès, pour ſurmonter les maux dont elle ſe trouve accablée ; d'après cela, l'on conçoit qu'il nous faut pour la ſeconder & nous guérir, plus d'art & plus de moyens qu'il n'étoit beſoin, lorſque nous étions ſoumis à un régime plus ſimple (1).

(1) S'il eſt, alors que le mal arrive, prudent & à propos pour empêcher ſes progrès, de recourir aux remèdes, & ſur-tout à l'abſtinence ; devroit-on, pour

Cependant, quelque multipliées que ſoient aujourd'hui nos maladies, comme elles ne proviennent

---

prendre ce parti ſalutaire, attendre toujours que la douleur nous ſaiſiſſe, & que le péril s'annonce ? ne ſeroit-il pas plus avantageux & plus ſage de le prévenir, & de nous en préſerver, en uſant beaucoup plutôt, ſinon quant aux remèdes, au moins quant au régime, de la recette précédente ? Cela poſé, le premier & le meilleur des moyens à employer pour fermer la porte aux maladies, ſeroit de bannir de nos maiſons ces eſpèces d'officiers dont l'induſtrie, en tous temps occupée à ranimer notre appétit, & à réveiller nos goûts par la nature & la diverſité de ſes apprêts, fait de l'aliment qui doit nous ſuſtenter l'inſtrument de notre deſtruction, induſtrie d'autant plus dangereuſe qu'elle nous donne le poiſon qui nous mine ſous l'enveloppe du plaiſir. Au moins faudroit-il écarter de nos tables cette multiplicité de mets, cette recherche dans leurs préparations, cette variété de ſervices, en un mot, toutes ces ſuperfluités, qui, flattant notre ſenſualité, nous ſollicitent de toutes manières à prendre habituellement plus de nourriture qu'il n'eſt beſoin, & ſont ainſi la cauſe de la plupart des maux qui nous arrivent. Mais, dira-t-on, il eſt d'uſage d'en agir ainſi, & l'on ne peut y manquer ſans bleſſer, ſans éloigner de nous une ſociété qui fait tous nos plaiſirs. Eh quoi ! ne peut-on à moins de manger enſemble, ſe réunir avec ſes amis ? & s'il faut qu'on y mange, ne peut-on, à la manière des philoſophes, prendre avec ſes convives un repas ſimple, frugal & ſuffiſant à nos beſoins ? faut-il pour les fêter recourir à des apprêts capables de les incommoder, & faire d'un moyen de réunion & d'agrément un ſujet de repentir ? Quelques attraits que puiſſent avoir les plaiſirs de l'intempérance, ils ne doivent jamais

toujours que des mêmes causes, savoir, des altérations qui se produisent dans la combinaison de

---

étouffer en nous la crainte des maux qui en résultent; ils ne sont d'ailleurs aucunement faits pour balancer les avantages dus à la sobriété : au sortir d'un repas sain & frugal, ne serons-nous pas plus joyeux, plus dispos, plus propres à la conversation, en un mot, plus en état de satisfaire à tout ce que la société peut exiger de nous, que lorsque nous avons l'estomac surchargé de nourritures? Il y auroit donc, en réduisant nos tables au ton de la simplicité, beaucoup à gagner pour nous, si par-là nous nous privons de quelques douceurs peu faites au fond pour être regrettées par des gens délicats, nous en serons par d'autres jouissances mille fois plus flatteuses amplement dédommagés. La première récompense de ce léger sacrifice seroit une santé brillante & soutenue; & ce bien équivaut seul à tout, seul il donne du prix à tout, & sans lui tous les biens quelconques ne sont comptés pour rien. Mais telle est l'inconséquence de l'homme, ce bien inestimable qu'il devroit ménager comme l'avare son trésor, ce bien, qu'il pleure amèrement lorsqu'il l'a perdu, à peine daigne-t-il s'en occuper alors qu'il le possède; l'habitude d'en jouir le rend indifférent à ses douceurs, il ne craint point de l'engager contre le premier objet qui pique son desir. Le goût des vains plaisirs le tourmente & l'entraîne; séduit par leurs charmes trompeurs, il oublie leurs dangers, & sans penser aux maux cuisans & aux regrets éternels qu'il se prépare dans ces momens d'ivresse, il leur sacrifie ses plus chers intérêts, le bonheur de ses jours. Il nous semble même à tel point aveuglé sur cet article, & si fortement attaché à tous ces biens factices & frivoles, dont la société lui procure la jouissance, que s'il se découvroit un remède

nos principes vitaux, & que ces principes en changeant de combinaison, ne changent point de nature; ne sembleroit-t-il pas qu'il suffiroit encore pour parer à ces dérangements, de recourir aux moyens simples que nous avons ci-dessus indiqués, consistants à rétablir les combinaisons de ces principes dans l'état qu'il convient; & qu'ainsi l'on pourroit dans tous les cas, & nonobstant la fréquence & la variété des altérations qui se produisent en nous, se réduire pour les faire cesser à un très-petit nombre de remedes.

Avec peu la nature fait beaucoup : & quoique ses moyens soient constamment les mêmes, elle sait, en variant leurs combinaisons, mettre la plus grande diversité dans ses produits; elle est ainsi avec quatre données seulement, parvenue à former & les fluides & les solides de toute espèce que que nous connoissons; l'eau, la terre, l'acide & le phlogistique, sont exactement les seuls matériaux dont se composent, suivant l'état qu'elle

universel capable de nous préserver de tous maux, remède après lequel nous soupirons tous, il seroit, malgré cela, peu de personnes parmi nous qui voulussent, à ce que je crois, profiter d'un pareil avantage s'il leur falloir alors renoncer à ces biens, & s'astreindre à un régime différent; nous ressemblons assez à ce malade, qui, se refusant à des remèdes contraires à ses goûts, cherchoit par tous pays un médecin qui pût le guérir, en lui conservant ses habitudes, & sa manière de vivre.

leur donne, l'air, le feu, les sels, les pierres, les métaux, les plantes, les animaux, en un mot, tout ce qui croît vit & existe : toutefois elle évite, afin de cacher sa marche, de rendre sensibles dans ses produits les élements qu'elle y emploie ; il est rare qu'aucun d'eux soit dans les différents mixtes qui sortent de ses mains, assez dominant pour être apperçu & saisi par nos sens ; ils ne s'y présentent en général que sous des traits absolument étrangers à leur caractere ; & c'est ici le grand art de la nature, art qui semble en quelque sorte étendre & multiplier ses moyens : elle sait au besoin dépouiller ses principes de toute propriété connue, & faire comme par miracle disparoître les qualités qui les distinguent pour leur en substituer d'autres ; & c'est en mêlant ces principes ensemble, c'est en les neutralisant, sinon au point de saturation au moins au degré qu'il convient pour former telle ou telle substance, c'est enfin en les opposanr l'un à l'autre, & en les confondant dans un milieu résultant de leurs assemblage, & se formant à leurs dépens sans participer à leurs qualités respectives, qu'elle parvient à ce but. Ainsi tous les êtres quelconques ne sont en eux-mêmes que des résultats de ces espèces de neutralisations ordonnées par la nature; quelleque soit même la supériorité de l'homme sur les autres, comme elle n'emploie pas d'autres élemens pour le former, il n'est également tant dans les fluides que dans les ſolides qui compoſent ſon enſemble phyſique, qu'un produit de ces mêmes combinaiſons. Cela poſé, ſi l'art de la nature ſe réduit dans l'inſtitution des êtres à neutraliſer les principes qu'elle y emploie; l'art de guérir, l'art du médecin doit, d'après cette méthode, ſe réduire à ſon tour à rétablir, lorſqu'il ſurvient quelque dérangement, ces neutraliſations en nous; & le premier ſoin qu'il doit avoir, eſt de chercher à découvrir d'où part le déſordre que nous éprouvons, afin d'y pourvoir auſſitôt, en fourniſſant le principe qui eſt en moins pour ſaturer le principe qui eſt en plus, & empêcher par-là que ce principe ſorti de combinaiſon, & devenu trop abondant, n'exerce alors contre nous ſon énergie particulière. Or, comme des quatre élémens dont nous ſommes formés, l'acide & le phlogiſtique ſont excluſivement les ſeuls principes actifs que nous connoiſſions; il ſemble qu'ainſi qu'ils contribuent le plus à la vivification des êtres organiſés, ils doivent de même avoir la plus grande part aux altérations qui ſurviennent dans notre conſtitution, de ſorte qu'ils pourroient ſeuls nous fournir les moyens ſuffiſans pour y remédier, & nous ſervir à régénérer l'un par l'autre les combinaiſons de la nature. Il ne ſeroit donc, lorſque l'acide prédomine en nous, ce qui arrive le plus communément (1); il ne

(1) La connoiſſance particulière que nous avons de

feroit, dis-je, befoin alors pour faturer ce principe excédent, & arrêter ou détruire fon effet, que de le mettre en oppofition avec un principe inflam-

---

l'acide, de fon caractère & de fes effets, dus, à ce que nous préfumons, à la forme incifive & tranchante de fes parties; cette connoiffance, dis-je, nous porte à croire que de lui doivent provenir la plupart des maladies qui nous arrivent, & fur-tout celles qui nous caufent des douleurs vives & aiguës; & nous fommes d'autant plus fondés à le penfer, que l'acide étant naturellement moins expanfible, moins volatil & un peu plus fixe que d'autres principes qui font en nous, & avec lefquels il fe trouve combiné, il doit, vu la plus grande facilité que ces principes ont à fe dégager de leur combinaifon (*a*), refter plus habituellement le principe dominant de nos fluides, de forte que n'étant plus enchaîné par ces mêmes principes, ni dans un état de neutralifation fuffifante, il peut alors & toutes les fois qu'il excède, ce qui lui arrive plus fréquemment qu'à d'autres, exercer contre nous fon action accoutumée. Nous croyons en conféquence que les rhumatifmes, la fciatique, la goutte, ne proviennent, ainfi que beaucoup d'autres maladies, que de quelques humeurs trop abondantes en acide, lequel fe trouvant alors plus rapproché, & hors de combinaifon, fe porte par la circulation fur différentes parties du corps qu'il attaque, s'y arrête, s'y fixe, & y laiffe des dépôts qui, quoiqu'ils paroiffent terreux, ne font

(*a*) Auffi notre fang eft-il, lorfqu'il reçoit par la température de l'air ou autrement un degré de chaleur & de mouvement plus confidérable qu'il n'a coutume d'avoir, fujet à fe vicier par la déperdition de fes principes volatils; & de-là vient qu'il nous faut, lorfqu'on paffe fous la ligne, ufer de liqueurs fpiritueufes afin de lui reftituer ces principes.

mable ou alkalin; & s'il arrive au contraire que ces derniers ſoient dominans dans nos fluides, ce ſeroit l'acide alors auquel il faudroit recourir,

---

cependant, comme d'autres concrétions de même nature, (a) formés en grande partie que de ſa ſubſtance; & il ſeroit important de s'en aſſurer par une analyſe exacte de ces dépôts. Ce qui confirme, en attendant, cette aſſertion, c'eſt qu'il eſt poſſible, quoiqu'on ne connoiſſe encore aucun remède contre la goutte, de ſe procurer du ſoulagement dans ſes accès par les anti-acides, ſavoir, le laitage, les ſpiritueux & les ſavonneux, autrement les alkalis. J'ai vu dans un livre anglois fait par un médecin de cette nation, que la goutte pouvoit, en y employant des remèdes convenables, ſe guérir comme toute autre maladie, qu'il ſuffiſoit même pour calmer à l'inſtant ſes douleurs de prendre intérieurement une dragme de *muſc*, & au défaut de *muſc*, une doſe pareille de *caſtoreum*; & d'après nos principes cela paroît aſſez vraiſemblable. Il s'en ſuit de-là qu'il faut, lorſqu'on eſt ſujet à ce mal, ſe garder de l'acide, & s'abſtenir avec ſoin des mets ou liqueurs où ce principe pourroit entrer en certaine quantité (b).

(a) Les pierres qui ſe forment dans le corps des animaux rendent par la diſtillation, outre une quantité donnée d'huile, de l'alkali volatil & de l'acide, & de ces principes ſe compoſe le ſel ammoniacal qui s'y trouve, J'ai vu d'autre part dans Muſſenbroch, que la pierre des néphrétiques étoit plus qu'aucune autre attirable à l'aimant ou abondante en matière magnétique; or, cette matière, nous la préſumons acide; & nous verrons par la ſuite que le fluide magnétique pourroit bien n'être formé qu'aux dépens de l'acide ou de la matière de la chaleur, de même que le fluide électrique paroît l'être aux dépens ſeuls du phlogiſtique ou de la matière de la lumière.

(b) La goutte eſt un mal inconnu dans les pays chauds; l'exceſſive chaleur qu'on y éprouve en eſt ſans doute la cauſe: l'impulſion que

pour saturer ces deux principes surabondants ; l'effet des uns ne peut se combattre avec succès que par

---

L'on peut par l'analyse des spécifiques employés pour la cure de certaines maladies découvrir quel est le principe de ces maladies d'après le principe dominant du spécifique ; ainsi l'on juge par les remèdes employés contre le scorbut, que ce mal ne doit provenir en nous que d'une surabondance d'acide dans notre sang, résultant de la décomposition du sel ammoniacal qui s'y trouve, & du dégagement de l'alkali volatil avec lequel cet acide étoit précédemment combiné ; & l'on rétablit cette combinaison en lui restituant le principe alkalin qui lui manque par le moyen des crucifères. Il est à croire que d'autres *virus*, tels que les virus cancéreux, vérolique, &c (*a*), pourroient bien encore n'avoir d'autre cause qu'un excès d'acide répandu, soit dans le sang, soit dans les autres fluides ; & cela se présume non-seulement d'après les antidotes dont on se sert pour les combattre, mais encore d'après les effets cruels de ces virus, effets qui sont vraiment en rapport avec ceux de l'acide lorsqu'il se trouve à nud &

cette chaleur donne à nos fluides empêche vraisemblablement celui dont se forme la goutte en particulier, de s'épaissir, & de s'arrêter dans nos articulations ; en provoquant & en facilitant l'émission de cette humeur par les pores, elle nous garantit de ses effets dangereux.

(*a*) Ce virus qui de loin nous est venu par tradition, & qui par la même voie se perpétue parmi nous, pourroit bien n'avoir été dans son origine que l'effet d'une fermentation causée dans la semence de vie par une trop grande chaleur, laquelle auroit, en exaltant cette matière, & en provoquant le dégagement des principes volatils qu'elle contient, laissé pour ainsi dire à nud le principe acide qui s'y trouve avec eux ; & l'on sait les ravages qu'il a coutume de produire par-tout où il se rencontre en cet état.

l'effet des autres (1) : & dans le cas où les ſymtômes du mal nous laiſſeroient incertains ſur la cauſe qui le produit, & dans l'embarras du remede, la nature pour nous aider dans ces circonſtan ces, nous a indépandemment des moyens précé-

concentré. Il ſeroit, par de pareilles inductions, poſſible de remonter à la cauſe cachée de beaucoup d'autres maladies; ne pourroit-on pas même, en recherchant quel eſt le principe dominant du quinquina, ſpécifique dont on ſe ſert avec ſuccès pour arrêter la fièvre; ne pourroit-on pas, dis-je, découvrir par là qu'il ſeroit en nous le principe capable de donner à notre ſang ces impulſions extraordinaires qui caractériſent la fièvre, & menacent notre conſtitution.

(1) L'on conçoit d'après cela, que s'il étoit, comme l'aſſurent les ſectateurs d'Hermès, un moyen univerſel capable de nous procurer une ſanté conſtante, ce moyen, quel qu'il ſoit, ne pourroit jamais faire l'office que d'un préſervatif, & non celui d'un remède curatif; qu'en outre il ne pourroit ſe placer dans un principe ſimple, lequel, loin de produire un bon effet, ne ſeroit, en développant ſon énergie particulière, capable au contraire que d'altérer notre conſtitution, mais ſeulement dans un mixte quelconque, analogue à la nature de nos fluides, & tel que ſeroit peut-être l'air dit déphlogiſtiqué, s'il étoit poſſible de rapprocher davantage ce fluide & de l'approprier à notre uſage: toutefois ce moyen propre à nous préſerver de tous maux, ſeroit, lorſqu'il s'agit de les guérir, & comme mixte, & comme ſeul & unique, incapable de nous fournir alors un remède ſuffiſant: comme mixte, il n'auroit pas la vertu néceſſaire pour détruire l'effet nuiſible du principe ſurabondant qui ſeroit en nous; il faut

dents accordé un troisième principe curatif, lequel étant par lui-même capable d'éteindre l'action du principe inflammable, & d'affoiblir celle de l'acide en étendant ce principe, peut indistinctement & sans risque se substituer à l'un ou l'autre de ces principes différens, pour combattre celui des deux qui seroit surabondant en nous; & ce remede général c'est l'eau : ainsi nous retombons tout naturellement dans l'idée du fameux Dumoulin, qui pour dernière ordonnance, réduisit tous nos remedes à la diète & l'eau.

Mais quoique nous réduisions également à un très-petit nombre d'espèces, les remedes qu'il convient d'employer dans les différentes maladies qui nous affligent, il ne faut pas croire pour cela qu'il nous soit permis, le cas arrivant d'en déterminer

---

pour y parvenir, toute l'énergie d'un principe simple & opposé ; comme seul & unique, il ne pourroit satisfaire par lui-même à tous les accidens qui nous arrivent; leur diversité même nécessite des remèdes différens; & l'on conçoit qu'il nous faut, relativement à la quantité des principes qui entrent dans notre constitution, & pour répondre à l'effet d'un chacun, nécessairement plus d'un remède curatif, à moins qu'on ne prétende que tous nos maux ne proviennent que d'une cause & par l'effet d'un seul de ces principes, & l'on ne peut le supposer. La guérison des maux ne peut, comme l'exemption de ces maux, se renfermer dans un seul objet, & s'obtenir par un seul moyen.

l'emploi, & de nous diriger nous-mêmes : non, les méprises sont ici trop à craindre pour nous; & malgré les observations précédentes, nous n'en devons pas moins dans toutes les occasions, & dès que le mal s'annonce, recourir aux gens de l'art pour en obtenir la guérison : ayant toute leur vie étudié la structure de nos corps, suivi le cours des maladies, observé leurs symptômes, & cherché quels remedes on peut leurs opposer ; ils sét rouvent d'après cela doués d'un coup docil & d'un tact dont nous sommes fort éloignés, de sorte qu'ils sont plus que nous-mêmes en état de découvrir & d'énoncer la cause du mal qui nous tourmente; & quant aux remedes qu'il y faut appliquer dussions-nous faire usage de ceux mêmes que nous avons ci-dessus indiqués, c'est d'eux encore qu'il nous faut apprendre, quelque simples que paroissent ces remedes, dans quelle substance on doit puiser ces principes curatifs pour les avoir dans l'état de modification qu'il convient relativement aux circonstances. Enfin leurs études, leur zèle & leurs soins leur donnent tout droit à notre confiance ; & quoiqu'il leur arrive de se tromper, ce qui semble bien excusable dans une matière aussi obscure, encore sont-ils infiniment moins sujets au cas que ceux qui n'ont ni les mêmes données, ni la même expérience : il seroit d'ailleurs injuste de les rendre responsables des événemens, & d'imputer à l'art les fautes du malade & les torts de la nature. Que peuvent-ils, dans le fait, contre la loi qui nous condamne à mourir? L'on pourroit ici comparer les médecins à des gens qui, n'ayant entrée dans leurs maisons que dans l'obscurité de la nuit, sont cependant, en vertu de l'habitude, & par la connoissance qu'ils ont du local, en état d'en parcourir aisément les détours; de distinguer chacun des objets qui s'y trouvent, & s'il y a quelque dérangement entre eux d'y remédier à l'instant; tandis que ceux qui se présenteroient là pour la première fois, seroient par leur inexpérience & faute de connoître les lieux exposés à se heurter contre tout. Mais c'est assez sur un objet qui n'est guères de notre compétence, & qui pour être approfondi, demanderoit beaucoup d'autres détails; si je me suis permis cette digression, ce n'est uniquement que pour montrer jusqu'où peuvent s'étendre les conséquences de notre théorie. Revenons un moment à la fermentation alkaline ou putride.

La fermentation putride nous est présentée par les physiciens comme le terme, ou le dernier fait de ce travail intestin, de ces mouvemens spontanés qui s'excitent au sein des corps qui en sont susceptibles: en elle se découvrent en même temps le moyen & la voie dont la nature se sert pour conduire les êtres qu'elle a formés à leur décomposition. Si les premières espèces de fermentation que nous avons parcourues, nous ont donné pour produit,

produit, l'une le principe inflammable, & l'autre l'acide, ou les parties les plus volatiles de ces deux principes exiſtants dans les corps, la fermentation putride n'a, comme nous l'avons déja dit, pour objet à ſon tour que l'émiſſion des parties volatiles reſtantes & non encore fixées de ces mêmes principes; & de ces parties confondues enſemble ſe compoſe le produit mixte qu'elle nous donne ſous le nom d'alkali volatil.

Partout la mort ſe préſente accompagnée, ou ſuivie de la putridité; à peine l'une a-t-elle ſur quelque être vivant porté le coup funeſte, que l'autre à l'inſtant s'établit dans ſon ſein; ainſi la putridité ſemble n'avoir priſe que ſur des ſubſtances mortes & inanimées; cela étant, ne s'enſuivroit-il pas que la fermentation putride pourroit, au contraire des fermentation végétatives, vineuſe ou acide, qui, pour ſe produire, ſemblent exiger quelque véhicule, quelque ſurcroît de chaleur, ne s'enſuivroit-il pas, dis-je, que cette fermentation pourroit de ſon côté n'être excitée, ou occaſionnée que par la diminution, & même la ceſſation totale de la chaleur & *du mouvement* dans les corps organiſés; l'on conçoit au ſurplus que s'il *s'excite*, durant cette dernière fermentation, quelque chaleur & quelque mouvement dans ces corps froids qui paſſent à la putréfaction, l'on conçoit, dis-je, que cette chaleur & ce mouvement ne peuvent venir d'autre part que des principes mêmes qui s'y trouvent contenus, ainſi que nous l'avons expliqué au ſujet des autres eſpèces de fermentation.

Mais, qui peut ici réveiller l'activité de ces principes engourdis ? D'où vient après la mort des êtres vivans cette putridité, & cette odeur fétide qui la caractériſe, l'annonce, & affecte nos ſens d'une manière ſi déſagréable ? Pourquoi cette odeur eſt-elle plus forte & plus intenſe dans les ſubſtances animales putréfiées que dans les végétaux qui ſe décompoſent ? Comment d'ailleurs ſe fait cette décompoſition ? Quel eſt enfin le mobile de cette grande révolution dans les êtres ? Il n'eſt, je crois, pour répondre à ces queſtions, beſoin que de ſe rappeller ce que nous avons dit précédemment au ſujet des maladies ; il ſeroit même difficile d'y ſatisfaire autrement que par les moyens dont nous nous ſommes ſervis pour expliquer leurs cauſes & leurs effets. L'on ſaura donc qu'outre les parties d'acide & de phlogiſtique qui ſe trouvent raſſemblées & fixées dans les os, les muſcles, & les parties ſolides des animaux, il exiſte dans leur ſang, ainſi que dans leurs fluides nerveux & fibreux, (& cela peut s'appliquer aux végétaux,) d'autres parties non fixées de ces principes actifs, qui, quoique combinées, ſont toujours prêtes à ſortir de l'état de combinaiſon où elles ſe trouvent ; & là ſe découvrent la cauſe & l'inſtrument de tous les déſordres qui ſurviennent dans l'économie animale : dès que ces principes n'exiſtent plus en nous dans les proportions convenables & accoutumées, du moment qu'ils cessent d'être neutralisés & contenus l'un par l'autre, ils rentrent dans la jouissance de leurs propriétés respectives, & dans l'exercice de leur énergie; & ceux d'entr'eux qui dans ce dérangement de combinaison restent surabondans en nous, ne tardent pas à nous en faire éprouver les effets : les fluides où ils résident en sont les premiers altérés; chargés ainsi d'un germe malfaisant, ces fluides vont se promenant en nous, & nous tâtant de toutes parts, pour nous attaquer par l'endroit le plus foible, & le moins en état de résister à l'action du principe qu'ils y déposent. De-là les maladies diverses qui nous affligent, maladies, qui, n'ayant souvent que le même principe pour cause, ne diffèrent entr'elles que par le siège qu'elles occupent, ou par la nature du fluide où gît le principe surabondant qui les engendre. De-là la mort dont nous ne pouvons esquiver le coup, lorsque le mal exerçant ses ravages vient à toucher aux principaux organes de la vie : de-là, enfin, la putridité qui, quoiqu'elle ne s'annonce qu'après la mort des êtres vivans, ne doit point être regardée comme un accident nouveau, mais comme une suite de la maladie, comme un effet dû à l'action progressive & continue du principe qui l'a produite. En continuant donc d'exercer leur action sur nos corps vifs ou morts, ces principes, dont l'énergie s'augmente à mesure qu'elle se déploye, vont divisans nos chairs, détruiſans nos organes, & rongeans les liens qui tiennent les parties animales unies les unes aux autres : enfin, toutes ces pièces ſe détachent, & l'édifice s'écroule. Ainſi, l'acide & le phlogiſtique, & notamment l'acide, ſont, dès qu'ils deviennent l'un ou l'autre prédominans en nous, capables, par leur propre énergie, de nous mener aſſez rapidement de la ſanté à la maladie, de la maladie à la mort, de la mort à la putridité, & de-là à notre diſſolution totale. Parvenus enfin à ce terme, tous nos élémens ſe ſéparent & ſe diſperſent ; nos oſſemens ſeuls paroiſſent dans cette décompoſition générale à l'abri de la deſtruction ; ils en ſont garantis par la grande fixité des principes dont ils ſont formés. Mais ſi d'un côté les parties fixes des principes ci-deſſus énoncés ſe tiennent dans les os pour y conſtituer la matière phoſphorique que ces os récèlent en eux, leurs parties volatiles & non-fixées qui ſubſiſtent en nous, vont d'autre part ſe dégageant de nos débris cadavéreux, & donnent, en s'aſſociant enſemble, naiſſance à l'alkali volatil. Reſtent enfin la terre & l'eau, dont ſe forme avec quelques réſidus de ces principes alkaliſés qu'elles retiennent la pourriture qui s'établit dans ces débris, & par où ſe termine l'hiſtoire de notre décompoſition.

L'alkali volatil, qui nous vient ici de la décompoſition des corps, autrement de la fermentation putride, n'eſt, comme nous le voyons, qu'un mixte particulier, qu'une ſubſtance composée, & non un principe simple, comme sont les produits que nous donnent les fermentations spiritueuse & acide : du reste les élémens dont il se compose ne sont autres que l'acide & le phlogistique dont se forment séparément les produits des fermentations précédentes ; & c'est des dernières parties volatiles de ces principes réunies ensembles que se forme celui dont il s'agit ici (1) : l'alkali semble par-là se rapprocher un peu de la nature phosphorique, aussi s'exhale-t-il constamment des matières dont on peut ultérieurement obtenir le phosphore ; & peut-être ces deux substances ne diffèrent-elles entr'elles qu'en ce que leurs principes constitutifs se trouvent dans l'un & dans l'autre dans des proportions différentes quant à la matière, ainsi que dans un état différent quant à la forme ; les élémens de l'alkali semblent en effet plus volatils & moins fixes que ceux dont se compose le phosphore ; les premiers peuvent d'eux-mêmes se dégager des corps, tandis qu'il faut le feu le plus violent pour en extraire les autres.

(1) L'on en peut dire autant de l'alkali fixe ; il n'est de même formé en grande partie que d'acide & de phlogistique ; & toute la différence qui se trouve entre l'alkali volatil & lui, c'est que l'un se compose des parties les plus fixes, & l'autre des parties les plus volatiles de ces principes ; je ne parle point ici de quelques parties terreuses que l'un ou l'autre de ces mixtes, & sur-tout le premier comme le plus fixe, pourroient, en se formant, retenir parmi leurs élémens ; je les crois indifférentes à leur constitution.

Mais, quoiqu'ici l'alkali volatil ne ſoit regardé que comme un mixte particuliérement composé d'acide & de phlogiſtique, il n'en joue pas moins quelquefois le rôle d'un principe ſimple, & dans le fait il ſeroit, tout mixte qu'il eſt, difficile de le décompoſer (1), & d'arriver par-là à la connoiſſance de ſes élémens. Non, nous ne pouvons les reconnoître que dans ſes effets; expanſible comme l'éther, piquant & cauſtique comme l'acide, l'alkali volatil ſemble, en réuniſſant en lui les propriétés reſpectives de ces deux principes, n'exiſter qu'aux dépens de l'un & de l'autre, pour former entr'eux une ſubſtance moyenne, qui, ſuivant les circonſtances, ſe trouve tantôt en contraſte, & tantôt en rapport avec ces mêmes principes; auſſi peut-il s'employer tour-à-tour, ou pour les combattre, ou pour en exercer les fonctions; & ce double avantage, il ne le tient que de ſa conſtitution, & de la nature de ſes élémens; alors on conçoit que s'il a, lorſqu'on l'oppoſe à l'acide, le pouvoir d'empêcher ſon action, ou de détruite ſon effet, il le doit uniquement au principe inflammable qu'il contient; & quant à ce principe inflammable, l'on ſent de même que l'alkali ne peut entrer en oppoſition avec lui, &

(1) Cela ne vient que de ce que ſes principes conſtitutifs ont entr'eux la plus grande affinité, & ſont d'ailleurs l'un & l'autre dans cette ſubſtance à-peu-près au même dégré d'expanſion.

le combattre que par le moyen de l'acide qu'il possède également. Il n'est point jusqu'aux émanations alkalines qui, différentes en tout des vapeurs, soit méphitiques, soit inflammables, n'annoncent en elles une sorte de mixtion, une espèce de neutralisation où l'acide toutefois paroît dominer encore, en un mot, un alliage de plusieurs principes dont les propriétés sont, sinon tout-à-fait effacées, au moins considérablement affoiblies par cette espèce de neutralisation; & nous trouvons particuliérement ici la confirmation de ce que nous avons dit à ce sujet: il se pourroit en conséquence que l'odeur vive & pénétrante de l'alkali, odeur très-différente de celle de l'éther & de l'acide, ne fut, comme nous l'avons dit au sujet du vin, qu'une odeur composée, & formée aux dépens des deux odeurs élémentaires de l'acide & du phlogistique, le tout en raison de la quantité de matière que l'un & l'autre de ces principes auroient fourni pour constituer l'alkali ; & tout nous invite encore à le croire. Les odeurs, ne fussent-elles qu'un mode, doivent suivre l'état des substances dont elles émanent.

Nous observerons au surplus, quant à cette odeur urineuse qu'exhale l'alkali, que, quoiqu'elle ait des rapports très-marqués avec celle que donne la putridité, & qu'elle puisse même être considérée comme en étant la base, cette odeur toutefois n'explique pas suffisamment la fétidité de celles que répandent d'ordinaire les ſubſtances corrompues ; il faut dès-lors qu'il ſe joigne à cette baſe première quelque matière étrangère, quelqu'acceſſoire capable de donner à l'odeur alkaline le caractère infect qui nous révolte ; &, quant à cette matière, je ne vois, en cherchant quelle elle peut être, & d'où elle peut venir, que l'eau croupie, & fixée dans les ſubſtances qui puiſſe la repréſenter, & répondre à l'effet dont nous parlons ; ce qui m'autoriſe à le croire, c'eſt que l'eau eſt, dès qu'elle n'eſt point agitée, ſujette à ſe corrompre, & à prendre, en ſe corrompant, une odeur très-déſagréable, très-puante, & très-différente de celle de l'alkali : un autre fait, c'eſt que les poiſſons qui ſemblent particuliérement nourris d'eau donnent, en ſe putréfiant, une odeur beaucoup plus fétide que les autres ſubſtances animales ; & ce qui achève de me confirmer dans cette opinion, c'eſt qu'en privant les ſubſtances de leur humidité, non-ſeulement on les préſerve, mais même on les purge de cette odeur infecte qu'elles auroient, ou qu'elles conſerveroient ſans cela, & dont par-là, ſans doute, on écarte le principe. Je ſerois ainſi, juſqu'à ce que nous ayons ſur les odeurs une théorie ſuffiſante, très-tenté de croire que les odeurs légères & ſuaves proviennent originairement tant du phlogiſtique que de l'acide, & les odeurs peſantes & fétides, de la terre & de l'eau ; il ſe pourroit en conſéquence que chaque élément eût, comme sa couleur, une odeur propre à lui.

Mais c'est trop long-temps nous arrêter sur cet objet ; nous devons, d'après l'examen que nous venons de faire de la fermentation, rester convaincus qu'elle n'est en elle-même qu'un effet dépendant de l'existence, & de la fixation des matières de la lumière & de la chaleur, autrement de l'acide & du phlogistique dans les corps organisés ; qu'ainsi le feu obscur de la nature n'est, comme le feu lumineux de nos foyers, que l'expression de leur énergie, qu'un résultat de leur action, & c'est, comme nous l'avons remarqué dans toutes les occasions, l'eau qui, quoiqu'inactive par elle-même, contribue comme intermède à leur dévéloppement ; à son approche l'acide s'évertue, & va répandant la chaleur qu'il récèle, & dont il est le principe ; à peine éclose, cette chaleur donne le branle à tous les élémens, & par elle se détendent tous les ressorts de la matière : l'air se dilate, l'eau se liquéfie (1), l'acide

---

(1) Mais, dira-t-on, pour que l'eau puisse se rencontrer avec l'acide, il faut qu'elle ait de la fluidité, & pour avoir de la fluidité, il faut déjà qu'elle soit pourvue de quelque dégré de chaleur ; on ne peut donc regarder l'union de l'acide avec l'eau comme la source primitive de cette chaleur foncière dont le globe est actuellement pénétré : non ; aussi n'avons-nous prétendu expliquer par ce moyen que quelques faits particuliers de la nature, entr'autres ceux de la végétation, & de la fermentation des

& le phlogiſtique prennent l'effort, & la terre qui les recueille dans leur expanſion, ſemble s'exalter elle-même pour entrer concurremment avec eux dans la compoſition des êtres ; enfin les germes ſe développent, les végétaux s'élèvent, & les animaux marchent ; tout cela ſe doit à la chaleur dont nous parlons, & conſéquemment aux principes dont elle émane, & dont tous les corps en général ſemblent plus ou moins pénétrés ; auſſi les avons-nous rencontrés par-tout,

---

corps ; l'on ſent, au ſurplus, que le globe ne peut devoir la chaleur qu'il poſſède qu'à quelque cauſe étrangère, c'eſt-à-dire, à quelque feu violent qu'il auroit, n'importe comment, originairement éprouvé, & dont il conſerve encore l'impreſſion ; du moins je ne vois pas que cette chaleur vivifiante puiſſe, phyſiquement parlant, lui venir d'autre part ; jamais les matières, dont cette maſſe ſe compoſe, n'auroient pu, quelqu'énergie qu'on leur ſuppoſe, ſe porter d'elles-mêmes, & ſans une impulſion donnée, de l'immobilité au mouvement. L'on conçoit même que la chaleur du ſoleil, quelque forte qu'elle nous paroiſſe, ſeroit, ſans cette premiére impulſion, ſans la chaleur dont le globe eſt pourvu, nulle & ſans effet ſur des matières giſantes généralement dans un repos abſolu ; & la raiſon, c'eſt qu'alors il n'y auroit, de la part de la terre, aucune évaporation ; que faute d'évaporation il n'y auroit plus d'atmoſphère autour d'elle, & qu'ainſi les rayons ſolaires ne pourroient, avant d'arriver à elle, ſe réchauffer comme ils ont coutume de faire, ou en ſe briſant contre les parties denſes de l'air atmoſphérique, ou comme nous le verrons par la ſuite, en ſe combinant avec les parties humides qui s'y trouvent, de

se présentant dans tous les états, servant sous toutes les formes à l'institution des êtres; ils existent dans les métaux & dans les pierres; ils sont les premiers élémens des animaux & des plantes; c'est par eux que s'excite la fermentation dans ces substances: c'est d'eux que se composent les différens produits qu'elle nous donne; enfin, nous les retrouvons, nonobstant l'émission antérieure de leurs parties volatiles, jusques dans les matières putréfiées, & leur présence ici se démontre par l'inflammabilité de ces matières, &

---

sorte qu'ils tomberoient directement sur la terre froids & sans vertu, comme ils tombent sur les glaces éternelles qui couronnent les hautes montagnes. La chaleur qui nous vient du soleil n'est donc, quoiqu'elle puisse, relativement aux circonstances actuelles, augmenter à notre avantage la somme de celle qui nous vient de la terre, en se joignant à elle; cette chaleur, dis-je, n'est en elle-même qu'une chaleur subsidiaire, subordonnée, &, malgré l'apparence, beaucoup moins importante que l'autre à la vivification des êtres: l'effet de l'astre qui nous éclaire n'est ainsi, quelque extension qu'on lui donne, qu'un effet précaire, dépendant de la chaleur même du globe, & se mesurant sur elle, de sorte qu'il doit s'affoiblir avec elle, & cesser tout-à-fait lorsque cette chaleur sera absolument dissipée; la perte pour lors sera double pour la terre: privée de la chaleur qui lui est propre, elle ne pourra plus se réchauffer aux rayons du soleil; &, faute d'atmosphère, ces rayons, quoique les mêmes au fond, seront alors pour cette terre glacée, comme ils sont censés l'être pour la lune, sans force, sans chaleur & sans effet.

par le phosphore que l'on en peut retirer. Voyons à présent si la même théorie ne pourroit pas nous aider encore à expliquer quelques autres phénomènes de la nature.

Fin de la première Partie.

www.ingramcontent.com/pod-product-compliance
Lightning Source LLC
LaVergne TN
LVHW010124230826
846091LV00001BA/137

* 9 7 8 2 3 2 9 4 4 6 3 8 7 *